Matemática Básica & Pré-Álgebra Para leigos

Um pouco de conhecimento sobre aritmética pode ajudar muito a dominar a matemática. Alguns conceitos de matemática podem parecer complicados no início, mas após fazer alguns exercícios você vai se perguntar por que fazem tanto barulho sobre isso. Você encontrará explicações fáceis de entender e exemplos claros sobre conceitos de matemática básica — como a ordem das operações; as propriedades distributiva, associativa e comutativa; radicais, expoentes e valores absolutos — que talvez você se lembre (ou não) de suas primeiras aulas de matemática e pré-álgebra. Você também vai encontrar dois guias de conversão que são fáceis de entender e muito úteis para fazer a conversão entre o sistema métrico e o inglês e entre frações, porcentagens e decimais.

CONVERTENDO UNIDADES MÉTRICAS E INGLESAS

O sistema inglês de medidas é mais comumente usado nos Estados Unidos. Em contraste, o sistema métrico é usado em praticamente todo o resto do mundo. Converter as medidas entre os sistemas inglês e métrico é uma das razões do nosso dia a dia para aprender matemática. Veja abaixo algumas conversões precisas entre os sistemas, assim como conversões fáceis de lembrar que serão práticas na maioria das situações.

Conversão de unidades métricas em unidades inglesas	Unidades inglesas em bom português
1 metro ≈ 3,28 pés	Um metro é em torno de 3 pés (1 jarda)
1 quilômetro ≈ 0,62 milhas	Um quilômetro é em torno de ½ milha
1 litro ≈ 0,26 galões	Um litro é em torno de 1 quartilho (1/4 galão)
1 quilograma ≈ 2,20 libras	Um quilo é em torno de 2 libras
0°C = 32°F	0°C é frio
10°C = 50°F	10°C não é tão frio
20°C = 68°F	20°C não é tão quente
30°C = 86°F	30°C é quente

DICA Aqui está uma conversão de temperatura que é fácil de lembrar: 16°C = 61°F.

SEGUINDO A ORDEM DAS OPERAÇÕES

Quando as expressões aritméticas forem complexas, use a ordem das operações (chamada também *ordem de precedência*) para simplificá-las. Os problemas complexos de matemática exigem que você realize uma combinação de operações — adição, subtração, multiplicação e divisão — para encontrar a solução. A ordem das operações simplesmente lhe diz quais operações fazer primeiro, segundo, terceiro e assim por diante.

Avalie as expressões aritméticas da esquerda pa   recedência a seguir:

1. Parênteses

Matemática Básica & Pré-Álgebra Para leigos

2. Potências
3. Multiplicação e divisão
4. Adição e subtração

LEMBRE-SE

Seguir a ordem de operações é importante; caso contrário, você vai ficar com a resposta errada. Imagine que você tem o problema 9 + 5 x 7. Se seguir a ordem das operações, vai ver que a resposta é 44. Se ignorar a ordem das operações e apenas resolver da esquerda para a direita, vai ter uma resposta totalmente diferente — e errada:

9 + 5 x 7 = 9 + 35 = 44   CERTO
9 + 5 x 7 = 14 x 7 = 98   ERRADO

OPERAÇÕES INVERSAS E AS PROPRIEDADES DISTRIBUTIVA, ASSOCIATIVA E COMUTATIVA

As quatro operações fundamentais da matemática — adição, subtração, multiplicação e divisão — permitem que você combine os números e realize os cálculos. Algumas operações possuem propriedades que permitem que você manipule os números no problema, o que é útil, especialmente quando chegar na matemática avançada, como a álgebra. As propriedades importantes que você precisa saber são a propriedade comutativa, a propriedade associativa e a propriedade distributiva. Entender o significado de uma operação inversa também é útil.

OPERAÇÕES INVERSAS

As *operações inversas* são pares de operações que você pode resolver "de frente para trás" para cancelar umas às outras. Dois pares das quatro operações fundamentais — adição, subtração, multiplicação e divisão — são inversos um do outro:

- **Adição e subtração são operações inversas entre si.**
  Quando você começa com qualquer valor e depois adiciona um número e subtrai o mesmo número do resultado, o valor com o qual você começou permanece inalterado. Por exemplo:

  2 + 3 = 5, portanto, 5 - 3 = 2

  7 - 1 = 6, portanto, 6 + 1 = 7

- **Multiplicação e divisão são operações inversas entre si.**
  Quando você começa com qualquer valor e depois o multiplica por um número e divide o resultado pelo mesmo número (com exceção de zero), o valor com o qual você começou permanece inalterado. Por exemplo:

  3 x 4 = 12, portanto, 12 ÷ 4 = 3

  10 ÷ 2 = 5, portanto, 5 x 2 = 10

Matemática Básica & Pré-Álgebra

Para leigos

Matemática Básica & Pré-Álgebra Para leigos

Tradução da 2ª Edição

por Mark Zegarelli

ALTA BOOKS
EDITORA
Rio de Janeiro, 2019

Matemática Básica & Pré-Algebra Para Leigos®
Copyright © 2019 da Starlin Alta Editora e Consultoria Eireli. ISBN: 978-85-508-0477-4

Translated from original Basic Math & Pre-Algebra For Dummies®. Copyright © 2014 by John Wiley & Sons, Inc. ISBN 978-1-119-29363-7. This translation is published and sold by permission of John Wiley & Sons, Inc., the owner of all rights to publish and sell the same. PORTUGUESE language edition published by Starlin Alta Editora e Consultoria Eireli, Copyright © 2019 by Starlin Alta Editora e Consultoria Eireli.

Todos os direitos estão reservados e protegidos por Lei. Nenhuma parte deste livro, sem autorização prévia por escrito da editora, poderá ser reproduzida ou transmitida. A violação dos Direitos Autorais é crime estabelecido na Lei nº 9.610/98 e com punição de acordo com o artigo 184 do Código Penal.

A editora não se responsabiliza pelo conteúdo da obra, formulada exclusivamente pelo(s) autor(es).

Marcas Registradas: Todos os termos mencionados e reconhecidos como Marca Registrada e/ou Comercial são de responsabilidade de seus proprietários. A editora informa não estar associada a nenhum produto e/ou fornecedor apresentado no livro.

Impresso no Brasil — 1ª Edição, 2019 — Edição revisada conforme o Acordo Ortográfico da Língua Portuguesa de 2009.

Obra disponível para venda corporativa e/ou personalizada. Para mais informações, fale com projetos@altabooks.com.br

Produção Editorial	**Produtor Editorial**	**Marketing Editorial**	**Vendas Atacado e Varejo**	**Ouvidoria**
Editora Alta Books	Thiê Alves	marketing@altabooks.com.br	Daniele Fonseca	ouvidoria@altabooks.com.br
Gerência Editorial		**Editor de Aquisição**	Viviane Paiva	
Anderson Vieira		José Rugeri	comercial@altabooks.com.br	
		j.rugeri@altabooks.com.br		

Equipe Editorial	Adriano Barros	Juliana de Oliveira	Larissa Lima	Paulo Gomes
	Bianca Teodoro	Kelry Oliveira	Leandro Lacerda	Thales Silva
	Ian Verçosa	Keyciane Botelho	Maria de Lourdes Borges	Thauan Gomes
	Illysabelle Trajano			

Tradução	**Copi c/ Tradução**	**Revisão Gramatical**	**Revisão Técnica**	**Diagramação**
El Hadji Cheikh Ndour	Alberto Gassul	Hellen Suzuki	Alcindo Márcio S. Miranda	Joyce Matos
		Thaís Pol	Mestre em Educação Matemática e Professor	

Erratas e arquivos de apoio: No site da editora relatamos, com a devida correção, qualquer erro encontrado em nossos livros, bem como disponibilizamos arquivos de apoio se aplicáveis à obra em questão.

Acesse o site www.altabooks.com.br e procure pelo título do livro desejado para ter acesso às erratas, aos arquivos de apoio e/ou a outros conteúdos aplicáveis à obra.

Suporte Técnico: A obra é comercializada na forma em que está, sem direito a suporte técnico ou orientação pessoal/exclusiva ao leitor.
A editora não se responsabiliza pela manutenção, atualização e idioma dos sites referidos pelos autores nesta obra.

Dados Internacionais de Catalogação na Publicação (CIP) de acordo com ISBD

Z44m Zegarelli, Mark
   Matemática básica e pré-algebra para leigos / Mark Zegarelli ; traduzido por El Hadji Cheikh Ndour. - 2. ed. - Rio de Janeiro : Alta Books, 2019.
   368 p. : il. ; 17cm x 24cm. – (Para Leigos)

   Tradução de: Basic Math & Pre-Algebra For Dummies
   Inclui índice.
   ISBN: 978-85-508-0477-4

   1. Matemática. 2. Álgebra. I. Ndour, El Hadji Cheikh. II. Título. III. Série.

2019-1067   CDD 510
              CDU 51

Elaborado por Odílio Hilario Moreira Junior – CRB-8/9949

ALTA BOOKS EDITORA
Rua Viúva Cláudio, 291 — Bairro Industrial do Jacaré
CEP: 20.970-031 — Rio de Janeiro (RJ)
Tels.: (21) 3278-8069 / 3278-8419
www.altabooks.com.br — altabooks@altabooks.com.br
www.facebook.com/altabooks — www.instagram.com/altabooks

ASSOCIADO CBL Câmara Brasileira do Livro

Sobre o Autor

Mark Zegarelli é professor de matemática e de cursos preparatórios para exames, também é autor de oito livros da série *Para Leigos*, incluindo *Lógica Para Leigos* e *MegaKit Cálculo Para Leigos* (Alta Books). Formou-se em Inglês e Matemática pela Universidade Rutgers e mora em Long Branch, Nova Jersey, e em São Francisco, Califórnia.

Dedicatória

Dedico este livro à memória da minha mãe, Sally Ann Zegarelli (Joan Bernice Hanley).

Agradecimentos do Autor

Escrever esta segunda edição de *Matemática Básica & Pré-Álgebra Para Leigos* foi uma experiência completamente agradável, graças ao apoio e orientação de Lindsay Lefevere, da John Wiley & Sons, Inc., aos editores Tracy Barr e Krista Hansing e à revisão técnica de Mike McAsey. E muito obrigado ao meu assistente, Chris Mark, por sua diligência e entusiasmo infalíveis.

E agradeço ao pessoal fantástico do Borderlands Café, na Rua Valencia em São Francisco, por terem criado um espaço silencioso e amigável para trabalhar.

Finalmente, meu agradecimento aos meus sobrinhos incríveis, Jake e Ben.

Sumário Resumido

Introdução 1

Parte 1: Armando-se com os Fundamentos da Matemática Básica 5

CAPÍTULO 1: Jogando o Jogo dos Números 7
CAPÍTULO 2: Está Tudo nos Dedos: Números e Dígitos 23
CAPÍTULO 3: As Quatro Operações Fundamentais: Adição,
    Subtração, Multiplicação e Divisão 29

Parte 2: Compreendendo os Números Inteiros 47

CAPÍTULO 4: Colocando as Quatro Operações Fundamentais para Funcionar 49
CAPÍTULO 5: Uma Questão de Valores: Avaliando Expressões Aritméticas 63
CAPÍTULO 6: O que Quer Dizer? Transformando Palavras em Números 75
CAPÍTULO 7: Divisibilidade 87
CAPÍTULO 8: Fatores Fabulosos e Múltiplos Maravilhosos 95

Parte 3: Partes do Todo: Frações, Decimais e Porcentagens 109

CAPÍTULO 9: Brincando com as Frações 111
CAPÍTULO 10: Caminhos Diferentes: Frações e as
    Quatro Operações Fundamentais 125
CAPÍTULO 11: Flertando com os Decimais 149
CAPÍTULO 12: Brincando com as Porcentagens 171
CAPÍTULO 13: Problemas com Enunciados com Frações,
    Decimais e Porcentagens 183

Parte 4: Representação e Mensuração — Gráficos, Medidas, Estatística e Conjuntos 195

CAPÍTULO 14: Um Dez Perfeito: Condensando Números
    com Notação Científica 197
CAPÍTULO 15: Quanto Você Tem? Pesos e Medidas 207
CAPÍTULO 16: Represente Isto: Geometria Básica 219
CAPÍTULO 17: Ver para Crer: Criando Gráficos como uma Ferramenta Visual 241
CAPÍTULO 18: Resolvendo Problemas com Enunciados
    Envolvendo Geometria e Medidas 251
CAPÍTULO 19: Calculando Suas Chances: Estatística e Probabilidade 263
CAPÍTULO 20: Estabelecendo Coisas com a Teoria Básica de Conjunto 275

Parte 5: Os Arquivos X: Introdução à Álgebra 283
CAPÍTULO 21: Entre, Sr. X: Álgebra e Expressões Algébricas. 285
CAPÍTULO 22: Desmascarando o Sr. X: Equações Algébricas 303
CAPÍTULO 23: Colocando o Sr. X para Trabalhar: Problemas Algébricos
com Enunciados 315

Parte 6: A Parte dos Dez 325
CAPÍTULO 24: Dez Pequenos Demônios da Matemática que
Enganam as Pessoas 327
CAPÍTULO 25: Dez Conjuntos Importantes de Números que
Você Deve Conhecer 333

Índice 343

Sumário

INTRODUÇÃO 1
    Sobre Este Livro 1
    Penso que... 2
    Ícones Usados Neste Livro 3
    Além Deste Livro 3
    De Lá para Cá, Daqui para Lá 4

PARTE 1: ARMANDO-SE COM OS FUNDAMENTOS DA MATEMÁTICA BÁSICA 5

CAPÍTULO 1: Jogando o Jogo dos Números 7
    Inventando Números 8
    Entendendo as Sequências dos Números 9
        Nivelando as diferenças 9
        Somando três, quatro, cinco e assim por diante 10
        Obtendo o quadrado com números quadrados 10
        Escrevendo números compostos 11
        Tirando os números primos do quadrado 12
        Multiplicação rápida com expoentes 13
    Analisando a Reta Numérica 14
        Adição e subtração na reta numérica 14
        Compreendendo o nada, ou o zero 15
        Indo para a direção negativa: Números negativos 16
        Multiplicando as possibilidades 17
        Divisão das coisas 18
        Descobrindo os espaços: Frações 19
    Quatro Importantes Conjuntos de Números 20
        Contando com os números contáveis 21
        Apresentando os números inteiros 21
        Ficando racional 21
        Tornando-se real 22

CAPÍTULO 2: Está Tudo nos Dedos: Números e Dígitos 23
    Conhecendo Seu Valor Posicional 24
        Contando até 10 e além 24
        Diferenciando os espaços reservados dos zeros à esquerda .. 25
        Lendo números longos 26
    Perto o Suficiente para Rock'n'Roll: Arredondando e Estimando ... 26
        Arredondando os números 27
        Estimando o valor para deixar os problemas mais fáceis 28

CAPÍTULO 3: As Quatro Operações Fundamentais: Adição, Subtração, Multiplicação e Divisão 29

Adicionando as Coisas 30
    Na linha: Adicionando números maiores em colunas 30
    Continue: Lidando com respostas de dois dígitos 31
Retire o Número: Subtração 31
    Colunas e pilhas: Subtração de números maiores 33
    Você tem dez sobrando? Pegando emprestado para subtrair. . 33
Multiplicação 35
    Sinais de vezes. 36
    Memorizando a tabuada 37
    Dois dígitos: Multiplicando números maiores 40
Fazendo Divisões Rapidamente 42
    Terminando rapidamente uma divisão longa 43
    Obtendo restos: Divisão de um número com sobra 45

PARTE 2: COMPREENDENDO OS NÚMEROS INTEIROS .. 47

CAPÍTULO 4: Colocando as Quatro Operações Fundamentais para Funcionar 49

Conhecendo as Propriedades das Quatro Operações Fundamentais. 50
    Operações inversas 50
    Operações comutativas. 51
    Operações associativas 52
    Distribuindo para aliviar a carga. 53
As Quatro Operações Fundamentais com Números Negativos. ... 53
    Adição e subtração com números negativos. 54
    Multiplicação e divisão com números negativos. 56
Entendendo as Unidades. 56
    Adição e subtração de unidades 57
    Multiplicação e divisão de unidades 57
Entendendo as Desigualdades 58
    Diferente de ($\neq$) 58
    Menor que ($<$) e maior que ($>$) 58
    Menor ou igual a ($\leq$) e maior ou igual a ($\geq$). 59
    Aproximadamente ($\cong$). 59
Além das Operações Fundamentais: Potenciação, Raízes Quadradas e Valor Absoluto 60
    Entendendo os expoentes 60
    Descobrindo suas raízes 61
    Calculando o valor absoluto 62

CAPÍTULO 5: Uma Questão de Valores: Avaliando Expressões Aritméticas 63

Igualdade para Tudo: Equações 64
    Ei, é apenas uma expressão 65
    Avaliando a situação 65
    Colocando as três palavras juntas 66
Apresentando a Ordem das Operações 66
    Aplicando a ordem das operações nas quatro principais expressões 67
    Usando a ordem das operações nas expressões com expoentes 70
    Entendendo a ordem das operações em expressões com parênteses 71

CAPÍTULO 6: O que Quer Dizer? Transformando Palavras em Números 75

Dissipando Dois Mitos sobre os Problemas Matemáticos 76
    Os problemas matemáticos não são sempre difíceis 76
    Os problemas matemáticos são úteis 77
Resolvendo Problemas Básicos com Enunciados 77
    Transformando enunciados de problemas em equações 78
    Entrando com números no lugar de palavras 80
Resolvendo Problemas com Enunciados Mais Complexos 82
    Quando os números ficam mais sérios 83
    Muita informação 84
    Juntando tudo 85

CAPÍTULO 7: Divisibilidade 87

Conhecendo os Truques da Divisibilidade 87
    Incluindo todos: Números pelos quais você pode dividir tudo ... 88
    No final: Observando os dígitos finais 88
    Some-os: Verificando a divisibilidade ao somar dígitos 89
Identificando Números Compostos e Primos 92

CAPÍTULO 8: Fatores Fabulosos e Múltiplos Maravilhosos ... 95

Conhecendo Seis Formas de Dizer a Mesma Coisa 96
Conectando Fatores e Múltiplos 97
Descobrindo Fatores Fabulosos 97
    Decidindo quando um número é um fator de outro 97
    Entendendo os pares de fatores 98
    Gerando os fatores de um número 99
    Identificando fatores primos 100
    Encontrando o máximo divisor comum (MDC) 105
Múltiplos Maravilhosos 106
    Gerando os múltiplos 106
    Encontrando o mínimo múltiplo comum (MMC) 106

PARTE 3: PARTES DO TODO: FRAÇÕES, DECIMAIS E PORCENTAGENS 109

CAPÍTULO 9: Brincando com as Frações 111
Dividindo um Bolo em Frações 112
Conhecendo os Fatos Fracionários da Vida 114
    Determinando o numerador a partir do denominador 114
    Invertendo para obter frações inversas 114
    Usando os números um e zero 114
    Misturando as coisas 115
    Identificando a fração própria e a fração imprópria 115
Aumentando e Reduzindo os Termos das Frações 116
    Aumentando os termos das frações 117
    Reduzindo as frações para termos menores 118
Convertendo Entre Frações Impróprias e Números Mistos 120
    Conhecendo as partes de um número misto 121
    Convertendo um número misto em uma fração imprópria ... 121
    Convertendo uma fração imprópria em um número misto ... 122
Entendendo a Multiplicação Cruzada 122
Entendendo as Razões e Proporções 124

CAPÍTULO 10: Caminhos Diferentes: Frações e as Quatro Operações Fundamentais 125
Multiplicando e Dividindo Frações 126
    Multiplicando numeradores e denominadores imediatamente 126
    Invertendo para dividir frações 128
Agora Tudo Junto: Somando Frações 129
    Encontrando a soma das frações com o mesmo denominador 129
    Somando frações com diferentes denominadores 130
Retire o Número: Subtraindo Frações 136
    Subtraindo frações com o mesmo denominador 137
    Subtraindo frações com denominadores diferentes 137
Trabalhando Corretamente com Números Mistos 140
    Multiplicando e dividindo números mistos 140
    Somando e subtraindo números mistos 142

CAPÍTULO 11: Flertando com os Decimais 149
Entendendo o Básico de Decimal 150
    Contando dólares e decimais 150
    Identificando o valor posicional de decimais 152
    Conhecendo os fatos decimais da vida 153
Realizando as Quatro Operações Fundamentais com os Decimais 157
    Somando decimais 157
    Subtraindo decimais 159

   Multiplicando decimais 160
   Dividindo decimais 161
   Lidando com mais zeros no dividendo.....................162
  Conversão entre Decimais e Frações 164
   Fazendo conversões simples 165
   Convertendo decimais em frações 165
   Mudando frações para decimais 167

CAPÍTULO 12: Brincando com as Porcentagens 171

  Dando Sentido às Porcentagens 172
  Lidando com Porcentagens Maiores que 100% 172
  Convertendo entre Porcentagens, Decimais e Frações..........173
   Indo de porcentagens para decimais 174
   Mudando decimais para porcentagens 174
   Trocando porcentagens por frações.........................174
   Transformando frações em porcentagens..................175
  Resolvendo Problemas de Porcentagem 176
   Resolvendo problemas simples de porcentagem..........176
   Invertendo o problema 178
   Decifrando problemas de porcentagem mais difíceis 178
  Colocando Todos os Problemas de Porcentagem Juntos 179
   Identificando os três tipos de problemas de porcentagem ...179
   Resolvendo problemas de porcentagem com equações 180

CAPÍTULO 13: Problemas com Enunciados com Frações, Decimais e Porcentagens.............................183

  Somando e Subtraindo Partes do Todo nos Problemas com Enunciados 184
   Compartilhando uma pizza: Frações.......................184
   Comprando por quilo: Decimais 185
   Dividindo os votos: Porcentagens 185
  Problemas sobre a Multiplicação de Frações...................186
   Compras de mercearia renegadas: Comprando menos do que eles lhe dizem 186
   Muito Fácil: Calculando o que sobrou no seu prato........187
  Multiplicando Decimais e Porcentagens em Problemas com Enunciado 188
   Até o final: Calculando quanto sobrou de dinheiro 189
   Descobrindo com quanto você começou....................190
  Lidando com Aumentos e Reduções de Porcentagens em Problemas com Enunciados....................................192
   Recebendo muito dinheiro: Calculando aumentos salariais...192
   Lucrando com juros sobre juros 193
   Aproveitando as promoções: Calculando descontos........194

PARTE 4: REPRESENTAÇÃO E MENSURAÇÃO — GRÁFICOS, MEDIDAS, ESTATÍSTICA E CONJUNTOS 195

CAPÍTULO 14: Um Dez Perfeito: Condensando Números com Notação Científica 197

As Primeiras Coisas Primeiro: Potências de Dez como Expoentes 198
    Contando zeros e escrevendo expoentes 198
    Somando expoentes para multiplicar 200
Trabalhando com Notação Científica 201
    Escrevendo em notação científica 201
    Entendendo por que a notação científica funciona 202
    Entendendo a ordem de magnitude 204
    Multiplicando com notação científica 204

CAPÍTULO 15: Quanto Você Tem? Pesos e Medidas 207

Examinando Diferenças entre os Sistemas Métrico e Inglês 208
    Dando uma olhada no sistema inglês 208
    Dando uma olhada no sistema métrico 210
Estimando e Convertendo entre os Sistemas Inglês e Métrico ... 212
    Fazendo estimativas no sistema inglês 213
    Convertendo unidades de medida 215

CAPÍTULO 16: Represente Isto: Geometria Básica 219

Progredindo no Plano: Pontos, Retas, Ângulos e Formas 220
    Criando alguns pontos 220
    Conhecendo suas retas 221
    Calculando ângulos 222
    Dando forma às coisas 223
Encontros Fechados: Desenvolvendo Sua Compreensão de Formas 2-D 223
    Polígonos 224
    Círculos 227
Viajando para uma Outra Dimensão: Geometria Sólida 227
    As várias faces dos poliedros 227
    Formas 3-D com curvas 229
Medindo Formas: Perímetro, Área, Área da Superfície e Volume ... 230
    2-D: Medindo no plano 230
    Medindo quadrados 231
    Espaçando: Medindo em três dimensões 237

CAPÍTULO 17: Ver para Crer: Criando Gráficos como uma Ferramenta Visual 241

Dando uma Olhada em Três Estilos Importantes de Gráfico 242
    Gráfico de barras 242
    Gráfico pizza 243
    Gráfico de linhas 244

Usando o Gráfico *XY* 245
    Traçando pontos em um gráfico *XY*..................... 246
    Desenhando linhas em um gráfico *XY*.................. 247

CAPÍTULO 18: Resolvendo Problemas com Enunciados Envolvendo Geometria e Medidas................ 251

    A Turma da Cadeia: Resolvendo Problemas de Medidas com Cadeias de Conversão................................. 252
        Estabelecendo uma cadeia curta........................ 252
        Trabalhando com mais conexões 253
        Extraindo equações do texto 254
        Arredondando: Indo para a resposta curta 256
    Resolvendo Problemas de Geometria com Enunciados 257
        Trabalhando a partir de palavras e imagens 257
        Eclodindo as habilidades de esboçar 259

CAPÍTULO 19: Calculando Suas Chances: Estatística e Probabilidade.. 263

    Juntando Dados Matematicamente: Estatística Básica........... 264
        Entendendo as diferenças entre dados quantitativos e qualitativos.. 264
        Trabalhando com dados qualitativos 265
        Trabalhando com dados quantitativos 268
        Achando a média 268
    Dando uma Olhada nas Probabilidades: Probabilidade Básica ... 271
        Calculando a probabilidade 271
        Ah, as possibilidades! Contando resultados com várias moedas.. 273

CAPÍTULO 20: Estabelecendo Coisas com a Teoria Básica de Conjunto.................................... 275

    Entendendo Conjuntos 276
        Elementar, meu caro: Considerando o que está dentro de conjuntos 277
        Conjuntos de números 279
    Realizando Operações nos Conjuntos........................ 280
        União: Elementos combinados........................... 280
        Interseção: Elementos em comum 281
        Complemento relativo: Subtração (mais ou menos) 281
        Complemento: Sentindo-se excluído 282

PARTE 5: OS ARQUIVOS X: INTRODUÇÃO À ÁLGEBRA . 283

CAPÍTULO 21: Entre, Sr. X: Álgebra e Expressões Algébricas... 285

    Vendo Como o *X* Marca o Local 286
    Expressando-se com Expressões Algébricas.................. 286
        Avaliando expressões algébricas........................ 287
        Chegando a termos algébricos........................... 289

Fazendo a permuta: Reorganizando seus termos 290
Identificando o coeficiente e a variável...............291
Identificando termos similares....................292
Considerando os termos algébricos e as quatro
  operações fundamentais.....................292
Simplificando as Expressões Algébricas 296
Combinando termos similares....................297
Removendo parênteses de uma expressão algébrica........298

CAPÍTULO 22: Desmascarando o Sr. X: Equações Algébricas ..303

Entendendo as Equações Algébricas..........................304
Usando x nas equações.........................304
Quatros modos para resolver as equações algébricas 305
A Lei do Equilíbrio: Achando X..............................306
Alcançando um equilíbrio 306
Usando a balança para isolar x....................307
Rearranjando Equações e Isolando X 308
Reorganizando os termos em um lado de uma equação 309
Movendo termos para o outro lado do sinal de igualdade....309
Removendo os parênteses das equações 311
Multiplicação cruzada............................313

CAPÍTULO 23: Colocando o Sr. X para Trabalhar: Problemas Algébricos com Enunciados 315

Resolvendo Problemas Algébricos com Enunciado
  em Cinco Passos.............................316
Declarando uma variável........................317
Estabelecendo a equação 317
Resolvendo a equação.........................318
Respondendo à pergunta 318
Verificando seu trabalho 319
Escolhendo Sua Variável Sabiamente 319
Resolvendo Problemas Algébricos Mais Complexos 320
Fazendo uma tabela para quatro pessoas.............321
Cruzando a linha de chegada com cinco pessoas 322

PARTE 6: A PARTE DOS DEZ.................................325

CAPÍTULO 24: Dez Pequenos Demônios da Matemática que Enganam as Pessoas 327

Conhecendo a Tabuada.........................328
Adicionando e Subtraindo Números Negativos................328
Multiplicando e Dividindo Números Negativos 329
Sabendo a Diferença entre Fatores e Múltiplos 329
Reduzindo as Frações para os Menores Termos 330
Adicionando e Subtraindo Frações 330
Multiplicando e Dividindo Frações.........................331

Identificando o Principal Objetivo da Álgebra: Encontrar X 331
Sabendo a Regra Principal da Álgebra: Manter a
   Equação em Equilíbrio 332
Observando a Estratégia Principal da Álgebra: Isolar X 332

CAPÍTULO 25: Dez Conjuntos Importantes de Números que Você Deve Conhecer 333

Contando Números Contáveis (ou Naturais) 334
Identificando Números Inteiros Relativos 334
Conhecendo a Lógica por trás dos Números Racionais 335
Dando Sentido aos Números Irracionais 336
Absorvendo Números Algébricos 336
Passando pelos Números Transcendentais 337
Fundamentando-se nos Números Reais 338
Tentando Imaginar Números Imaginários 338
Compreendendo a Complexidade dos Números Complexos 339
Indo Além do Infinito com Números Transfinitos 339

ÍNDICE 343

Introdução

Era uma vez um tempo em que você gostava de números. Essa não é a primeira frase de um conto de fadas. Houve um tempo em que você realmente gostava de números. Lembra?

Talvez você tivesse 3 anos e seus avós estivessem te visitando. Você sentou-se perto deles no sofá e contou os números de 1 a 10. Eles ficaram orgulhosos de você e — para ser honesto — você ficou orgulhoso de si também. Ou, talvez, você tivesse 5 anos e estivesse descobrindo como escrever os números, tentando de forma árdua não escrever os números 6 e 7 ao contrário.

Aprender foi divertido. Os *números* eram divertidos. Portanto, o que aconteceu? Talvez o problema tenha começado com uma longa divisão. Ou ao tentar transformar frações em decimais. Ou pode ter sido ao tentar descobrir como adicionar 8% de impostos sobre vendas ao custo de uma mercadoria? Ao ler um gráfico? Ao converter milhas em quilômetros? Ao tentar achar o mais temido valor de x? Onde quer que tenha iniciado, você começou a achar que a matemática não gostava de você — e você não gostava muito da matemática, por sinal.

Por que, geralmente, as pessoas entram na pré-escola empolgadas para aprender a contar e deixam o colégio como jovens adultos convencidos de que não conseguem usar a matemática? A resposta a essa pergunta levaria provavelmente a produção de 20 livros deste tamanho, mas a resolução do problema pode começar bem aqui.

Eu peço humildemente que você deixe de lado quaisquer dúvidas. Lembre-se, apenas por um momento, de um tempo inocente — um tempo antes que a matemática inspirasse ataques de pânico ou induzisse a um sono irresistível. Neste livro, levo você de um entendimento básico para o momento em que você estará pronto para entrar em qualquer aula de álgebra e ter sucesso.

Sobre Este Livro

Em algum lugar, ao longo do caminho entre contar e a álgebra, muitas pessoas experimentam o Grande Colapso da Matemática. Isso é igual a quando começa a sair muita fumaça de seu carro e ele trepida na autoestrada em uma temperatura de 45°C no meio do nada!

Por favor, considere este livro como seu assistente pessoal de beira de estrada e pense em mim como se eu fosse seu amigável mecânico de matemática (só que muito mais barato!). Encalhado na rodovia interestadual, você pode se sentir frustrado pelas circunstâncias e traído pelo seu veículo, mas, para o amigo que possui a caixa de ferramentas, tudo faz parte de um dia de trabalho. As ferramentas para consertar o problema estão neste livro.

Este livro ajuda você não apenas a resolver as questões básicas da matemática, como também a acabar com qualquer desgosto que sinta em relação à matemática em geral! Separei os conceitos em seções de fácil compreensão. E pelo fato de *Matemática Básica & Pré-Álgebra Para Leigos* ser um livro de referência, você não tem que ler os capítulos ou as seções na ordem — pode verificar apenas o que precisa. Portanto, sinta-se livre e pule os capítulos e seções. Quando tratar de um assunto que exija uma informação anterior do livro, mencionarei a seção ou o capítulo para você, caso queira recordar as questões básicas.

Aqui estão dois conselhos que dou o tempo todo — lembre-se deles, conforme for passando pelos conceitos neste livro:

» **Faça intervalos frequentes nos seus estudos.** A cada 20 ou 30 minutos, levante-se e empurre sua cadeira. Alimente seu gato, lave a louça, faça uma caminhada, divirta-se com as bolas de tênis, experimente uma roupa para o Dia das Bruxas — faça *alguma coisa* para se distrair por alguns minutos. Você voltará mais produtivo para seus livros do que se estivesse sentado horas e horas com os olhos embaçando.

» **Depois de ler um exemplo e achar que o entendeu, copie o problema, feche o livro e tente resolvê-lo.** Se empacar, dê uma olhada rápida nele novamente — mas depois faça o mesmo exemplo de novo para ver se você pode resolvê-lo sem abrir o livro. (Lembre-se de que, independentemente do teste para o qual você esteja se preparando, espiar provavelmente não será permitido!)

Embora todo autor discretamente (ou não tão discretamente) acredite que cada palavra que ele escreve seja ouro puro, você não tem que ler cada palavra neste livro, a menos que queira de fato. Sinta-se livre para pular as barras laterais (as caixas cinzas escurecidas), nas quais eu saio pela tangente — a menos que você encontre tangentes interessantes, evidentemente. Os parágrafos rotulados com o ícone de Material Técnico não são essenciais também.

Penso que...

Se você está planejando ler este livro, você provavelmente é:

» Um estudante que deseja ter uma compreensão sólida sobre as questões básicas de matemática para a aula ou o teste para que esteja estudando.

» Um adulto que deseja melhorar suas habilidades em aritmética, frações, decimais, porcentagens, pesos e medidas, geometria, álgebra e assim por diante para quando tiver que usar a matemática no mundo real.

» Alguém que deseja recordar para poder ajudar outra pessoa a entender a matemática.

Minha única premissa sobre seu nível de habilidade é que você consegue somar, subtrair, multiplicar e dividir. Portanto, para descobrir se você está preparado para este livro, faça este teste fácil:

5 + 6 = ____

10 − 7 = ____

3 x 5 = ____

20 ÷ 4 = ____

Se puder responder a estas quatro perguntas, você está preparado para começar.

Ícones Usados Neste Livro

Ao longo deste livro, eu uso quatro ícones para destacar o que é importante ou não:

LEMBRE-SE Este ícone mostra ideias-chave que você precisa saber. Tenha certeza de que entendeu antes de continuar a leitura! Lembre-se desta informação mesmo após fechar seu livro.

DICA As dicas são úteis para lhe mostrar a maneira rápida e fácil de realizar as coisas. Experimente-as, especialmente se estiver estudando matemática.

CUIDADO Os avisos mostram os erros mais comuns que você deseja evitar. Tenha bem definido onde essas pequenas armadilhas estão escondidas para que não caia nelas.

PAPO DE ESPECIALISTA Este ícone mostra conhecimentos gerais interessantes que você pode ler ou pular, conforme quiser.

Além Deste Livro

Além do material que você encontra neste livro, lembre-se de que (como dizem naqueles comerciais tarde da noite) "há muito, muito mais!". Você pode acessar a Folha de Cola Online no site da editora Alta Books. Procure pelo título do livro. Faça o download da Folha de Cola completa, bem como de erratas e possíveis arquivos de apoio. Na Folha de Cola, você encontrará um conjunto de referências rápidas sobre como usar a ordem das operações (também chamada de ordem de precedência); trabalhar com as propriedades distributivas, associativas e comutativas; converter e transformar frações, decimais e porcentagens; e muitas, muitas outras coisas.

E lembre-se de que, com a matemática, a prática leva à perfeição. O livro *Matemática Básica e Pré-Álgebra Para Leigos* inclui centenas de práticas de problemas, cada grupo com uma breve explicação para ajudar você a começar. E se isso não for o suficiente, o livro *1.001 Problemas de Matemática Básica e Pré-Álgebra Para Leigos* (Alta Books) oferece muito mais. Confira!

De Lá para Cá, Daqui para Lá

Você pode usar este livro de várias formas. Se estiver lendo este material sem a pressão de tempo de um teste ou de uma lição de casa, certamente você pode começar pelo início e continuar até o final. A vantagem desse método é poder constatar o quanto de matemática você *conhece* — os primeiros capítulos passam rapidamente. Você ganha bastante autoconfiança, assim como um conhecimento prático que pode ajudá-lo depois, pois os primeiros capítulos lhe preparam também para entender o que segue.

Se seu tempo for limitado — especialmente se estiver tendo aula de matemática e estiver procurando ajuda para seu dever de casa ou para o próximo teste —, passe diretamente para o assunto que você esteja estudando. Na parte em que abrir o livro, você terá disponível uma explicação clara sobre o assunto, assim como uma variedade de dicas e truques. Leia os exemplos do começo ao fim e tente praticá-los, ou use-os como modelos para ajudá-lo nos problemas atribuídos.

Aqui está uma lista de assuntos que tendem a apoiar os estudantes:

- Números negativos (Capítulo 4)
- Ordem das operações (Capítulo 5)
- Problemas matemáticos (Capítulos 6, 13, 18 e 23)
- Fatoração de números (Capítulo 8)
- Frações (Capítulos 9 e 10)

Geralmente, qualquer tempo que você passe desenvolvendo essas cinco habilidades é como investir dinheiro no banco ao progredir com a matemática, então será muito válido visitar essas seções várias vezes.

1 Armando-se com os Fundamentos da Matemática Básica

NESTA PARTE...

Descubra como o sistema numérico foi inventado e como ele funciona.

Identifique quatro importantes conjuntos de números: contáveis, inteiros, racionais e reais.

Use o valor posicional para representar números de qualquer tamanho.

Arredonde os números para calcular mais rápido.

Use as quatro operações fundamentais: adição, subtração, multiplicação e divisão.

> **NESTE CAPÍTULO**
>
> » Descobrindo como os números foram inventados
>
> » Analisando algumas sequências numéricas conhecidas
>
> » Examinando a reta numérica
>
> » Entendendo quatro importantes conjuntos de números

Capítulo 1

Jogando o Jogo dos Números

Uma das coisas mais úteis nos números é que eles são *conceituais*, o que significa, em um sentido importante, que eles estão todos na sua cabeça. (Esse fato, no entanto, não o libera da obrigação de saber sobre eles — bela tentativa!)

Por exemplo, você pode visualizar três de tudo: três gatos, três bolas de beisebol, três canibais, três planetas. Mas tente apenas descrever o conceito de três em si e você verá que é impossível. Ah, certamente você pode visualizar o algarismo 3, mas o *três em si* — tal como amor, ou beleza, ou honra — está além do entendimento preciso. Porém, depois que você obtém o *conceito* de três (ou quatro, ou um milhão), tem acesso a um incrível sistema poderoso para entender o mundo: a matemática.

Neste capítulo, ofereço a você uma breve história sobre como os números passaram a existir. Discuto algumas *sequências de números* comuns e mostro como elas se unem às operações elementares da matemática como a adição, a subtração, a multiplicação e a divisão.

Depois disso, descrevo como algumas dessas ideias convergem com uma ferramenta simples e poderosa — a reta numérica. Discuto como os números são organizados na reta numérica e mostro a você como usá-la como uma calculadora para uma aritmética simples.

Por fim, descrevo como os *números contáveis* (1, 2, 3,...) desencadearam a invenção de tipos de números mais incomuns, tais como os *números negativos*, as *frações* e os *números irracionais*. Eu também explico como *esses conjuntos de números* são *encaixados* — isso é, como um conjunto de números cabe dentro de outro, que cabe dentro de outro.

Inventando Números

Os historiadores acreditam que os primeiros sistemas de números passaram a existir no mesmo momento em que a agricultura e o comércio. Antes disso, as pessoas na Pré-História, as sociedades de caça e de coleta se contentavam em identificar grupos de coisas como "muito" ou "pouco".

Mas, à medida que a agricultura se desenvolveu e o comércio entre as comunidades começou, necessitou-se de mais precisão. Portanto, as pessoas começaram a usar pedras, símbolos gravados em argila e objetos similares para não perder de vista suas cabras, seu rebanho, seu óleo, seus grãos ou qualquer mercadoria que elas tivessem. Esses símbolos podiam ser trocados pelos objetos que eles representavam em uma troca de um por um.

Por fim, os negociantes se deram conta de que podiam desenhar figuras em vez de usar símbolos. Essas figuras evoluíram para contagem de tracinhos e, a tempo, para sistemas mais complexos. Talvez eles não tenham percebido, mas a tentativa de controlar suas mercadorias os levou a inventar algo completamente novo: os *números*.

Através dos séculos, os babilônios, os egípcios, os gregos, os romanos, os maias, os árabes e os chineses (para nomear apenas alguns) desenvolveram seus próprios sistemas de números escritos.

Embora os algarismos romanos tenham ganhado um grande predomínio conforme o Império Romano se expandia através da Europa e de partes da Ásia e da África, o sistema mais avançado que os árabes inventaram revelou-se mais útil. Nosso próprio sistema de números, os números indo-arábicos (chamados também de números decimais), tem uma origem muito próxima desses primeiros números arábicos.

Entendendo as Sequências dos Números

Embora os números tenham sido inventados para contabilizar as mercadorias, como expliquei na seção anterior, eles foram logo colocados em uma vasta gama de aplicações. Foram úteis para medir distâncias, somar dinheiro, reunir uma multidão (um exército), arrecadar impostos, construir pirâmides e muito mais.

Mas além de seus muitos usos para entender o mundo externo, os números têm também uma própria ordem interna. Portanto, os números não são apenas uma *invenção*, mas também uma *descoberta*: uma paisagem que parece existir de forma independente, com sua própria estrutura, seus mistérios e até seus perigos.

Um caminho nesse mundo novo e, geralmente, estranho é a *sequência de números*: um arranjo de números de acordo com uma regra. Nas seções seguintes, apresento a você uma variedade de sequências de números que são úteis para mostrar o sentido dos números.

Nivelando as diferenças

Uma das primeiras coisas que você provavelmente ouviu falar sobre os números é que todos eles são pares ou ímpares. Por exemplo, você pode dividir um número par de bolinhas de gude em duas partes iguais, *pareadas*. Mas, ao tentar dividir um número ímpar de bolinhas da mesma maneira, você tem sempre uma bolinha sobrando, *ímpar*. Aqui estão alguns dos primeiros números pares:

2   4   6   8   10   12   14   16...

Você pode facilmente manter a sequência de números pares indo até onde quiser. Começando com o número 2, continue somando 2 para obter o próximo número.

Igualmente, aqui estão alguns dos primeiros números ímpares:

1   3   5   7   9   11   13   15...

A sequência de números ímpares também é bem simples de ser gerada. Começando com o número 1, continue somando 2 para obter o próximo número.

Os padrões dos números pares ou ímpares são os padrões de números mais simples, razão pela qual as crianças geralmente entendem a diferença entre os números pares e ímpares logo após aprenderem a somar.

Somando três, quatro, cinco e assim por diante

Depois de se acostumar ao conceito de somar números maiores que um, você pode fazê-lo funcionar. Por exemplo, veja como somar três, quatro e cinco:

Três:	3	6	9	12	15	18	21	24...
Quatro:	4	8	12	16	20	24	28	32...
Cinco:	5	10	15	20	25	30	35	40...

DICA

Somar um dado número é uma boa maneira de começar a aprender a tabuada dele, especialmente dos números que você sente dificuldade. (Em geral, as pessoas parecem ter mais dificuldade para multiplicar por 7, mas os números 8 e 9 são, também, impopulares.) No Capítulo 3, apresento a você alguns truques para memorizar a tabuada de uma vez por todas.

Esses tipos de sequências também são úteis para a compreensão de fatores e de múltiplos, que você irá estudar no Capítulo 8.

Obtendo o quadrado com números quadrados

Ao estudar matemática, mais cedo ou mais tarde você provavelmente vai querer usar recursos visuais para ajudá-lo a ver o que os números estão lhe dizendo. (Mais adiante neste livro, mostro a você como uma figura pode ser equivalente a uma centena de números, quando discuto a geometria, no Capítulo 16, e o gráfico, no Capítulo 17.)

Os recursos visuais mais saborosos que você encontrará na vida são aquelas pequenas bolachas quadradas de queijo. (Você provavelmente tem uma caixa em algum lugar na cozinha. Caso contrário, bolachas salgadas ou qualquer outra comida quadrada também serve.) Coloque um bocado para fora da caixa e organize os pequenos quadrados juntos, para formar quadrados maiores.

A Figura 1-1 apresenta alguns quadrados:

FIGURA 1-1: Números quadrados.

© John Wiley & Sons, Inc.

Eis os números quadrados!

1   4   9   16   25   36   49   64...

DICA

Você obtém um *número quadrado* ao multiplicar um número por ele mesmo; portanto, conhecer os números quadrados é outra maneira conveniente para se lembrar de parte da tabuada. Embora você se lembre, provavelmente sem ajuda, de que 2 × 2 = 4, pode ter dificuldade com os números superiores, tais como 7 × 7 = 49. Ao conhecer os números quadrados, eles lhe oferecem outra maneira para gravar essa tabuada para sempre na sua mente, como eu mostro a você no Capítulo 3.

Os números quadrados também são um ótimo início para a compreensão de expoentes, os quais apresentarei depois neste capítulo e explicarei com mais detalhes no Capítulo 4.

Escrevendo números compostos

Alguns números podem ser colocados em padrões retangulares. Os matemáticos talvez devessem chamar esses números de "números retangulares", mas, em vez disso, escolheram o termo *números compostos*. Por exemplo, 12 é um número composto, porque você pode colocar 12 objetos em retângulos de duas formas diferentes, como mostrado na Figura 1-2.

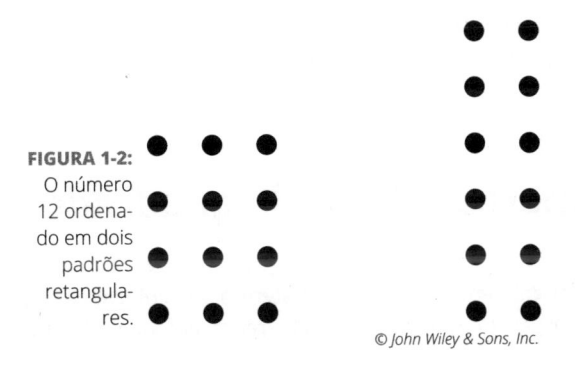

FIGURA 1-2: O número 12 ordenado em dois padrões retangulares.

© John Wiley & Sons, Inc.

Assim como os números quadrados, ao arrumar os números em padrões visuais como esses, eles informam algo a você sobre como funciona a multiplicação. Nesse caso, ao somar os lados dos dois retângulos, você descobre o seguinte:

3 × 4 = 12

2 × 6 = 12

Do mesmo modo, outros números, tais como 8 e 15, também podem ser arrumados em retângulos, como mostrado na Figura 1-3.

FIGURA 1-3: Números compostos, tais como 8 e 15, podem formar retângulos.

© John Wiley & Sons, Inc.

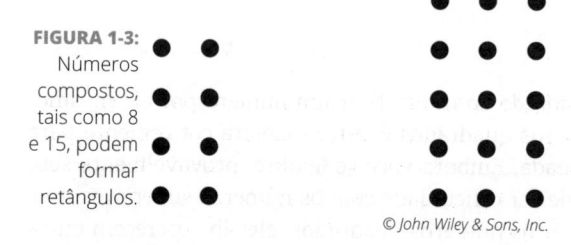

Como você pode ver, esses dois números ficam felizes ao serem colocados em quadrados com, pelo menos, duas fileiras e duas colunas. E esses padrões visuais mostram o seguinte:

2 × 4 = 8

3 × 5 = 15

A palavra *composto* significa que esses números são *compostos* de números menores. Por exemplo, o número 15 é composto de 3 e 5 — isso é, quando você multiplicar esses dois números menores, vai obter 15. Aqui estão todos os números compostos entre 1 e 16:

4   6   8   9   10   12   14   15   16

Perceba que todos os números quadrados (veja a seção "Obtendo o quadrado com números quadrados") também somam como os números compostos, pois você pode arrumá-los em quadrados com, pelo menos, duas fileiras e duas colunas. Além disso, muitos outros números não quadrados são, também, números compostos.

Tirando os números primos do quadrado

Alguns números são teimosos. Como algumas pessoas que você talvez conheça, esses números — chamados *números primos* — resistem a ser colocados em qualquer tipo de quadrado. Observe como o número 13 é representado na Figura 1-4, por exemplo.

FIGURA 1-4: O desafortunado 13, um excelente exemplo de número que recusa caber em um quadrado.

© John Wiley & Sons, Inc.

Você pode tentar, mas não conseguirá fazer um retângulo com 13 objetos. (Essa pode ser a razão pela qual o número 13 tem a má fama de dar azar.) Aqui estão os números primos inferiores a 20:

    2   3   5   7   11   13   17   19

Como pode ver, a lista dos números primos preenche as lacunas deixadas pelos números compostos (veja a seção anterior). Portanto, todo número contável é primo ou composto. A única exceção é o número 1, que nem é primo, nem composto. No Capítulo 8, dou muito mais informações sobre os números primos e mostro como *decompor* um número — isso é, desfazer um número composto em seus fatores primos.

Multiplicação rápida com expoentes

Aqui está uma questão antiga que ainda causa surpresas: imagine que você tenha aceitado um emprego que lhe paga 1 centavo no primeiro dia, 2 centavos no segundo dia, 4 centavos no terceiro dia e assim por diante, dobrando o valor todos os dias, desta forma:

    1   2   4   8   16   32   64   128   256   512...

Como você pode ver, nos primeiros dez dias de trabalho, você ganharia um pouco mais de $10 (na verdade, $10,23 — mas quem está somando?). Quanto você ganharia em 30 dias de trabalho? Sua resposta pode ser: "Eu não pegaria um trabalho ruim como esse, em primeiro lugar". À primeira vista, isso parece ser uma boa resposta, mas aqui está uma olhada rápida nos ganhos dos dez dias seguintes:

    ...1.024   2.048   4.096   8.192   16.384   32.768   65.536

    131.072   262.144   524.288...

No final dos dez dias seguintes, o total de seus ganhos seria mais de $10.000. E, ao fim dos 30 dias, seus ganhos alcançariam algo em torno de $10.000.000! Como isso acontece? Através da mágica dos expoentes (também chamados de *potências*). Todo novo número na sequência é obtido ao multiplicar o número anterior por 2:

$2^1 = 2 = 2$
$2^2 = 2 \times 2 = 4$
$2^3 = 2 \times 2 \times 2 = 8$
$2^4 = 2 \times 2 \times 2 \times 2 = 16$

Como você pode ver, a notação 2^4 significa *multiplicar 2 por ele mesmo quatro vezes.*

Você pode usar expoentes diferentes de 2. Aqui está outra sequência que talvez você já conheça:

1   10   100   1.000   10.000   100.000   1.000.000...

Nessa sequência, cada número é dez vezes maior que o anterior. Você também pode gerar esses números usando expoentes:

$10^1 = 10$
$10^2 = 10 \times 10 = 100$
$10^3 = 10 \times 10 \times 10 = 1.000$
$10^4 = 10 \times 10 \times 10 \times 10 = 10.000$

Essa sequência é importante para definir o *valor posicional*, a base do sistema do número decimal que discuto no Capítulo 2. Ela aparece também quando discuto os decimais no Capítulo 11 e a notação científica no Capítulo 15. Você saberá mais sobre os expoentes no Capítulo 5.

Analisando a Reta Numérica

Assim como as crianças abandonam a contagem com seus dedos (e os usam apenas ao tentar lembrar os nomes de todos os sete anões), os professores muitas vezes a substituem por uma figura dos primeiros dez números em ordem, como mostra a Figura 1-5.

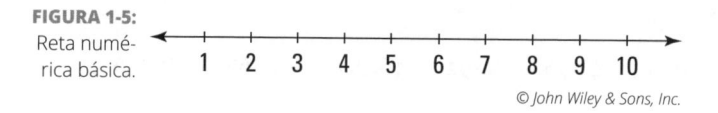

FIGURA 1-5: Reta numérica básica.

1 2 3 4 5 6 7 8 9 10

© John Wiley & Sons, Inc.

Essa maneira de organizar os números é chamada de *reta numérica*. As pessoas muitas vezes veem sua primeira reta numérica — feita, em geral, de papel muito colorido — colada sobre a lousa escolar. A reta numérica básica fornece um recurso visual dos *números contáveis* (chamados também de *números naturais*), os números superiores a 0. Você pode usar isso para mostrar como os números são maiores em uma direção e menores na outra.

Nesta seção, mostro a você como usar a reta numérica para entender algumas ideias básicas, mas importantes, sobre os números.

Adição e subtração na reta numérica

Você pode usar a reta numérica para demonstrar uma simples adição ou subtração. Esses primeiros passos na matemática tornam-se muito mais concretos com um recurso visual. Aqui está o ponto principal a ser lembrado:

> » Conforme você vai para a *direita*, os números *sobem*, o que é *adição* (+).
>
> » Conforme você vai para a *esquerda*, os números *descem*, o que é *subtração* (-).

Por exemplo, 2 + 3 significa que você *começa no* 2 e *pula* 3 espaços para obter 5, como ilustrado na Figura 1-6.

FIGURA 1-6: Movendo através da reta numérica da esquerda para a direita.

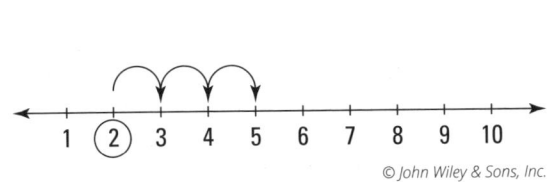

© John Wiley & Sons, Inc.

Como outro exemplo, 6 − 4 significa *começar* no 6 e *descer* 4 espaços para obter 2. Isso é: 6 − 4 = 2. Veja a Figura 1-7.

FIGURA 1-7: Movendo através da reta numérica da direita para a esquerda.

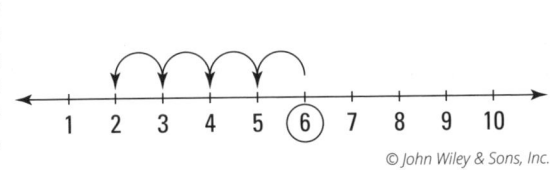

© John Wiley & Sons, Inc.

Você pode usar essas regras simples de subir e descer de forma repetida para resolver uma série mais longa de números somados e subtraídos. Por exemplo, 3 + 1 − 2 + 4 − 3 − 2 significa 3, *subir* 1, *descer* 2, *subir* 4, *descer* 3 e *descer* 2. Nesse caso, a reta numérica lhe mostraria que 3 + 1 − 2 + 4 − 3 − 2 = 1.

Discuto a adição e a subtração com mais detalhes no Capítulo 3.

Compreendendo o nada, ou o zero

Uma adição importante para a reta numérica é o número 0, que significa *nada*. Pare por um momento e considere o conceito bizarro de "nada". Por definição — como mais de um filósofo notou —, o *nada* não existe! Ainda assim, rotineiramente nós o rotulamos com o número 0, como mostrado na Figura 1-8.

PAPO DE ESPECIALISTA

Na verdade, os matemáticos têm um rótulo mais preciso do que o zero para o *nada*. É chamado de conjunto *vazio*, que é um tipo de versão matemática de uma caixa contendo "nada". Apresento esse conceito e um pouco da teoria básica de conjunto no Capítulo 20.

FIGURA 1-8: A reta numérica começando no 0 e continuando com 1, 2, 3, ..., 10.

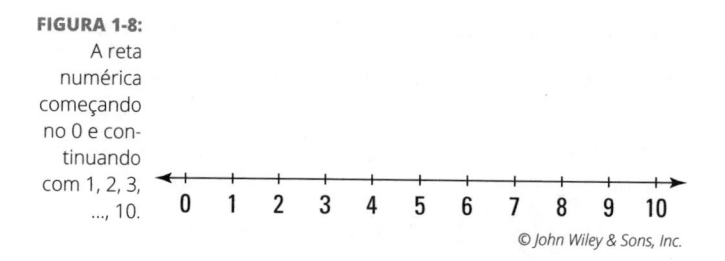

O *nada* é, com certeza, algo bem pesado para se jogar sobre as crianças, mas elas não parecem se importar. Elas entendem rapidamente que quando têm três caminhões de brinquedo e uma pessoa retira todos os três, sobra zero caminhão. Isto é, 3 − 3 = 0. Ou colocando isso na reta numérica, 3 − 3 significa começar no 3 e descer 3, como mostrado na Figura 1-9.

No Capítulo 2, apresento a você a importância de 0 como um *espaço reservado* nos números e discuto como os *zeros à esquerda* podem ser incorporados a um número sem mudar seu valor.

FIGURA 1-9: Começando no 3 e rebaixando três.

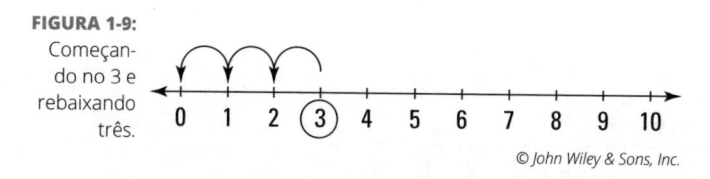

Indo para a direção negativa: Números negativos

Quando as pessoas descobrem a subtração pela primeira vez, elas geralmente ouvem que não podem retirar mais do que têm. Por exemplo, se você tiver quatro lápis, você pode retirar um, dois, três ou até os quatro lápis, mas não pode retirar mais do que isso.

Não demora muito até você descobrir o que qualquer titular de cartão de crédito conhece muito bem: você pode efetivamente retirar mais do que tem — e o resultado é um *número negativo*. Por exemplo, se você tiver $4 e deve $7,00 ao seu amigo, você tem uma dívida de $3. Isso é: 4 − 7 = −3. O sinal de menos na frente do 3 significa que a quantia que você tem é três vezes inferior a 0. A Figura 1-10 mostra como você coloca os números inteiros negativos na reta numérica.

FIGURA 1-10: Números inteiros negativos na reta numérica.

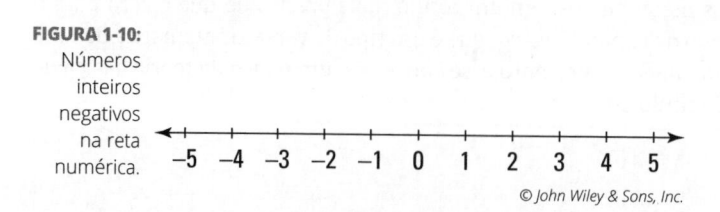

16 PARTE 1 **Armando-se com os Fundamentos da Matemática Básica**

> ## INFINITO: IMAGINANDO UMA HISTÓRIA SEM FIM
>
> As setas das extremidades da reta numérica apontam a frente, um lugar chamado *infinito*, o que não é, de fato, um lugar — apenas a ideia de *permanência*, pois os números continuam infinitamente. Mas e quanto a um milhão, bilhão, trilhão, quatrilhão — os números ficam superiores a isso? A resposta é sim, porque você pode somar mais 1 a qualquer número.
>
> O símbolo estranho ∞ representa o infinito. Lembre-se de que, embora ∞ não seja, de fato, um número, ele é a *ideia* de que os números continuam infinitamente.
>
> Pelo fato de ∞ não ser um número, tecnicamente você não pode somar o número 1 a ele, assim como você não pode somar o número 1 a uma xícara de café ou à sua Tia Louise. Mas, mesmo que você pudesse, ∞ + 1 seria igual a ∞.

A adição e a subtração na reta numérica funcionam praticamente da mesma maneira tanto com os números negativos quanto com os números positivos. Por exemplo, a Figura 1-11 mostra como subtrair 4 − 7 na reta numérica.

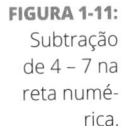

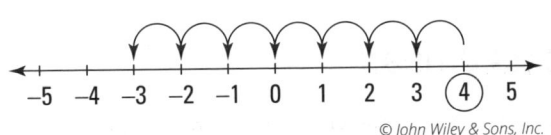

FIGURA 1-11: Subtração de 4 − 7 na reta numérica.

© John Wiley & Sons, Inc.

Você vai saber tudo sobre o funcionamento dos números negativos no Capítulo 4.

DICA Colocar 0 e os números contáveis negativos na reta numérica expande o conjunto dos números contáveis para o conjunto dos números *inteiros relativos*. Discuto os números inteiros relativos com mais detalhes mais adiante neste capítulo.

Multiplicando as possibilidades

Imagine que você comece no 0 e circule os números alternadamente na reta numérica, como mostrado na Figura 1-12. Como você pode ver, todos os números pares agora estão circulados. Em outras palavras, você desenhou um círculo sobre todos os *múltiplos de dois* (você pode descobrir mais sobre os múltiplos no Capítulo 8). Agora você pode usar essa reta numérica para multiplicar qualquer número por dois. Por exemplo, imagine que você queira multiplicar 5 × 2. Comece no 0 e pule cinco espaços desenhados em círculo para a direita.

FIGURA 1-12: Multiplicando 5 × 2 usando a reta numérica.

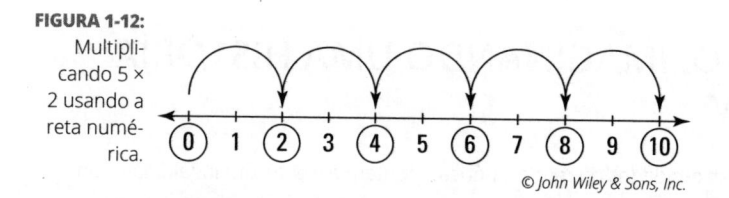

Essa reta numérica mostra a você que 5 × 2 = 10.

Do mesmo modo, para multiplicar -3 × 2, comece no 0 e pule três espaços desenhados em círculo para a esquerda (isso é, na direção negativa). A Figura 1-13 mostra a você que -3 × 2 = -6. Além disso, agora você pode ver por que multiplicar um número negativo por um número positivo sempre dá um resultado negativo (trato da multiplicação dos números negativos no Capítulo 4).

FIGURA 1-13: -3 × 2 = -6 como representado na reta numérica.

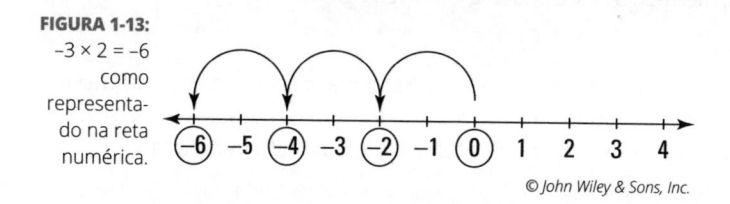

Divisão das coisas

Você também pode usar a reta numérica para dividir. Por exemplo, imagine que você queira dividir 6 por outro número. Primeiro, desenhe uma reta numérica que comece no 0 e termine no 6, como na Figura 1-14.

FIGURA 1-14: Reta numérica de 0 a 6.

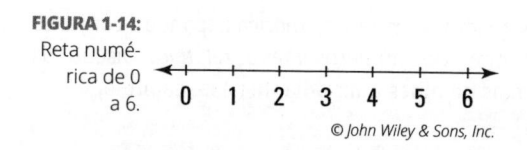

Agora, para achar a resposta para 6 ÷ 2, apenas divida essa reta numérica em duas partes iguais, como mostrado na Figura 1-15. Essa separação (ou *divisão*) ocorre no 3, mostrando que 6 ÷ 2 = 3.

FIGURA 1-15: Obtendo a resposta de 6 ÷ 2 ao dividir a reta numérica.

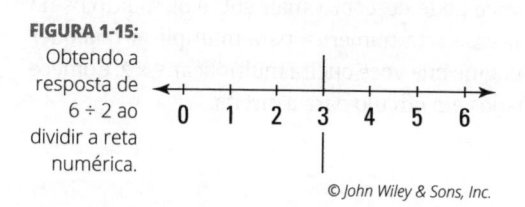

Do mesmo modo, para executar 6 ÷ 3, divida a mesma reta numérica em três partes iguais, como na Figura 1-16. Dessa vez, você tem duas divisões, portanto, use a mais próxima de 0. Esta reta numérica mostra a você que 6 ÷ 3 = 2.

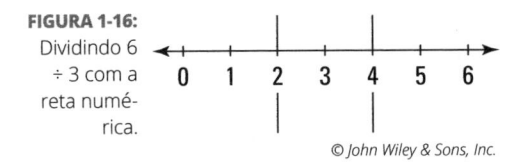

FIGURA 1-16: Dividindo 6 ÷ 3 com a reta numérica.

© John Wiley & Sons, Inc.

Mas imagine que você queira usar a reta numérica para dividir um número menor por um maior. Por exemplo, talvez você queira conhecer a resposta para 3 ÷ 4. Seguindo o método que mostrei a você antes, primeiro desenhe uma reta numérica de 0 a 3. Depois, divida-a em quatro partes iguais. Infelizmente, nenhuma dessas divisões parou em um número. Isso não é um erro — você apenas deve adicionar alguns números novos à reta numérica, como pode ver na Figura 1-17.

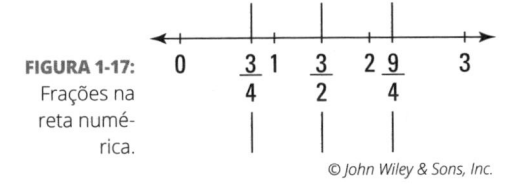

FIGURA 1-17: Frações na reta numérica.

© John Wiley & Sons, Inc.

Bem-vindo ao mundo das *frações*. Com a reta numérica rotulada corretamente, você pode ver que a divisão mais perto de 0 é ¾. Essa imagem informa que 3 ÷ 4 = ¾. A semelhança da expressão 3 ÷ 4 com a fração ¾ não é por acaso. A divisão e as frações têm uma relação próxima. Ao dividir, você corta as coisas em partes iguais e, muitas vezes, as frações são o resultado desse processo. (Explico a conexão entre a divisão e as frações com mais detalhes nos Capítulos 9 e 10.)

Descobrindo os espaços: Frações

As frações o ajudam a preencher muitos dos espaços na reta numérica, que ficam entre os números contáveis. Por exemplo, a Figura 1-18 mostra um close-up de uma reta numérica de 0 a 1.

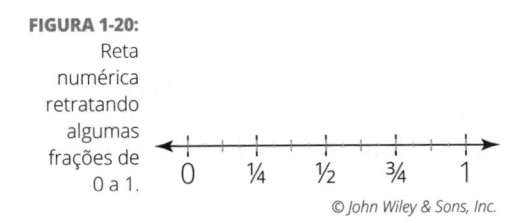

FIGURA 1-20: Reta numérica retratando algumas frações de 0 a 1.

© John Wiley & Sons, Inc.

Essa reta numérica pode fazer com que você se lembre de uma régua ou de uma fita métrica, com muitas frações pequenas preenchidas. E, de fato, as réguas e as fitas métricas são retas numéricas móveis que permitem os carpinteiros, engenheiros e "faz tudo" medirem o comprimento dos objetos com precisão.

A adição das frações à reta numérica expande o conjunto dos números inteiros relativos para o conjunto dos *números racionais*. Discuto os números racionais com mais detalhes no Capítulo 25.

PAPO DE ESPECIALISTA

Na realidade, não importa o quanto as coisas fiquem pequenas no mundo real, você sempre pode achar uma fração pequena para aproximá-la do que precisa. Entre qualquer uma das frações na reta numérica, você sempre pode achar outra fração. Os matemáticos chamam esse traço de *densidade* das frações na reta numérica real, e esse tipo de densidade é um assunto em uma área muito avançada da matemática chamada *análise real*.

Quatro Importantes Conjuntos de Números

Na seção anterior, você viu como a reta numérica cresce nas duas direções (negativa e positiva) e preenche muitos números. Nesta seção, eu forneço um pequeno tour sobre como os números se integram como um conjunto de sistemas encaixados, um dentro do outro.

Quando falo sobre um conjunto de números, estou realmente apenas falando sobre um grupo de números. Você pode usar a reta numérica para lidar com os quatro importantes conjuntos de números:

» **Números contáveis (chamados também de números naturais):** O conjunto de números começando com 1, 2, 3, 4... e continuando infinitamente.

» **Números inteiros relativos:** O conjunto de números contáveis, zero e números contáveis negativos.

» **Números racionais:** O conjunto de números inteiros e frações.

» **Números reais:** O conjunto de números racionais e irracionais.

Os conjuntos dos números contáveis, números inteiros relativos, números racionais e números reais são encaixados um dentro do outro. Esse encaixe de um grupo dentro do outro é semelhante à maneira como uma cidade (por exemplo, Boston) fica dentro de um estado (Massachusetts), que fica dentro de um país (Estados Unidos), que fica dentro de um continente (América do Norte). O conjunto dos números contáveis fica dentro do conjunto dos números inteiros relativos, que fica dentro do conjunto dos números racionais, que fica dentro do conjunto de números reais.

Contando com os números contáveis

O conjunto dos *números contáveis* é o conjunto dos números que você conta primeiro, começando com 1. Pelo fato de parecerem surgir naturalmente a partir da observação do mundo, eles são chamados também de *números naturais*:

    1   2   3   4   5   6   7   8   9...

Os números contáveis são infinitos, o que significa que eles continuam infinitamente.

Ao somar dois números contáveis, a resposta é sempre outro número contável. Do mesmo modo, ao multiplicar dois números contáveis, a resposta é sempre um número contável. Outra maneira de dizer isso é que o conjunto dos números contáveis é *fechado* em relação à adição e à multiplicação.

Apresentando os números inteiros

O conjunto dos números *inteiros relativos* surge quando você tenta subtrair um número maior de um número menor. Por exemplo, $4 - 6 = -2$. O conjunto dos números inteiros relativos inclui o seguinte:

- Os números contáveis
- Zero
- Os números contáveis negativos

Aqui está uma lista parcial dos números inteiros relativos:

    ...-4   -3   -2   -1   0   1   2   3   4...

Assim como os números contáveis, os números inteiros relativos são fechados em relação à adição e à multiplicação. Do mesmo modo, ao subtrair um número inteiro relativo de outro, a resposta é sempre um número inteiro relativo. Isso é, os números inteiros relativos são também fechados em relação à subtração.

Ficando racional

Aqui está o conjunto dos *números racionais*:

- Números inteiros relativos
  - Números contáveis

- Zero
- Números contáveis negativos
» Frações

Assim como os números inteiros relativos, os números racionais são fechados em relação à adição, à subtração e à multiplicação. Além disso, ao dividir um número racional por outro, a resposta é sempre um número racional. Outra forma de dizer isso é que os números racionais são fechados em relação à divisão.

Tornando-se real

Mesmo que você preenchesse todos os números racionais, você ainda teria pontos não rotulados sobrando na reta numérica. Esses pontos são os números irracionais.

Um *número irracional* é um número que não é nem um número inteiro nem uma fração. Na realidade, um número irracional pode ser aproximado apenas a uma *dízima não periódica*. Em outras palavras, não importa o número de casas decimais que você escreva, você sempre pode escrever mais; além disso, os dígitos nesse decimal nunca se tornam repetitivos ou são incluídos em qualquer padrão (para obter mais informações sobre as dízimas periódicas, consulte o Capítulo 11).

O número irracional mais famoso é o π (você irá saber mais sobre o π quando eu falar sobre a geometria dos círculos, no Capítulo 17):

π = 3,14159265358979323846264338327950288419716939937510...

Juntos, os números racionais e irracionais constituem os *números reais*, que compreendem todos os pontos na reta numérica. Neste livro, não despendo muito tempo nos números irracionais, mas lembre-se de que eles estão ali para referência no futuro.

> **NESTE CAPÍTULO**
>
> » **Entendendo como o valor posicional transforma dígitos em números**
>
> » **Distinguindo se os zeros são espaços reservados importantes ou se são zeros à esquerda sem sentido**
>
> » **Lendo e escrevendo números longos**
>
> » **Entendendo como arredondar números e estimar valores**

Capítulo **2**

Está Tudo nos Dedos: Números e Dígitos

Quando você está contando, o número 10 parece ser um ponto de parada — um número perfeito, redondo. O fato de que nossos dez dedos combinam com os números parece ser um feliz acaso. Mas evidentemente não é um acaso de modo algum. Os dedos eram a primeira calculadora que os seres humanos possuíam. Nosso sistema numérico — os números indo-arábicos — é fundamentado no número 10 porque os seres humanos têm dez dedos, em vez de oito ou doze. Na realidade, a própria palavra *dígito* tem dois significados: símbolo numérico e dedos.

Neste capítulo, mostro a você como o valor posicional transforma dígitos em números. Explico também quando 0 é um espaço reservado importante em um número e por que zeros à esquerda não mudam o valor de um número. E lhe ensino como ler e escrever números longos. Depois disso, discuto duas habilidades importantes: arredondar números e estimar valores.

DIFERENCIANDO NÚMEROS DE DÍGITOS

Algumas vezes, as pessoas confundem números e dígitos. Para constar, aqui está a diferença:

- Um dígito é um único símbolo numérico, de 0 a 9.
- Um número é uma sequência de um ou mais dígitos.

Por exemplo, 7 é tanto um dígito como um número. Na realidade, é um número de um dígito. Entretanto, 15 é uma sequência de dois dígitos, portanto, é um número — um número de dois dígitos. E 426 é um número de três dígitos. Acho que deu para entender.

De certa forma, um dígito é como uma letra do alfabeto. Por si sós, os usos das 26 letras, de A a Z, são limitados. (Quanto você pode fazer com uma única letra, como K ou W?) Apenas quando você começa a usar sequências de letras como blocos de construção para soletrar palavras é que o poder das letras se faz aparente. Do mesmo modo, os dez dígitos, de 0 a 9, têm uma utilidade limitada, até que você comece a construir as sequências dos dígitos — isso é, números.

Conhecendo Seu Valor Posicional

O sistema numérico com o qual você está mais acostumado — os números indo-arábicos — tem dez dígitos comuns.

0 1 2 3 4 5 6 7 8 9

Mesmo com apenas dez dígitos, você pode expressar números tão altos quanto quiser. Nesta seção, mostro a você como isso acontece.

Contando até 10 e além

Os dez dígitos do nosso sistema numérico permitem que você conte de 0 a 9. Todos os números mais altos são produzidos usando o valor posicional. O valor posicional designa a um dígito um valor maior ou menor, dependendo da posição em que ele aparece em um número. Cada posição em um número é dez vezes maior do que a posição à sua direita imediata.

Para entender como um número inteiro adquire seu valor, imagine que você escreve o número 45.019 todo para a direita, na Tabela 2-1, um dígito por célula, e soma os números que você tem.

TABELA 2-1 45.019 Exibido em uma Tabela do Valor Posicional

Milhões			Milhares			Unidades		
Cem Milhões	Dez Milhões	Milhões	Cem Mil	Dez Mil	Mil	Cem	Dez	Um
				4	5	0	1	9

Você tem 4 dezenas de milhar, 5 unidades de milhar, nenhuma centena, 1 dezena e 9 unidades. A tabela mostra a você que o número é decomposto como a seguir:

45.019 = 40.000 + 5.000 + 0 + 10 + 9

Nesse exemplo, perceba que a presença do dígito 0 na casa das centenas significa que as centenas de zeros são somadas ao número.

Diferenciando os espaços reservados dos zeros à esquerda

Embora o dígito 0 não some nenhum valor ao número, ele age como um espaço reservado para manter os outros dígitos nas suas próprias posições. Por exemplo, o número 5.001.000 pode ser decomposto em 5.000.000 + 1.000. Imagine, entretanto, que você decida deixar todos os zeros de fora da tabela. A Tabela 2-2 mostra o que você teria.

TABELA 2-2 5.001.000 Exibido Incorretamente sem os Zeros no Espaço Reservado

Milhões			Milhares			Unidades		
Cem Milhões	Dez Milhões	Milhões	Cem Mil	Dez Mil	Mil	Cem	Dez	Um
							5	1

A tabela lhe diz que 5.001.000 = 50 + 1. Claramente, essa resposta está errada!

LEMBRE-SE Como regra, quando um 0 aparece à direita de, pelo menos, um dígito diferente de 0, ele está reservando um espaço. Os zeros que reservam um espaço são importantes — sempre os inclua ao escrever um número. Entretanto, quando um 0 aparece à esquerda de qualquer dígito diferente de 0, ele é um zero à esquerda. Os zeros à esquerda não têm propósito em um número, portanto, eliminá-los é uma coisa comum. Por exemplo, coloque o número 003.040.070 na tabela (veja a Tabela 2-3).

TABELA 2-3 3.040.070 Exibido com Dois Zeros à Esquerda

Milhões			Milhares			Unidades		
Cem Milhões	Dez Milhões	Milhões	Cem Mil	Dez Mil	Mil	Cem	Dez	Um
0	0	3	0	4	0	0	7	0

Os primeiros dois zeros no número são zeros à esquerda, pois eles aparecem à esquerda do 3. Você pode eliminar esses zeros do número, o que o deixaria com 3.040.070. Os zeros remanescentes estão todos à direita do 3, portanto, eles estão reservando espaço — certifique-se de escrevê-los.

Lendo números longos

Ao escrever um número longo, você usa pontos para separar grupos de três números. Por exemplo, aqui está um dos números mais longos que você jamais verá:

234.845.021.349.230.467.304

A Tabela 2-4 exibe uma versão maior da tabela de valor posicional.

TABELA 2-4 Uma Tabela de Valor Posicional Separado por Pontos

Quintilhões	Quatrilhões	Trilhões	Bilhões	Milhões	Milhares	Unidades
234	845	021	349	230	467	304

Essa versão da tabela o ajuda a ler o número. Comece na extrema esquerda e leia "duzentos e trinta e quatro quintilhões, oitocentos e quarenta e cinco quatrilhões, vinte e um trilhões, trezentos e quarenta e nove bilhões, duzentos e trinta milhões, quatrocentos e sessenta e sete mil, trezentos e quatro".

LEMBRE-SE Ao ler e escrever números inteiros, não diga a conjunção *e*. Em matemática, a conjunção *e* significa que você tem um ponto decimal. É por isso que, ao escrever um cheque, você guarda a palavra *e* para o número de centenas, que é expresso como um decimal ou uma fração. (Falo sobre os decimais no Capítulo 11.)

Perto o Suficiente para Rock'n'Roll: Arredondando e Estimando

Conforme os números ficam mais longos, os cálculos tornam-se tediosos e é mais provável de você cometer um erro ou simplesmente desistir. Ao trabalhar com números longos, simplificar o seu trabalho ao arredondar os números e estimar valores é algo útil às vezes.

Ao arredondar um número, você muda alguns de seus dígitos para posicionar os zeros. E, ao estimar um valor, você trabalha com números redondos para achar uma resposta aproximada para um problema. Nesta seção, você desenvolve as duas habilidades.

Arredondando os números

Arredondar números facilita o trabalho com os números longos. Nesta seção, mostro a você como arredondar os números para as dezenas, centenas, milhares mais próximas e além.

Arredondando para as dezenas mais próximas

O tipo de arredondamento mais simples que você pode fazer é com os números de dois dígitos. Ao arredondar um número de dois dígitos para a dezena mais próxima, você simplesmente aumenta ou abaixa para o número mais próximo que termina em 0. Por exemplo:

    39 → 40   51 → 50   73 → 70

Embora os números terminando em 5 estejam no meio, sempre os arredonde para o próximo número mais alto que termine em 0:

    15 → 20   35 → 40   85 → 90

Os números superiores a 95 são arredondados para 100:

    99 → 100   95 → 100   94 → 90

Depois que você sabe como arredondar um número de dois dígitos, pode arredondar qualquer número. Por exemplo, para arredondar a maioria dos números mais longos para a dezena mais próxima, concentre-se nos dígitos das unidades e das dezenas:

    734 → 730   1.488 → 1.490   12.345 → 12.350

Ocasionalmente, uma pequena mudança nos dígitos das unidades e das dezenas afeta os outros dígitos. (Isso é bem parecido com quando o hodômetro do seu carro gira vários noves sobre zeros.) Por exemplo:

    899 → 900   1.097 → 1.100   9.995 → 10.000

Arredondando números para a centena mais próxima e além

Para arredondar números para as centenas ou milhares mais próximos, ou além, concentre-se apenas em dois dígitos: o dígito no lugar que você está arredondando e o dígito à sua direita imediata. Mude todos os outros dígitos à direita desses dois dígitos para 0. Por exemplo, imagine que você queira arredondar 642 para a centena mais próxima. Concentre-se no dígito das centenas (6) e no dígito à sua direita imediata (4):

    642

Sublinhei esses dois dígitos. Agora arredonde esses dois dígitos como se você estivesse arredondando para a dezena mais próxima e mude o dígito à direita deles para 0:

6<u>4</u>2 → 600

Aqui estão mais alguns exemplos de números arredondados para a centena mais próxima:

7.<u>8</u>91 → 7.900   15.<u>7</u>53 → 15.800   99.<u>9</u>61 → 100.000

Ao arredondar os números para o milhar mais próximo, sublinhe os dígitos dos milhares e o dígito à sua direita imediata. Arredonde o número concentrando-se apenas nos dois dígitos sublinhados e, quando tiver feito isso, mude todos os dígitos à direita deles para 0.

<u>4</u>.984 → 5.000   78.<u>5</u>21 → 79.000   1.099.<u>3</u>04 → 1.099.000

Até ao arredondar os números para o milhão mais próximo, as mesmas regras se aplicam:

<u>1</u>.234.567 → 1.000.000   78.<u>8</u>83.958 → 79.000.000

Estimando o valor para deixar os problemas mais fáceis

Depois de saber como arredondar os números, você pode usar essa habilidade para estimar valores. A estimativa poupa o seu tempo ao permitir que você evite cálculos complicados e ainda assim obtenha uma resposta aproximada para um problema.

LEMBRE-SE

Ao obter uma resposta aproximada, você não usa um sinal de igualdade; em vez disso, você usa o símbolo ondulado, que significa *aproximadamente igual a*: ≅.

Imagine que você queira somar estes números: 722 + 506 + 383 + 1.279 + 91 + 811. Esse cálculo é tedioso, e você pode cometer um erro. Mas você pode tornar a adição mais fácil ao arredondar todos os números para as centenas mais próximas e depois somá-los:

≅ 700 + 500 + 400 + 1.300 + 100 + 800 = 3.800

A resposta aproximada é 3.800. Essa resposta não está muito longe da resposta exata, que é 3.792.

NESTE CAPÍTULO

» Revisando a adição

» Entendendo a subtração

» Enxergando a multiplicação como uma maneira rápida para fazer uma adição repetida

» Esclarecendo a divisão

Capítulo **3**

As Quatro Operações Fundamentais: Adição, Subtração, Multiplicação e Divisão

Quando a maioria das pessoas pensa em matemática, a primeira coisa que vem à cabeça são quatro pequenas (ou não tão pequenas) palavras: adição, subtração, multiplicação e divisão. Chamo-as de *operações fundamentais* ao longo do livro.

Neste capítulo, apresento a você (ou reapresento) essas pequenas joias. Embora eu suponha que você já esteja familiarizado com as quatro operações fundamentais, este capítulo faz uma revisão dessas operações, levando você do que talvez tenha se esquecido ao que precisa para ter sucesso, conforme se movimenta de forma progressiva e ascendente pela matemática.

Adicionando as Coisas

A adição é a primeira operação que você descobre e é a favorita de quase todo mundo. Ela é simples, amigável e direta. Não importa o quanto você se preocupe com a matemática, provavelmente nunca perdeu um minuto do seu sono por causa da adição. A adição é sobre juntar coisas, o que é um aspecto positivo. Por exemplo, imagine você e eu em uma fila para comprar ingressos para um filme. Eu tenho $15 e você apenas $5. Eu poderia agir com arrogância e fazer com que você se sentisse inútil, porque posso ir ao cinema e você não. Ou, em vez disso, você e eu podemos juntar forças, somando os meus $25 e os seus $5 para conseguir $30. Agora, não apenas nós dois podemos ver o filme, como também podemos até comprar pipoca.

A adição usa apenas um sinal — o sinal de mais (+): sua equação pode ser 2 + 3 = 5, ou 12 + 2 = 14, ou 27 + 44 = 71, mas o sinal de mais significa sempre a mesma coisa.

LEMBRE-SE

Quando você soma dois números, esses dois são chamados de *adendos* e o resultado é chamado de *soma*. Portanto, no primeiro exemplo, os adendos são 2 e 3 e a soma é 5.

Na linha: Adicionando números maiores em colunas

Quando você quiser somar números maiores, empilhe-os um em cima do outro para que os dígitos das unidades se alinhem em uma coluna, os dígitos das dezenas se alinhem em outra coluna e assim por diante (o Capítulo 2 trata dos dígitos e do valor posicional). Depois some coluna por coluna, começando pelas das unidades, à direita. Sem surpresa alguma, esse método é chamado de *adição de coluna*. Aqui está como você soma 55 + 31 + 12. Primeiro, some as colunas das unidades:

```
  55
  31
+ 12
————
   8
```

Depois, vá para a coluna das dezenas:

```
  55
  31
+ 12
————
  98
```

Esse problema lhe mostra que 55 + 31 + 12 = 98.

Continue: Lidando com respostas de dois dígitos

Algumas vezes, ao somar uma coluna, a soma é um número de dois dígitos. Nesse caso, você precisa escrever o dígito da unidade desse número e transferir o dígito da dezena para a próxima coluna da esquerda — isso é, escreva esse dígito acima da coluna para que você possa somá-lo com o restante dos números da mesma. Por exemplo, imagine que você queira somar 376 + 49 + 18. Na coluna das unidades, 6 + 9 + 8 = 23, portanto, escreva o 3 e transfira o 2 para o topo da coluna das dezenas:

```
   2
  376
   49
 + 18
 ────
    3
```

Agora continue a somar a coluna das dezenas. Nessa coluna, 2 + 7 + 4 + 1 = 14, portanto, escreva o 4 e transfira o 1 para o topo da coluna das centenas:

```
  12
  376
   49
 + 18
 ────
   43
```

Continue a somar a coluna das centenas:

```
  12
  376
   49
 + 18
 ────
  443
```

Esse problema lhe mostra que 376 + 49 + 18 = 443.

Retire o Número: Subtração

Geralmente, a subtração é a segunda operação que você descobre e ela não é muito mais difícil do que a adição. Ainda assim, existe alguma coisa negativa em relação à subtração — tudo gira em torno de quem tem mais e de quem tem menos. Imagine que você e eu estejamos correndo na esteira da academia. Eu estou feliz porque corri 3 quilômetros, mas aí você começa a se gabar por ter corrido 10 quilômetros. Você subtrai e me diz que eu deveria estar muito impressionado porque você correu 7 quilômetros a mais do que eu. (Mas, com uma atitude como essa, não se surpreenda se você voltar do chuveiro ou banho e encontrar seus sapatos de corrida cheios de sabão líquido!)

Como a adição, a subtração tem apenas um sinal: o sinal de menos (−). Você acaba tendo equações como, por exemplo, 4 − 1 = 3, 14 − 13 = 1 e 93 − 74 = 19.

LEMBRE-SE

Ao subtrair um número de outro, o resultado é chamado de *diferença*. Esse termo faz sentido quando você pensa a respeito: ao subtrair, você descobre a diferença entre um número mais alto e um número mais baixo.

PAPO DE ESPECIALISTA

Na subtração, o primeiro número é chamado de *minuendo* e o segundo de *subtraendo*. Mas quase ninguém lembra qual é qual, portanto, quando converso sobre subtração, prefiro dizer *o primeiro número* e o *segundo número*.

Uma das primeiras coisas que você provavelmente ouviu falar sobre a subtração é que você não pode tirar mais do que o valor com o qual começa. Nesse caso, o segundo número não pode ser maior do que o primeiro. E se os dois números forem iguais, o resultado será sempre igual a 0. Por exemplo, 3 − 3 = 0; 11 − 11 = 0; 1.776 − 1.776 = 0. Depois, alguém dá a notícia de que você *pode* tirar mais do que tem. Ao fazer isso, precisa colocar um sinal de menos na frente da diferença, para mostrar que você tem um número negativo, um número abaixo de 0:

4 − 5 = −1
10 − 13 = −3
88 − 99 = −11

DICA

Ao subtrair um número maior de um número menor, lembre-se das palavras *trocar* e *negativar*: você *troca* a ordem dos dois números e faz a subtração como faria normalmente, mas, no final, você *negativa* o resultado ao acrescentar um sinal de menos. Por exemplo, para calcular 10 − 13, você troca a ordem destes dois números, o que lhe dá 13 − 10, que é igual a 3; depois negative esse resultado para obter −3. Razão pela qual 10 − 13 = −3.

CUIDADO

O sinal de menos tem uma tarefa dupla, portanto, não fique confuso. Fixar um sinal de menos entre dois números significa o primeiro número menos o segundo número. Mas fixá-lo na frente de um número significa que esse número é negativo.

Vá ao Capítulo 1 para ver como os números negativos funcionam na reta numérica. Entro também em mais detalhes sobre os números negativos e as quatro operações fundamentais no Capítulo 4.

Colunas e pilhas: Subtração de números maiores

Para subtrair números maiores, empilhe um em cima do outro como você faz com a adição. (Para a subtração, entretanto, não empilhe mais do que dois números — coloque o maior no topo e o menor embaixo dele.) Por exemplo, imagine que você queira subtrair 386 – 54. Para começar, empilhe os dois números e comece a subtrair a coluna das unidades: 6 – 4 = 2:

```
  386
-  54
    2
```

Depois, vá para a coluna das dezenas e subtraia 8 – 5 para obter 3:

```
  386
-  54
   32
```

Finalmente, vá para a coluna das centenas. Dessa vez, 3 – 0 = 3:

```
  386
-  54
  332
```

Esse problema lhe mostra que 386 – 54 = 332.

Você tem dez sobrando? Pegando emprestado para subtrair

Algumas vezes, o dígito do topo em uma coluna é menor que o dígito da parte inferior dela. Nesse caso, você precisa pegar emprestado da próxima coluna à esquerda. Pegar emprestado é um processo de dois passos:

1. **Subtraia 1 do número do topo na coluna diretamente à esquerda.**

    Risque o número do qual você pegou emprestado, subtraia 1 e escreva a resposta sobre o número que você riscou.

2. **Some 10 ao número do topo na coluna com a qual você estava trabalhando.**

Por exemplo, imagine que você queira subtrair 386 – 94. O primeiro passo é subtrair 4 de 6 na coluna das unidades, o que lhe dá 2:

```
  386
-  94
    2
```

Ao mover-se para a coluna das dezenas, entretanto, você descobre que precisa subtrair 8 − 9. Pelo fato de 8 ser menor que 9, você precisa pegar emprestado da coluna das centenas. Primeiro, risque o 3 e o substitua por um 2, pois 3 − 1 = 2:

```
  2
  3̶86
− 94
   2
```

Depois, coloque um 1 na frente do 8, mudando-o para um 18, pois 8 + 10 = 18:

```
  2
  3̶186
−  94
    2
```

Agora, você pode subtrair na coluna das dezenas: 18 − 9 = 9:

```
  2186
−  94
    92
```

O passo final é simples: 2 − 0 = 2:

```
  2186
−  94
  2 92
```

Portanto, 386 − 94 = 292.

Em alguns casos, a coluna diretamente à esquerda pode não ter nada para emprestar. Imagine que, por exemplo, você queira subtrair 1.002 − 398. Ao começar na coluna das dezenas, você descobre que precisa subtrair 2 − 8. Como 2 é menor que 8, você precisa pegar emprestado da próxima coluna à esquerda. Mas o dígito na coluna das unidades é 0, portanto, você não pode tomar emprestado dali porque o espaço para armazenar está aparentemente vazio:

```
  1002
−  398
```

LEMBRE-SE

Quando pegar emprestado da próxima coluna não for uma opção, você precisa pegar emprestado da *coluna mais próxima diferente de zero, à esquerda*.

Neste exemplo, a coluna da qual você precisa pegar emprestado é a coluna dos milhares. Primeiro, risque o 1 e o substitua por 0. Depois, coloque 1 na frente do 0 na coluna das centenas:

```
  0
  1̶1002
−   398
```

Agora, risque o 10 e o substitua por um 9. Coloque 1 na frente do 0 na coluna das dezenas:

```
  0 9
1̶ 1̶0̶1 0 2
-   3 9 8
```

Finalmente, risque o 10 na coluna das dezenas e o substitua por um 9. Depois, coloque 1 na frente do 2:

```
  0 9 9
1̶ 1̶0̶ 1̶0̶ 12
-  3  9  8
```

Finalmente, você pode começar a subtrair na coluna das unidades: 12 − 8 = 4:

```
  0 9 9
1̶ 1̶0̶ 1̶0̶ 12
-  3  9  8
           4
```

Depois subtraia na coluna das dezenas: 9 − 9 = 0:

```
  0 9 9
1̶ 1̶0̶ 1̶0̶ 12
-  3  9  8
        0 4
```

Depois subtraia na coluna das centenas: 9 − 3 = 6:

```
  0 9 9
1̶ 1̶0̶ 1̶0̶ 12
-  3  9  8
     6 0 4
```

Pelo fato de não sobrar nada na coluna dos milhares, você não precisa subtrair mais nada. Portanto, 1002 − 398 = 604.

Multiplicação

Geralmente, a multiplicação é descrita como um tipo de atalho para a adição repetida. Por exemplo,

4 × 3 significa somar 4 a ele próprio 3 vezes: 4 + 4 + 4 = 12

9 × 6 significa somar 9 a ele próprio 6 vezes: 9 + 9 + 9 + 9 + 9 + 9 = 54

100 × 2 significa somar 100 a ele próprio 2 vezes: 100 + 100 = 200

Embora a multiplicação não seja tão querida e graciosa quanto a adição, ela é uma ótima poupadora de tempo. Por exemplo, imagine que você seja o treinador de um pequeno time da Liga de Beisebol e tenha acabado de ganhar um jogo contra o time mais forte da liga. Como recompensa, você prometeu comprar três cachorros-quentes para cada um dos nove jogadores do time. Para descobrir quantos cachorros-quentes precisa, você poderia somar 3 a ele próprio 9 vezes, ou poderia poupar tempo ao multiplicar 3 vezes 9, o que lhe daria 27. Portanto, você precisa de 27 cachorros-quentes (mais muita mostarda e ketchup).

Ao multiplicar dois números, os dois números que você está multiplicando são chamados de *fatores* e o resultado é o *produto*.

Na multiplicação, o primeiro número também é chamado de *multiplicando* e o segundo número de *multiplicador*. Mas quase ninguém se lembra — ou usa — dessas palavras.

Sinais de vezes

Ao ser apresentado pela primeira vez à multiplicação, você usa o sinal de vezes (×). Conforme se movimenta de maneira progressiva e ascendente na sua jornada na matemática, você deve ficar ciente das convenções que discuto nas seções seguintes.

O símbolo · é usado às vezes para substituir o símbolo ×. Por exemplo:

$4 \cdot 2 = 8$ significa $4 \times 2 = 8$

$6 \cdot 7 = 42$ significa $6 \times 7 = 42$

$53 \cdot 11 = 583$ significa $53 \times 11 = 583$

Neste livro, da Parte 1 à 4, eu permaneço com o símbolo testado e comprovado × para a multiplicação. Apenas fique atento à existência do símbolo · para não ficar perdido caso seu professor o use, ou ele apareça em sua apostila.

Na matemática além da aritmética, usar os parênteses sem outro operador representa a multiplicação. Os parênteses podem incluir o primeiro número, o segundo número ou os dois. Por exemplo:

$3(5) = 15$ significa $3 \times 5 = 15$
$8(7) = 56$ significa $8 \times 7 = 56$
$(9)(10) = 90$ significa $9 \times 10 = 90$

Essa mudança faz sentido quando você para e considera que a letra x, geralmente usada em álgebra, é idêntica ao símbolo de multiplicação ×. Então, neste livro, quando começo a usar a letra x na Parte 5, também paro de usar o símbolo × e começo a usar os parênteses sem outro sinal, para indicar multiplicação.

Memorizando a tabuada

Você pode se considerar desafiado "multiplicacionalmente". Isso é, você acha que ser intimidado a se lembrar de 9 × 7 é um pouquinho menos atraente do que ser jogado de um avião enquanto agarra um paraquedas adquirido de uma pessoa qualquer em uma promoção de porta-malas. Se esse for o caso, então esta seção é para você.

Analisando a antiga tabuada

Uma rápida olhada na antiga tabuada, a Tabela 3-1, revela o problema. Se você viu o filme *Amadeus*, pode se lembrar de que Mozart foi criticado por escrever músicas que tinham "muitas notas". Bem, na minha humilde opinião, a tabuada tem muitos números.

TABELA 3-1   A Monstruosa Tabuada Padrão

	0	1	2	3	4	5	6	7	8	9
0	0	0	0	0	0	0	0	0	0	0
1	0	1	2	3	4	5	6	7	8	9
2	0	2	4	6	8	10	12	14	16	18
3	0	3	6	9	12	15	18	21	24	27
4	0	4	8	12	16	20	24	28	32	36
5	0	5	10	15	20	25	30	35	40	45
6	0	6	12	18	24	30	36	42	48	54
7	0	7	14	21	28	35	42	49	56	63
8	0	8	16	24	32	40	48	56	64	72
9	0	9	18	27	36	45	54	63	72	81

Não gosto da tabuada mais do que você gosta. Somente ao olhar, ela faz meus olhos embaçarem. Com 100 números para memorizar, não é surpresa alguma o fato de que tantas pessoas apenas desistam e carreguem consigo uma calculadora.

Apresentando a pequena tabuada

Se a tabuada da Tabela 3-1 fosse menor e um pouco mais manejável, eu gostaria muito mais dela. Portanto, aqui está a minha pequena tabuada, na Tabela 3-2.

TABELA 3-2 A Pequena Tabuada

	3	4	5	6	7	8	9
3	**9**	12	15	18	21	24	27
4		**16**	20	24	28	32	36
5			**25**	30	35	40	45
6				**36**	42	48	54
7					**49**	56	63
8						**64**	72
9							**81**

Como você pode ver, eu me livrei de um punhado de números. De fato, reduzi a tabuada de 100 números para 28. Eu também deixei em negrito 11 dos números que mantive.

Seria sábio simplesmente cortar e queimar a sagrada tabuada? Seria legal, por sinal? Bem, evidentemente sim! Afinal de contas, a tabuada é apenas uma ferramenta, como um martelo. Se um martelo for muito pesado para se pegar, então você deve comprar um mais leve. Do mesmo modo, se a tabuada for muito grande para se trabalhar, então você precisa de uma tabuada menor. Além disso, removi apenas os números dos quais você não precisa. Por exemplo, a tabuada condensada não inclui as fileiras e as colunas para 0, 1 ou 2. Aqui está o porquê:

» Qualquer número multiplicado por 0 é igual a 0 (as pessoas chamam essa característica de *propriedade da multiplicação com zero*).

» Qualquer número multiplicado por 1 é igual ao próprio número (é por isso que os matemáticos chamam o 1 de *identidade multiplicativa*).

» Multiplicar por 2 é razoavelmente fácil; se puder contar de 2 em 2 — 2, 4, 6, 8, 10 e assim por diante — você pode multiplicar por 2.

O restante dos números do qual eu me livrei é redundante. (E não apenas redundante, mas também repetitivo, irrelevante e desnecessário!) Por exemplo, de qualquer maneira que você organize, tanto 3 × 5 como 5 × 3 são iguais a 15 (você pode trocar a ordem dos fatores, porque a multiplicação é comutativa — veja o Capítulo 4 para mais detalhes). Na minha tabuada condensada, simplesmente removi a aglomeração.

Portanto, o que sobra? Apenas os números dos quais você precisa. Esses números incluem uma fileira e uma diagonal em negrito. A fileira em negrito é a tabuada do 5, que você provavelmente deve conhecer muito bem. (Na realidade, ela evoca uma recordação da infância, em que corríamos para nos esconder em um dia quente da primavera enquanto um de nossos amigos contava em voz alta: 5, 10, 15, 20...)

Os números na linha diagonal em negrito são os números quadrados. Conforme apresentei no Capítulo 1, quando você multiplica um número por ele mesmo, o resultado é um número quadrado. Provavelmente, você conhece esses números melhor do que pensa.

Conhecendo a pequena tabuada

Dentro de uma hora, você pode fazer grandes progressos memorizando a tabuada. Para começar, faça pequenos cartões de exibição que tenham um problema de tabuada na frente e a resposta atrás. Eles podem ser parecidos com o da Figura 3-1.

FIGURA 3-1: Os dois lados de um cartão de exibição, com 7 × 6 na frente e 42 na parte de trás.

John Wiley & Sons, Inc.

Lembre-se de que você precisa fazer apenas 28 cartões de exibição — um para cada exemplo na Tabela 3-2. Divida esses 28 em duas pilhas — uma pilha "em negrito", com 11 cartões, e uma pilha "em branco", com 17. (Você não precisa colorir os cartões; apenas controle qual é qual de acordo com a formatação na Tabela 3-2.) Então comece:

1. **5 minutos:** Trabalhe com a pilha em negrito, passando cartão por cartão. Se você der a resposta correta, coloque o cartão na parte inferior da pilha. Se você der a resposta errada, coloque-o no meio, para que tenha outra chance com ele mais rapidamente.

2. **10 minutos:** Troque para a pilha em branco e trabalhe com ela da mesma maneira.

3. **15 minutos:** Repita os Passos 1 e 2.

Agora, faça uma pausa. De verdade — a pausa é importante para descansar sua mente. Volte mais tarde no mesmo dia e faça a mesma coisa.

> **NA TABUADA DO NOVE: UM TRUQUE EFICIENTE**
>
> Aqui está um ótimo truque para ajudá-lo a se lembrar da tabuada de 9. Para multiplicar qualquer número de um dígito por 9,
>
> 1. **Subtraia 1 do número e anote a resposta.**
>
>   Por exemplo, imagine que você queira multiplicar 7 × 9. Aqui, 7 - 1 = 6
>
> 2. **Anote um segundo número para que a soma dos dois números escritos seja igual a 9. Você acabou de escrever a resposta que estava procurando.**
>
>   Somando, você tem 6 + 3 = 9. Portanto, 7 × 9 = 63.
>
>   Como outro exemplo, imagine que você queira multiplicar 8 × 9:
>
>   8 - 1 = 7
>   7 + 2 = 9
>
>   Portanto, 8 × 9 = 72.
>
>   Essa brincadeira funciona para todo número com um dígito, exceto 0 (mas você já sabe que 0 × 9 = 0).

Depois de fazer esse exercício, você deve achar que passar pelos 28 cartões sem cometer praticamente nenhum erro é razoavelmente fácil. Nesse ponto, sinta-se livre para fazer cartões para o restante da tabuada padrão — você sabe, os cartões com todas as tabuadas do 0, 1, 2 e os problemas redundantes —, misture todos os 100 cartões juntos e impressione sua família e seus amigos.

Dois dígitos: Multiplicando números maiores

A principal razão para conhecer a tabuada é você poder multiplicar os números maiores com mais facilidade. Por exemplo, imagine que você queira multiplicar 53 × 7. Comece colocando esses dois números um sobre o outro com uma linha abaixo e depois multiplique 3 por 7. Pelo fato de 3 × 7 = 21, escreva o 1 e carregue o 2:

```
  2
 53
× 7
---
  1
```

Depois, multiplique 7 por 5. Dessa vez, 5 × 7 = 35. Mas você também precisa somar o 2 que carregou para cima, o que faz o resultado ser 37. Uma vez que 5 e

7 são os últimos números a ser multiplicados, você não precisa carregar, então escreva o 37 — e você descobre que 53 × 7 = 371:

```
   2
  53
 × 7
 371
```

Ao multiplicar números maiores, a ideia é similar. Por exemplo, imagine que você queira multiplicar 53 por 47. (Os primeiros passos — multiplicar pelo 7 do número 47 — são iguais, portanto, eu continuo a partir do próximo passo.) Agora você está pronto para multiplicar pelo 4 do número 47. Mas lembre-se de que esse 4 está na coluna das dezenas, portanto, ele significa, de fato, 40. Assim, para começar, coloque um 0 diretamente abaixo do 1 no número 371:

```
  53
× 47
 371
  20
```

Esse 0 age como um marcador de espaço para que esta fileira seja arrumada corretamente (veja o Capítulo 1 para mais detalhes sobre os zeros marcadores de espaço).

LEMBRE-SE Ao multiplicar por números maiores com dois dígitos ou mais, use um zero marcador de espaço ao multiplicar pelo dígito das dezenas, dois zeros marcadores ao multiplicar o dígito das centenas, três zeros ao multiplicar pelo dígito das milhares e assim por diante.

Agora você multiplica 3 × 4 para obter 12, portanto, escreva o 2 e carregue o 1:

```
   1
  53
× 47
 371
  20
```

Continuando, multiplique 5 × 4 para obter 20 e depois some o 1 que carregou para cima, o que dá um resultado de 21:

```
   1
  53
× 47
 371
2120
```

Para terminar, some os dois produtos (os resultados das multiplicações):

$$\begin{array}{r} 53 \\ \times\ 47 \\ \hline 371 \\ +\ 2120 \\ \hline \mathbf{2.491} \end{array}$$

Portanto, 53 × 47 = 2.491.

Fazendo Divisões Rapidamente

A última das operações fundamentais é a divisão. Literalmente, a divisão significa dividir coisas. Por exemplo, imagine que você seja um pai em um piquenique com seus três filhos. Você levou 12 roscas pretzel como lanche e quer dividi-las entre eles de forma justa, para que cada um tenha o mesmo número de roscas (você não quer criar uma briga, certo?).

Cada filho tem quatro roscas pretzel. Esse problema lhe diz que:

12 ÷ 3 = 4

O QUE ACONTECEU COM A TABUADA DA DIVISÃO?

Ao considerar o tempo que os professores gastam com a tabuada da multiplicação, você pode se perguntar por que nunca viu uma tabuada da divisão. Por uma única razão: a tabuada da multiplicação foca a multiplicação dos números de um dígito uns pelos outros. Esse foco não funciona muito bem para a divisão porque ela envolve, normalmente, pelo menos um número que tenha mais de um dígito.

Além disso, você pode usar a tabuada da multiplicação para a divisão também, ao inverter a forma como normalmente usa a tabuada. Por exemplo, a tabuada da multiplicação lhe diz que: 6 × 7 = 42. Você pode inverter essa equação para obter estes dois problemas de divisão:

42 ÷ 6 = 7
42 ÷ 7 = 6

Usar a tabuada da multiplicação dessa maneira tira proveito do fato de que a multiplicação e a divisão são *operações inversas*. Discutirei mais essa ideia importante no Capítulo 4.

Como a multiplicação, a divisão tem mais de um sinal: o sinal da divisão (÷), a barra diagonal de fração (/) ou a barra horizontal (—). Portanto, existem algumas outras formas para escrever a mesma informação:

$$12/3 = 4 \text{ e } \frac{12}{3} = 4$$

Qualquer que seja a forma, a ideia é a mesma: ao dividir 12 roscas pretzel de maneira igual para três pessoas, cada uma receberá quatro roscas.

LEMBRE-SE

Ao dividir um número por outro, o primeiro é chamado de *dividendo*, o segundo de *divisor* e o resultado de *quociente*. Por exemplo, na divisão do exemplo anterior, o dividendo é o 12, o divisor é o 3 e o quociente é o 4.

Terminando rapidamente uma divisão longa

Antigamente, saber como dividir números grandes — por exemplo, 62.997 ÷ 843 — era importante. As pessoas usavam uma *divisão longa*, um método organizado para dividir um número grande por outro número. O procedimento envolvia divisão, multiplicação, subtração e baixa dos números.

Mas vamos encarar: uma das principais razões para a invenção da calculadora de bolso foi poupar os seres humanos do século XXI de terem que fazer longas divisões novamente.

Dito isso, preciso acrescentar que seu professor e seus amigos malucos por matemática podem não concordar. Talvez eles queiram ter a certeza apenas de que você não é completamente inútil caso sua calculadora desapareça em algum lugar na sua mochila, na gaveta de sua mesa ou no Triângulo das Bermudas. Mas se você empacar ao fazer uma divisão longa de páginas e páginas contra a sua vontade, terá minha profunda empatia.

Entretanto, preciso dizer: entender como fazer uma divisão longa com alguns números não tão horrorosos é uma boa ideia. Nesta seção, ofereço a você um bom início na divisão longa, dizendo como resolver um problema de divisão que tem um divisor de um dígito.

Lembre-se de que o *divisor* em um problema de divisão é o número pelo qual você está dividindo. Ao fazer uma divisão longa, o tamanho do divisor é sua principal preocupação. Pequenos divisores são fáceis de trabalhar e os divisores grandes são uma tremenda irritação.

Imagine que você queira resolver 860 ÷ 5. Comece a escrever o problema desta forma:

860 | 5

Ao contrário das outras operações fundamentais, uma divisão longa move-se da esquerda para a direita. Nesse caso, você começa com o número na coluna das centenas (8). Para começar, pergunte quantas vezes 5 cabe no 8 — isso é, quanto é 8 ÷ 5? A resposta é 1 (com um pouquinho sobrando), então, escreva 1 diretamente abaixo do 5. Agora, multiplique 1 × 5 para obter 5, coloque a resposta diretamente abaixo do 8 e desenhe uma linha embaixo dele:

$$\begin{array}{r|l} 860 & 5 \\ \underline{-5} & \overline{1} \\ 3 & \end{array}$$

Subtraia 8 − 5 para obter 3. (**Nota:** depois de subtrair, o resultado deve ser sempre menor do que o divisor. Caso contrário, você precisa escrever um número maior embaixo do símbolo da divisão.) Depois, traga para baixo o 6 para criar o novo número 36:

$$\begin{array}{r|l} 860 & 5 \\ \underline{-5} & \overline{1} \\ 36 & \end{array}$$

Esses passos são um ciclo completo — para completar o problema, você precisa apenas repeti-los. Agora, pergunte quantas vezes 5 cabe no 36 — isso é, quanto é 36 ÷ 5? A resposta é 7 (com um pouquinho sobrando). Escreva 7 exatamente abaixo do 5 e ao lado do 1, depois multiplique 7 × 5 para obter 35; escreva a resposta embaixo do 36:

$$\begin{array}{r|l} 86'0 & 5 \\ \underline{-5} & \overline{17} \\ 36 & \\ \underline{35} & \\ 1 & \end{array}$$

Agora subtraia para ter 36 − 35 = 1; abaixe o 0 para perto do 1 para criar o novo número 10:

$$\begin{array}{r|l} 860' & 5 \\ \underline{-5} & \overline{172} \\ 36 & \\ \underline{35} & \\ 10 & \\ \underline{10} & \end{array}$$

Outro ciclo está completo, portanto, comece o próximo ciclo perguntando quantas vezes 5 cabe no 10 — isso é, 10 ÷ 5. A resposta nesse momento é 2. Escreva o 2 na resposta ao lado do 7. Multiplique para obter 2 × 5 = 10 e escreva esta resposta abaixo do 10:

```
 860│ 5
 -5  │172
 ──
  36
  35
  ──
  10
 -10
  ──
   0
```

Agora subtraia 10 − 10 = 0. Pelo fato de não ter mais números para abaixar, você acabou e aqui está a resposta (isso é, o quociente):

```
 860│ 5
 -5  │172 ← Quociente
 ──
  36
  35
  ──
  10
 -10
  ──
   0
```

Portanto, 860 ÷ 5 = 172.

Esse problema tem uma divisão uniforme, mas muitos não têm. A seção seguinte lhe diz o que fazer quando você tiver mais números para abaixar, e o Capítulo 11 explica como obter uma resposta decimal.

Obtendo restos: Divisão de um número com sobra

A divisão é diferente da adição, da subtração e da multiplicação no que se refere ao fato de ser possível ter um resto. Um *resto* é simplesmente uma porção deixada pela divisão.

LEMBRE-SE

A letra *r* indica que o número que segue é o resto.

Por exemplo, imagine que você queira dividir de forma equilibrada sete barras de chocolate entre duas pessoas sem quebrá-las em pedaços (muito bagunçados). Assim, cada pessoa recebe três barras de chocolate e uma barra de chocolate sobra. Esse problema lhe mostra o seguinte:

7 ÷ 2 = 3 com um resto de 1, ou 3r1

Na divisão longa, o resto é o número que sobra quando você não tem mais números para baixar. A seguinte equação mostra que 47 ÷ 3 = 15r2:

$$\begin{array}{r} 47 \\ -3 \\ \hline 17 \\ -15 \\ \hline 2 \end{array} \begin{array}{|l} 3 \\ \hline 15 \end{array}$$

15 ← Quociente

2 ← Resto

PAPO DE ESPECIALISTA

Perceba que ao fazer uma divisão com um dividendo pequeno e um divisor maior, você sempre tem um quociente de 0 e um resto do número com o qual você começou:

1 ÷ 2 = 0r1
14 ÷ 23 = 0r14
2.000 ÷ 2.001 = 0r2.000

2 Compreendendo os Números Inteiros

NESTA PARTE...

Faça cálculos mais complexos de soma, subtração, multiplicação e divisão com números negativos, desigualdades, expoentes, raízes quadradas e valor absoluto.

Resolva equações e avalie expressões.

Compreenda problemas aritméticos.

Use alguns truques para descobrir se um número é divisível por outro.

Encontre os fatores e múltiplos de um número e descubra se um número é primo ou composto.

Calcule o máximo divisor comum (MDC) e o mínimo múltiplo comum (MMC) de um conjunto de números.

NESTE CAPÍTULO

» **Identificando quais operações são inversas umas das outras**

» **Conhecendo as operações que são comutativas, associativas e distributivas**

» **Realizando as quatro operações fundamentais com números negativos**

» **Usando os quatro símbolos da desigualdade**

» **Entendendo os expoentes, as raízes e os valores absolutos**

Capítulo **4**

Colocando as Quatro Operações Fundamentais para Funcionar

Quando você entender as quatro operações fundamentais que incluí no Capítulo 3 — adição, subtração, multiplicação e divisão —, começará a ver a matemática a partir de uma perspectiva totalmente nova. Neste capítulo, você estende seu conhecimento das operações fundamentais e vai além delas. Começo focando as quatro propriedades importantes das quatro operações fundamentais: as operações inversas, as operações comutativas, as operações associativas e a distribuição. Depois, mostro a você como realizar as operações fundamentais com números negativos.

Continuo ao apresentar alguns símbolos importantes da desigualdade. Finalmente, você estará pronto para ir além das quatro operações ao descobrir três operações mais avançadas: os expoentes (também chamados de *potências*), as raízes quadradas (também chamadas de *radicais*) e os valores absolutos.

Conhecendo as Propriedades das Quatro Operações Fundamentais

Ao saber como efetuar as quatro operações fundamentais — somar, subtrair, multiplicar e dividir — você está pronto para compreender algumas *propriedades* importantes dessas operações. Propriedades são características das operações fundamentais que se aplicam independente dos números com os quais você esteja trabalhando.

Nesta seção, apresento a você quatro ideias importantes: operações inversas, operações comutativas, operações associativas e propriedade distributiva. O entendimento dessas propriedades pode lhe mostrar as relações ocultas entre as quatro operações fundamentais, poupar seu tempo no cálculo e deixá-lo confortável para trabalhar com os conceitos mais abstratos da matemática.

Operações inversas

Cada uma das quatro operações tem uma operação *inversa* — uma operação que a desfaz. A adição e a subtração são operações inversas porque a adição desfaz a subtração e vice-versa. Por exemplo, aqui estão duas equações com operações inversas:

$1 + 2 = 3$

$3 - 2 = 1$

Na primeira equação, você começa com 1 e soma 2 a ele, o que lhe dá 3. Na segunda equação, você tem 3 e retira 2 dele, o que lhe traz de volta o 1. A ideia principal aqui é que você tem um número inicial — nesse caso, 1 — e que, ao somar um número e depois subtrair o mesmo número, você termina com o número inicial. Isso demonstra que a subtração desfaz a adição.

Do mesmo modo, a adição desfaz a subtração — isso é, se você subtrai um número e depois soma o mesmo número, você termina onde começou. Por exemplo:

$184 - 10 = 174$

$174 + 10 = 184$

Dessa vez, na primeira equação você começa com 184 e retira 10 dele, o que lhe dá 174. Na segunda equação, tem 174 e soma 10 a ele, o que traz você de volta ao 184. Nesse caso, começando com o número 184, ao subtrair um número e depois somar o mesmo número, a adição desfaz a subtração e você acaba voltando para 184.

Da mesma maneira, a multiplicação e a divisão são operações inversas. Por exemplo:

4 × 5 = 20

20 ÷ 5 = 4

Dessa vez, você começa com o número 4 e o multiplica por 5 para obter 20. E depois divide 20 por 5 para retornar aonde começou, no 4. Portanto, a divisão desfaz a multiplicação. Do mesmo modo:

30 ÷ 10 = 3

3 × 10 = 30

Aqui, você começa com 30, divide por 10 e multiplica por 10 para terminar voltando ao 30. Isso demonstra que a multiplicação desfaz a divisão.

Operações comutativas

A adição e a multiplicação são operações comutativas. *Comutativa* significa que você pode trocar a ordem dos números sem mudar o resultado. Essa propriedade da adição e da multiplicação é chamada de *propriedade comutativa*. Aqui está um exemplo de como a adição é comutativa:

3 + 5 = 8 é a mesma coisa que 5 + 3 = 8

Se você começa com 5 livros e soma 3 livros, o resultado é o mesmo caso comece com 3 livros e some 5. Em cada um dos casos, você termina com 8 livros.

E aqui está um exemplo de como a multiplicação é comutativa:

2 × 7 = 14 é a mesma coisa que 7 × 2 = 14

Se você tem 2 filhos e quer dar a cada um deles 7 flores, precisa comprar o mesmo número de flores de alguém que tenha 7 filhos e queira dar a cada um deles 2 flores. Em ambos os casos, compra-se 14 flores.

Em contrapartida, a subtração e a divisão são operações *não comutativas*. Ao trocar a ordem dos números, o resultado muda.

Aqui está um exemplo de como a subtração é não comutativa:

6 - 4 = 2, mas 4 - 6 = -2

A subtração é não comutativa, portanto, se você tem $6 e gasta $4, o resultado *não* é o mesmo caso você tenha $4 e gaste $6. No primeiro caso, você ainda tem $2 sobrando. No segundo caso, você *deve* $2. Isso é, trocar os números torna o resultado um número negativo (discuto os números negativos mais adiante neste capítulo).

E aqui está um exemplo de como a divisão é não comutativa:

5 ÷ 2 = 2r1, mas 2 ÷ 5 = 0r2

Por exemplo, ao ter 5 biscoitos de cachorro para dividir entre 2 cachorros, cada um ganha 2 biscoitos e você tem 1 biscoito sobrando. Mas, ao trocar os números e tentar dividir 2 biscoitos entre 5 cachorros, você não tem biscoitos suficientes para distribuir, portanto, cada cachorro não ganha nenhum e você tem 2 biscoitos sobrando.

Operações associativas

A adição e a multiplicação são *operações associativas*, o que significa que você pode agrupá-las de forma diferente sem mudar o resultado. Essa propriedade da adição e da multiplicação é chamada também de *propriedade associativa*. Aqui está um exemplo de como a adição é associativa. Imagine que você queira somar 3 + 6 + 2. Você pode resolver esse problema de duas maneiras:

(3 + 6) + 2   3 + (6 + 2)
= 9 + 2   = 3 + 8
= 11   = 11

No primeiro caso, começo somando 3 + 6 e, depois, somo 2. No segundo caso, começo somando 6 + 2 e, depois, somo 3. De qualquer uma das maneiras, a soma é igual a 11.

Aqui está um exemplo de como a multiplicação é associativa. Imagine que você queira multiplicar 5 × 2 × 4. Você pode resolver esse problema de duas maneiras:

(5 × 2) × 4   5 × (2 × 4)
= 10 × 4   = 5 × 8
= 40   = 40

No primeiro caso, começo multiplicando 5 × 2 e, depois, multiplico por 4. No segundo caso, começo multiplicando 2 × 4 e, depois, multiplico por 5. Em qualquer uma das maneiras, o produto é 40.

Em contrapartida, a subtração e a divisão são operações não associativas. Isso significa que agrupá-las de diferentes maneiras muda o resultado.

Não confunda a propriedade comutativa com a propriedade associativa. A propriedade comutativa lhe diz que está tudo bem *trocar* dois números que você esteja somando ou multiplicando. A propriedade associativa lhe diz que está tudo bem *reagrupar* três (ou mais) números usando parênteses.

PAPO DE ESPECIALISTA

Conjuntamente, as propriedades associativa e comutativa lhe permitem rearranjar completamente e reagrupar uma série de números que você esteja somando ou multiplicando sem mudar o resultado. Você verá que essa liberdade para rearranjar as expressões conforme desejar será muito útil no momento em que você passar para a álgebra, na Parte 5.

Distribuindo para aliviar a carga

Se você já tentou carregar uma bolsa pesada de mantimentos, deve ter percebido que distribuir o conteúdo em duas pequenas bolsas pode ser bem útil. Esse mesmo conceito funciona também para a multiplicação.

Na matemática, a *distribuição* (chamada também de *propriedade distributiva da multiplicação em relação à adição*) permite que você divida um problema maior de multiplicação em dois pequenos problemas e some os resultados para ter a solução.

Por exemplo, imagine que você queira multiplicar estes dois números:

17 × 101

Você pode multiplicá-los, mas a distribuição fornece uma maneira diferente de pensar sobre o problema, a qual você pode achar mais fácil. Pelo fato de 101 = 100 + 1, você pode dividir este problema em dois problemas mais fáceis, conforme a seguir:

= 17 × (100 + 1)
= (17 × 100) + (17 × 1)

Você pega o número fora dos parênteses, multiplica-o por cada número dentro dos parênteses, um de cada vez, e depois soma os produtos. Nesse ponto, você será capaz de resolver as duas multiplicações na sua cabeça e, depois, somá-las facilmente:

= 1.700 + 17 = 1.717

A distribuição se tornará ainda mais útil quando você estudar álgebra na Parte 5.

As Quatro Operações Fundamentais com Números Negativos

No Capítulo 2, mostro a você como usar a reta numérica para entender como os números negativos funcionam. Nesta seção, faço com que você veja mais de perto como realizar as operações fundamentais com números negativos.

Os números negativos ocorrem quando você subtrai um número maior de um número menor. Por exemplo:

5 - 8 = -3

Nas aplicações do mundo real, os números negativos são usados para representar dívida. Por exemplo, se você tem apenas cinco cadeiras para vender, mas uma cliente paga para ter oito delas, você deve a ela mais três cadeiras. Embora você possa ter problemas em imaginar -3 cadeiras, ainda assim tem que se responsabilizar por essa dívida, e os números negativos são a ferramenta correta para o trabalho.

Adição e subtração com números negativos

O grande segredo para somar e subtrair números negativos é tornar todo problema uma série de altos e baixos na reta numérica. Depois de saber como fazer isso, você percebe que todos esses problemas são muito simples.

Portanto, nesta seção, explico como somar e subtrair números negativos na reta numérica. Não se preocupe com memorizar todos os detalhes desse procedimento. Em vez disso, apenas siga em frente para que você entenda como os números negativos se encaixam na reta numérica (se precisar de uma revisão rápida sobre como a reta numérica funciona, veja o Capítulo 1).

Começando com um número negativo

Ao somar e subtrair na reta numérica, começar com um número negativo não é muito diferente de começar com um número positivo. Por exemplo, imagine que você queira resolver -3 + 4. Usando as regras de altos e baixos, você começa no -3 e sobe 4:

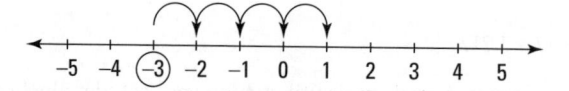

Portanto, -3 + 4 = 1.

Do mesmo modo, imagine que você queira resolver -2 - 5. De novo, as regras de altos e baixos irão ajudá-lo. Você está subtraindo, portanto, vá para a esquerda: comece no -2 e desça 5:

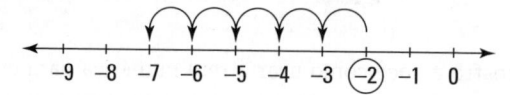

Portanto, -2 - 5 = -7.

Somando um número negativo

Imagine que você queira resolver -2 + -4. Você já sabe que deve começar no -2, mas aonde você vai a partir daí? Aqui está a regra de altos e baixos para somar um número negativo:

LEMBRE-SE

Adicionar um número negativo é o mesmo que subtrair um número positivo — *desça* na reta numérica.

De acordo com essa regra, -2 + -4 é a mesma coisa que -2 - 4, então comece no -2 e desça 4:

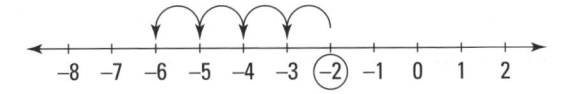

$$-8 \quad -7 \quad -6 \quad -5 \quad -4 \quad -3 \quad \boxed{-2} \quad -1 \quad 0 \quad 1 \quad 2$$

Portanto, -2 + (-4) = -6.

Nota: O problema -2 + -4 também pode ser expresso como -2 + (-4). Algumas pessoas preferem usar essa convenção para que dois símbolos de operação (- e +) não fiquem lado a lado. Não deixe que isso o confunda. O problema é o mesmo.

DICA

Se você reescrever um problema de subtração como um problema de adição — por exemplo, reescrever 3 - 7 como 3 + (-7) — você pode usar as propriedades comutativa e associativa da adição, as quais discuti antes neste capítulo. Lembre-se apenas de manter o sinal negativo anexado ao número quando rearranjar: (-7) + 3.

Subtraindo um número negativo

A última regra que precisa conhecer é como subtrair um número negativo. Por exemplo, imagine que você queira resolver 2 - (-3). Aqui está a regra de altos e baixos:

LEMBRE-SE

Subtrair um número negativo é o mesmo que somar um número positivo — *suba* na reta numérica.

Essa regra lhe diz que 2 - (-3) é a mesma coisa que 2 + 3, então, comece no 2 e suba 3:

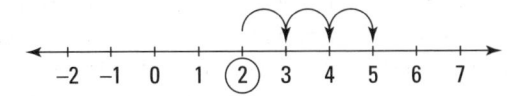

$$-2 \quad -1 \quad 0 \quad 1 \quad \boxed{2} \quad 3 \quad 4 \quad 5 \quad 6 \quad 7$$

Portanto, 2 - (-3) = 5.

DICA

Ao subtrair números negativos, você pode pensar nos dois sinais de menos se cancelando para criar um sinal positivo.

Multiplicação e divisão com números negativos

A multiplicação e a divisão com números negativos são praticamente a mesma coisa que com números positivos. A presença de um ou mais sinais de menos (-) não muda a parte numérica da resposta. A única questão é se o sinal será positivo ou negativo.

LEMBRE-SE

Lembre apenas que, ao multiplicar ou dividir dois números,

» Se os números tiverem o *mesmo sinal*, o resultado será sempre positivo.

» Se os números tiverem *sinais opostos*, o resultado será sempre negativo.

Por exemplo:

$2 \times 3 = 6$ $\qquad$ $2 \times -3 = -6$

$-2 \times -3 = 6$ $\qquad$ $-2 \times 3 = -6$

Como você pode observar, a porção numérica da resposta é sempre igual a 6. A única questão é se a resposta completa será 6 ou -6. É aí que entra a regra dos sinais de igualdade e de desigualdade.

DICA

Outra forma de pensar essa regra é que dois sinais negativos se anulam para dar um sinal positivo.

Do mesmo modo, observe estas quatro equações de divisões:

$10 \div 2 = 5$ $\qquad$ $10 \div -2 = -5$

$-10 \div -2 = 5$ $\qquad$ $-10 \div 2 = -5$

Nesse caso, a porção numérica da resposta é sempre 5. Quando os sinais são iguais o resultado é positivo e quando os sinais são diferentes o resultado é negativo.

Entendendo as Unidades

Tudo que pode ser somado é uma *unidade*. Essa é uma categoria muito grande, pois quase tudo que você pode nomear pode ser somado. Você saberá mais sobre as unidades de medidas no Capítulo 15. Por ora, entenda apenas que todas as unidades podem ser somadas, o que significa que você pode aplicar as quatro operações fundamentais às unidades.

Adição e subtração de unidades

Somar e subtrair unidades não é muito diferente de somar e subtrair números. Lembre-se apenas de que você só pode somar ou subtrair quando as unidades forem iguais. Por exemplo:

3 cadeiras + 2 cadeiras = 5 cadeiras
4 laranjas - 1 laranja = 3 laranjas

O que acontece quando você tenta somar ou subtrair unidades diferentes? Aqui está um exemplo:

3 cadeiras + 2 mesas = ?

A única maneira para você poder completar essa adição é tornar as unidades iguais:

3 móveis + 2 móveis = 5 móveis

Multiplicação e divisão de unidades

Você sempre pode multiplicar e dividir unidades por um *número*. Por exemplo, imagine que você tenha quatro cadeiras, mas acha que precisa do dobro para uma festa. Aqui está como você representa essa ideia na matemática:

4 cadeiras × 2 = 8 cadeiras

Do mesmo modo, imagine que você tenha 20 cerejas e quer dividi-las entre quatro pessoas. Aqui está como você representa essa ideia:

20 cerejas ÷ 4 = 5 cerejas

Mas você deve ser cauteloso ao multiplicar ou dividir unidades por unidades. Por exemplo:

2 maçãs × 3 maçãs = ? ERRADO!
12 chapéus ÷ 6 chapéus = ? ERRADO!

Nenhuma dessas equações tem sentido. Nesses casos, multiplicar ou dividir por unidades não faz sentido.

Em muitos casos, entretanto, é possível multiplicar e dividir unidades. Por exemplo, multiplicar *unidades de comprimento* (tais como centímetros, metros ou quilômetros) resulta em *unidades ao quadrado*. Por exemplo:

3 centímetros × 3 centímetros = 9 centímetros quadrados

100 metros × 200 metros = 20.000 metros quadrados

10 quilômetros × 5 quilômetros = 50 quilômetros quadrados

Você aprenderá mais sobre unidades de comprimento no Capítulo 15. Do mesmo modo, aqui estão alguns exemplos de quando dividir unidades faz sentido:

12 pedaços de pizza ÷ 4 pessoas = 3 pedaços de pizza/pessoa

140 quilômetros ÷ 2 horas = 70 quilômetros/hora

Nesses casos, você lê a barra diagonal (/) como *por*: pedaços de pizza *por* pessoa ou quilômetros *por* hora. Você aprenderá mais sobre multiplicar e dividir por unidades no Capítulo 15, quando mostro a você como converter uma unidade de medida em outra.

Entendendo as Desigualdades

Algumas vezes, você quer falar sobre quando duas quantidades são diferentes. Essas expressões são chamadas de *desigualdades*. Nesta seção, discuto seis tipos de desigualdades: ≠ (diferente de), < (menor que), > (maior que), ≤ (menor ou igual a), ≥ (maior ou igual a) e ≅ (aproximadamente igual a).

Diferente de (≠)

A desigualdade mais simples é ≠, que você usa quando duas quantidades não são iguais. Por exemplo:

2 + 2 ≠ 5
3 × 4 ≠ 34
999.999 ≠ 1.000.000

Você pode ler ≠ como "não igual a" ou "diferente de". Portanto, leia 2 + 2 ≠ 5 como "dois mais dois não é igual a cinco".

Menor que (<) e maior que (>)

O símbolo < significa *menor que*. Por exemplo, as seguintes expressões são verdadeiras:

4 < 5
100 < 1.000
2 + 2 < 5

Do mesmo modo, o símbolo > significa *maior que*. Por exemplo:

5 > 4
100 > 99
2 + 2 > 3

DICA Os dois símbolos < e > são similares e podem ser confundidos facilmente. Aqui está uma maneira simples para lembrar o que é o quê:

> » Lembre-se de que em qualquer expressão verdadeira, a *grande* boca aberta do símbolo está ao lado da soma *maior* e o ponto *pequeno* está ao lado da soma *menor*.

Menor ou igual a (≤) e maior ou igual a (≥)

O símbolo ≤ significa *menor ou igual a*. Por exemplo, as expressões a seguir são verdadeiras:

100 ≤ 1.000

2+2 ≤ 5

2+2 ≤ 4

De forma similar, o símbolo ≥ significa *maior ou igual a*. Por exemplo,

100 ≥ 99

2+2 ≥ 3

2+2 ≥ 4

DICA Os símbolos ≤ e ≥ são chamados de *desigualdades inclusivas*, porque eles *incluem* (permitem) a possibilidade de que os dois lados sejam iguais. Por contraste, os símbolos < e > são chamados de *desigualdades exclusivas*, porque *excluem* (não permitem) essa possibilidade.

Aproximadamente (≅)

No Capítulo 2, mostro a você como os números redondos facilitam o trabalho com os números grandes. No mesmo capítulo, apresento também ≅, que significa *aproximadamente igual a*.

Por exemplo:

49 ≅ 50
1.024 ≅ 1.000
999.999 ≅ 1.000.000

Você pode usar ≅ ao estimar a resposta de um problema:

1.000.487 + 2.001.932 + 5.000.032
≅ 1.000.000 + 2.000.000 + 5.000.000 ≅ 8.000.000

Além das Operações Fundamentais: Potenciação, Raízes Quadradas e Valor Absoluto

Nesta seção, apresento a você três novas operações das quais você vai precisar conforme for avançando na matemática: potenciação, raízes quadradas e valor absoluto. Como nas quatro operações fundamentais, essas três operações pegam os números e os ajustam de várias maneiras.

Para dizer a verdade, essas três operações têm menos aplicações no nosso dia a dia do que as operações fundamentais, mas você verá muito mais sobre elas conforme for evoluindo nos seus estudos de matemática. Felizmente, elas não são difíceis, portanto, este é um bom momento para familiarizar-se com elas.

Entendendo os expoentes

Os *expoentes* (chamados também de *potências*) são uma taquigrafia para a multiplicação repetida. Por exemplo, 2^3 significa multiplicar 2 por ele mesmo 3 vezes. Para fazer isso, use a seguinte notação:

$$2^3 = 2 \times 2 \times 2 = 8$$

Nesse exemplo, 2 é o *número da base* e 3 é o *expoente*. Você pode ler 2^3 como "2 elevado a 3" ou "2 elevado à terceira potência" (ou até "2 ao cubo", o que está relacionado à fórmula para achar o valor de um cubo — veja o Capítulo 16 para mais detalhes).

Aqui está outro exemplo:

10^5 significa multiplicar 10 por ele mesmo 5 vezes

Funciona desta forma:

$$10^5 = 10 \times 10 \times 10 \times 10 \times 10 = 100.000$$

Dessa vez, 10 é o número da base e 5 é o expoente. Leia 10^5 como "10 elevado a 5" ou "10 elevado à quinta potência".

DICA

Quando o número da base é 10, calcular qualquer expoente é fácil. Apenas escreva 1 e, depois dele, o número de zeros equivalente ao número da base:

$10^2 = 100$	(1 com dois 0s)
$10^7 = 10.000.000$	(1 com sete 0s)
$10^{20} = 100.000.000.000.000.000.000$	(1 com vinte 0s)

Os expoentes cujo número da base é 10 são muito importantes na notação científica, que abordo no Capítulo 14.

O expoente mais comum é o número 2. Ao elevar qualquer número inteiro à potência 2, o resultado será um número ao quadrado (para mais informações sobre números quadrados, veja o Capítulo 1). Por esse motivo é que elevar um número à potência de 2 é chamado de *elevar ao quadrado* o respectivo número. Você pode ler 3^2 como "três elevado ao quadrado", 4^2 como "quatro elevado ao quadrado" e assim por diante. Aqui estão alguns números quadrados:

$3^2 = 3 \times 3 = 9$
$4^2 = 4 \times 4 = 16$
$5^2 = 5 \times 5 = 25$

Qualquer número (com exceção de 0) elevado à potência 0 é igual a 1. Portanto, 1^0, 37^0, e 999.999^0 são equivalentes ou iguais, pois todos são iguais a 1.

Descobrindo suas raízes

Mais cedo neste capítulo, em "Conhecendo as Propriedades das Quatro Operações Fundamentais", mostro a você como a adição e a subtração são operações inversas. Mostro também como a multiplicação e a divisão são operações inversas. Da mesma maneira, as raízes são a operação inversa dos expoentes.

A raiz mais comum é a raiz quadrada. Uma *raiz quadrada* desfaz um expoente de 2. Por exemplo:

$3^2 = 3 \times 3 = 9$, portanto, $\sqrt{9} = 3$

$4^2 = 4 \times 4 = 16$, portanto, $\sqrt{16} = 4$

$5^2 = 5 \times 5 = 25$, portanto, $\sqrt{25} = 5$

Você pode ler o símbolo $\sqrt{}$ como "a raiz quadrada de" ou como "o radical de". Portanto, leia $\sqrt{9}$ como "a raiz quadrada de 9" ou "radical de 9".

Como você pode ver, ao calcular a raiz quadrada de qualquer número ao quadrado, o resultado é o número que você multiplicou por ele mesmo para obter primeiramente o número ao quadrado. Por exemplo, para achar $\sqrt{100}$ você faz a seguinte pergunta: "Qual é o número que quando multiplicado por ele mesmo é igual a 100?". A resposta nesse caso é 10, porque:

$10^2 = 10 \times 10 = 100$, portanto, $\sqrt{100} = 10$

Você provavelmente não usará muito as raízes quadradas até chegar à álgebra, mas, quando chegar, elas se tornarão muito úteis.

Calculando o valor absoluto

O *valor absoluto* de um número é o seu valor positivo. Ele informa a você o quão longe do zero um número está na reta numérica. O símbolo do valor absoluto é um conjunto de barras verticais.

Calcular o valor absoluto de um número positivo não muda o seu valor. Por exemplo:

|3| = 3
|12| = 12
|145| = 145

Entretanto, calcular o valor absoluto de um número negativo muda o mesmo para um número positivo.

|−5| = 5
|−10| = 10
|−212| = 212

Finalmente, o valor absoluto de 0 é simplesmente 0:

|0| = 0

> **NESTE CAPÍTULO**
>
> » Entendendo as três palavras da matemática: equações, expressões e avaliação
>
> » Usando a ordem de precedência para avaliar as expressões contendo as quatro operações fundamentais
>
> » Trabalhando com expressões que contêm expoentes
>
> » Avaliando as expressões com parênteses

Capítulo **5**

Uma Questão de Valores: Avaliando Expressões Aritméticas

Neste capítulo, apresento a você o que chamo de três palavras da matemática: equações, expressões e avaliação. Talvez você ache as três palavras da matemática muito comuns, pois, caso tenha percebido ou não, você já as usa há muito tempo. Quando soma o custo de vários itens de uma loja, faz o balanço dos seus gastos ou calcula a área do seu quarto, você está avaliando expressões e formando equações. Nesta seção, vou esclarecer essas coisas e lhe mostrarei uma nova forma de observá-las.

Você provavelmente já sabe que uma *equação* é uma expressão matemática que tem um sinal de igualdade (=) — por exemplo, 1 + 1 = 2. Uma *expressão* é uma série de símbolos matemáticos que pode ser colocada em um dos lados de uma equação — por exemplo, 1 + 1. E a *avaliação* é o cálculo do *valor* de uma expressão, como um número — por exemplo, calcular que a expressão 1 + 1 é igual ao número 2.

No restante do capítulo, mostro a você como transformar expressões em números ao usar um conjunto de regras chamado *ordem das operações* (ou *ordem de precedência*). Essas regras parecem ser complicadas, mas consigo desmembrá-las para que você mesmo possa ver o que fazer em seguida em qualquer situação.

Igualdade para Tudo: Equações

Equação é uma expressão matemática que informa a você que duas coisas têm o mesmo valor — em outras palavras, é uma expressão com um sinal de igualdade. A equação é um dos conceitos mais importantes da matemática, pois permite simplificar um punhado de informações complicadas em um único número.

Há vários tipos de equações matemáticas: equações aritméticas, equações algébricas, equações diferenciais, equações parcialmente diferenciais, equações Diofantinas e muitas mais. Neste livro, abordo apenas dois tipos: as equações aritméticas e as equações algébricas.

Neste capítulo, discuto apenas as *equações aritméticas*, que são as equações que envolvem números, as quatro operações fundamentais e as outras operações básicas que apresento no Capítulo 4 (valores absolutos, expoentes e raízes). Na Parte 5, apresento as equações algébricas. Aqui estão alguns exemplos de equações aritméticas simples:

TRÊS PROPRIEDADES DE IGUALDADE

As três propriedades de igualdade são chamadas de *reflexividade*, *simetria* e *transitividade*.

- **A reflexividade** informa que tudo é igual a si próprio. Por exemplo:
  $1 = 1 \quad 23 = 23 \quad 1.000.007 = 1.000.007$

- **A simetria** informa que você pode trocar a ordem em que as coisas são iguais. Por exemplo:
  $4 \times 5 = 20$, portanto, $20 = 4 \times 5$

- **A transitividade** informa que, se alguma coisa é igual a duas outras coisas, então essas duas outras coisas são iguais. Por exemplo:
  $3 + 1 = 4$ e $4 = 2 \times 2$ — portanto, $3 + 1 = 2 \times 2$

Pelo fato de a igualdade conter todas essas três propriedades, os matemáticos chamam a igualdade de uma relação de *equivalência*. As desigualdades que apresento no Capítulo 4 ($\neq$, $>$, $<$ e $\cong$) não compartilham necessariamente todas essas propriedades.

$$2 + 2 = 4$$
$$3 \times 4 = 12$$
$$20 \div 2 = 10$$

E aqui estão alguns exemplos de equações aritméticas mais complicadas:

$$1.000 - 1 - 1 = 997$$
$$(3 + 5) \div (9 - 7) = 4$$
$$4^2 - \sqrt{256} = (791 - 842) \times 0$$

Ei, é apenas uma expressão

Uma *expressão* é qualquer série de símbolos matemáticos que pode ser colocada em um lado de uma equação. Assim como as equações, há muitos tipos de expressões matemáticas. Neste capítulo, concentro-me apenas nas *expressões aritméticas*, que são as expressões que contêm números, as quatro operações fundamentais e algumas outras operações básicas (veja o Capítulo 4). Na Parte 5, apresento as expressões algébricas. Aqui estão alguns exemplos de expressões simples:

$$2 + 2$$
$$-17 + (-1)$$
$$14 \div 7$$

E aqui estão alguns exemplos de expressões mais complicadas:

$$(88 - 23) \div 13$$
$$100 + 2 - 3 \times 17$$
$$\sqrt{441} + |-2^3|$$

Avaliando a situação

Na raiz da palavra *avaliação* está a palavra *valor*. Em outras palavras, quando você avalia alguma coisa, você acha seu valor. Avaliar uma expressão também pode ser *simplificar*, *resolver* ou *estimar o valor de uma expressão*. As palavras podem mudar, mas a ideia é a mesma — simplificar uma série de números e símbolos matemáticos em um único número.

Quando avalia uma expressão aritmética, você a simplifica em um único valor numérico — isso é, você acha o número ao qual ela é igual. Por exemplo, avalie a seguinte expressão aritmética:

$$7 \times 5$$

Como? Simplifique-a em um único número:

35

Colocando as três palavras juntas

Tenho certeza de que você está doido para saber como as três palavras — equações, expressões e avaliação — estão conectadas. A *avaliação* permite que você pegue uma *expressão* contendo mais de um número e a reduza a um único número. Depois, você pode fazer uma *equação* usando um sinal de igualdade para conectar a expressão e o número. Por exemplo, aqui está uma *expressão* contendo quatro números:

1 + 2 + 3 + 4

Quando *avalia* a expressão, você a reduz a um único número:

10

E agora você pode fazer uma *equação* ao conectar a expressão e o número com um sinal de igualdade:

1 + 2 + 3 + 4 = 10

Apresentando a Ordem das Operações

Quando você era criança, alguma vez tentou colocar seus sapatos primeiro e depois suas meias? Se tentou, provavelmente descobriu esta simples regra:

1. **Colocar meias.**
2. **Colocar sapatos.**

Dessa forma, você tem uma ordem das operações: as meias devem ser calçadas antes dos sapatos. Portanto, no ato de colocar seus sapatos e suas meias, suas meias têm uma precedência em relação a seus sapatos. Uma regra simples para seguir, certo?

Nesta seção, descrevo um conjunto de regras similar para avaliar as expressões, chamado de *ordem das operações* (algumas vezes chamado de *ordem de precedência*). Não deixe que o nome comprido o impressione. A ordem das operações é apenas um conjunto de regras para garantir que você tenha suas meias e seus sapatos na ordem correta, matematicamente falando. Dessa forma, você sempre terá a resposta correta.

Nota: Na maior parte deste livro, apresento temas abrangentes no início de cada seção e depois os explico mais adiante nos capítulos, em vez de construí-los e por fim revelar o resultado. Mas a ordem das operações é um pouco confusa para apresentar dessa forma. Em vez disso, começo com uma lista de quatro regras e entro em mais detalhes sobre elas mais adiante no capítulo. Não deixe que a complexidade destas regras o assuste antes de você lidar com elas!

LEMBRE-SE

Avalie as expressões aritméticas da esquerda para a direita de acordo com a seguinte ordem das operações:

1. **Parênteses**
2. **Expoentes**
3. **Multiplicação e divisão**
4. **Adição e subtração**

Não se preocupe em memorizar essa lista agora. Eu a divido lentamente para você nas seções restantes deste capítulo, começando de baixo para cima, como segue:

» Em "Aplicando a ordem das operações nas quatro principais expressões", mostro os Passos 3 e 4 — como avaliar as expressões com qualquer combinação de adição, subtração, multiplicação e divisão.

» Em "Usando a ordem das operações nas expressões com expoentes", mostro como o Passo 2 se encaixa — como avaliar as expressões com as quatro operações fundamentais mais expoentes, raízes quadradas e valor absoluto.

» Em "Entendendo a ordem das operações em expressões com parênteses", mostro a você como o Passo 1 se encaixa — como avaliar todas as expressões que explico mais as expressões com parênteses.

Aplicando a ordem das operações nas quatro principais expressões

Conforme explico antes neste capítulo, avaliar uma expressão é, apenas, simplificá-la a um único número. Agora apresentarei o básico da avaliação das expressões que contêm qualquer combinação das quatro operações fundamentais — adição, subtração, multiplicação e divisão (para mais informações sobre as quatro operações fundamentais, veja o Capítulo 3). Falando de forma geral, as quatro principais expressões entram nos três tipos delineados na Tabela 5-1.

TABELA 5-1 Os Três Tipos das Quatro Principais Expressões

Expressões	Exemplo	Regra
Contêm apenas adição e subtração	12 + 7 – 6 – 3 + 8	Avaliar da esquerda para a direita.
Contêm apenas multiplicação e divisão	18 ÷ 3 × 7 ÷ 14	Avaliar da esquerda para direita.
Expressões de operador misto: contêm uma combinação de adição/subtração e multiplicação/divisão	9 + 6 ÷ 3	1. Avaliar a multiplicação e a divisão da esquerda para a direita. 2. Avaliar a adição e a subtração da esquerda para a direita.

Nesta seção, mostro a você como identificar e avaliar todos os três tipos de expressões.

Expressões com apenas adição e subtração

Algumas expressões contêm apenas adição e subtração. Quando for esse o caso, a regra para avaliar a expressão é simples.

LEMBRE-SE

Quando uma expressão contiver apenas adição e subtração, avalie-a passo a passo, da esquerda para a direita. Por exemplo, imagine que você queira avaliar esta expressão:

$17 - 5 + 3 - 8$

Já que as únicas operações são a adição e a subtração, você pode calcular da esquerda para a direita, começando com 17 – 5:

$= 12 + 3 - 8$

Conforme você pode observar, o número 12 substitui 17 – 5. Agora a expressão tem três números em vez de quatro. Depois, calcule 12 + 3:

$= 15 - 8$

Isso desmembra a expressão para dois números, podendo ser calculada facilmente:

$= 7$

Portanto, 17 – 5 + 3 – 8 = 7.

Expressões com apenas multiplicação e divisão

Algumas expressões contêm apenas a multiplicação e a divisão. Quando for o caso, a regra para avaliar a expressão é muito simples.

LEMBRE-SE

Quando uma expressão contiver apenas multiplicação e divisão, avalie-a passo a passo da esquerda para a direita. Imagine que você queira avaliar esta expressão:

$9 \times 2 \div 6 \div 3 \times 2$

De novo, a expressão contém apenas multiplicação e divisão, portanto, você pode ir da esquerda para a direita, começando com 9×2:

$= 18 \div 6 \div 3 \times 2$
$= 3 \div 3 \times 2$
$= 1 \times 2$
$= 2$

Note que a expressão reduz um número de cada vez até que a única coisa restante seja o número 2. Portanto, $9 \times 2 \div 6 \div 3 \times 2 = 2$.

Aqui está outro exemplo rápido:

$-2 \times 6 \div -4$

Embora essa expressão tenha alguns números negativos, as únicas operações que ela contém são a multiplicação e a divisão. Portanto, você pode avaliá-la em dois passos da esquerda para a direita (lembrando-se das regras para a multiplicação e a divisão com os números negativos, que apresento a você no Capítulo 4):

$= -2 \times 6 \div -4$
$= -12 \div -4$
$= 3$

Portanto, $-2 \times 6 \div -4 = 3$.

Expressões de operador misto

Geralmente, uma expressão contém:

» Pelo menos um operador de adição ou subtração
» Pelo menos um operador de multiplicação ou divisão

Chamo essas expressões de *expressões de operador misto*. Para avaliá-las, você precisa de um remédio mais forte.

LEMBRE-SE

Avalie as expressões de operador misto como a seguir:

1. **Avalie a multiplicação e a divisão da esquerda para a direita.**

2. **Avalie a adição e a subtração da esquerda para a direita.**

CAPÍTULO 5 **Uma Questão de Valores: Avaliando Expressões Aritméticas**

Por exemplo, imagine que você queira avaliar a seguinte expressão:

5 + 3 × 2 + 8 ÷ 4

Como pode ver, essa expressão contém adição, multiplicação e divisão, portanto, é uma expressão de operador misto. Para avaliá-la, comece sublinhando a multiplicação e a divisão na expressão:

5 + 3 × 2 + 8 ÷ 4

Agora, avalie o que você sublinhou da esquerda para a direita:

= 5 + 6 + 8 ÷ 4
= 5 + 6 + 2

Nesse ponto, você ficou com uma expressão que contém apenas adição, portanto, pode avaliá-la da esquerda para a direita:

= 11 + 2
= 13

Portanto, 5 + 3 × 2 + 8 ÷ 4 = 13.

Usando a ordem das operações nas expressões com expoentes

Aqui está o que você precisa saber para avaliar expressões com expoentes (veja o Capítulo 4 para informações sobre expoentes).

LEMBRE-SE

Avalie os expoentes da esquerda para a direita *antes* de começar a avaliar as quatro operações fundamentais (adição, subtração, multiplicação e divisão).

O truque aqui é transformar a expressão em uma expressão das operações fundamentais e, depois, usar o que mostro na seção "Aplicando a ordem das operações nas quatro principais expressões". Por exemplo, imagine que você queira avaliar o seguinte:

$3 + 5^2 - 6$

Primeiro, avalie o expoente:

= 3 + 25 − 6

Nesse ponto, a expressão contém apenas adição e subtração, portanto, você pode avaliá-la da esquerda para a direita em dois passos:

= 28 − 6
= 22

Portanto $3 + 5^2 - 6 = 22$.

Entendendo a ordem das operações em expressões com parênteses

Na matemática, os parênteses — ( ) — são usados geralmente para agrupar partes de uma expressão. Quando o assunto é avaliar expressões, aqui está o que você precisa saber sobre os parênteses.

LEMBRE-SE

Para avaliar expressões que contenham parênteses:

1. **Avalie o conteúdo dos parênteses, de dentro para fora.**
2. **Avalie o resto da expressão.**

Quatro principais expressões com parênteses

Do mesmo modo, imagine que você queira avaliar $(1 + 15 \div 5) + (3 - 6) \times 5$. Essa expressão contém dois conjuntos de parênteses, portanto, avalie-os da esquerda para a direita. Note que o primeiro conjunto de parênteses contém uma expressão de operador misto, portanto, avalie-o em dois passos, começando com a divisão:

$= (1 + 3) + (3 - 6) \times 5$
$= 4 + (3 - 6) \times 5$

Agora, avalie o conteúdo do segundo conjunto de parênteses:

$= 4 + (-3 \times 5)$

Agora você tem uma expressão de operador misto, portanto, avalie a multiplicação (-3×5) primeiro:

$= 4 + (-15)$

Por fim, avalie a adição:

$= -11$

Portanto, $(1 + 15 \div 5) + (3 - 6) \times 5 = -11$.

Expressões com expoentes e parênteses

Como outro exemplo, tente esta:

$1 + (3 - 6^2 \div 9) \times 2^2$

Comece a trabalhar *apenas* com o que está dentro dos parênteses. A primeira coisa para avaliar é o expoente 6^2:

$= 1 + (3 - 36 \div 9) \times 2^2$

Continue trabalhando dentro dos parênteses e avalie a divisão 36 ÷ 9:

$= 1 + (3 - 4) \times 2^2$

Agora você pode suprimir os parênteses completamente:

$= 1 - 1 \times 2^2$

Nesse ponto, o que sobra é uma expressão com um expoente. Essa expressão exige três passos, começando com o expoente:

$= 1 - 1 \times 4$
$= 1 - 4$
$= -3$

Portanto, $1 + (3 - 6^2 \div 9) \times 2^2 = -3$.

Expressões com parênteses elevados a um expoente

Algumas vezes, todo o conteúdo de um conjunto de parênteses é elevado a um expoente. Nesse caso, avalie normalmente o conteúdo do conjunto de parênteses *antes* de avaliar o expoente. Aqui está um exemplo:

$(7 - 5)^3$

Primeiro, avalie 7 - 5:

$= 2^3$

Com os parênteses removidos, você está pronto para avaliar o expoente:

$= 8$

Muito raramente, o próprio expoente contém parênteses. Como sempre, avalie o que está dentro dos parênteses primeiro. Por exemplo:

$21^{(19 + \underline{3 \times -6})}$

Dessa vez, a expressão menor dentro dos parênteses é uma expressão de operador misto. Sublinhei a parte que você precisa calcular primeiro:

$= 21^{(19 - 18)}$

Agora você pode finalizar o que está dentro dos parênteses:

$= 21^1$

Nesse ponto, tudo o que resta é um expoente muito simples:

$= 21$

Portanto $21^{(19 + 3 \times -6)} = 21$.

Nota: Tecnicamente, você não precisa colocar o expoente entre parênteses. Se vir uma expressão no expoente, trate-a como se ela tivesse parênteses em volta dela. Em outras palavras, $21^{19 + 3 \times -6}$ significa a mesma coisa que $21^{(19 + 3 \times -6) = 21}$.

Expressões com parênteses encaixados

De vez em quando uma expressão tem *parênteses encaixados*: um ou mais conjuntos de parênteses dentro de outro conjunto de parênteses. Aqui, apresento a regra para trabalhar com parênteses encaixados.

LEMBRE-SE Ao avaliar uma expressão com parênteses encaixados, avalie o que está dentro do conjunto de parênteses mais *interno* primeiro e continue o trabalho até os parênteses *externos*.

Por exemplo, imagine que você queira avaliar a seguinte expressão:

$2 + (9 - \underline{(7 - 3)})$

Sublinhei o conteúdo do conjunto de parênteses mais interno, portanto, avalie este conteúdo primeiro:

$= 2 + (9 - 4)$

Em seguida, avalie o que está dentro do conjunto de parênteses remanescente:

$= 2 + 5$

Agora você pode finalizar as coisas facilmente:

$= 7$

Portanto, $2 + (9 - (7 - 3)) = 7$.

Como um exemplo final, aqui está uma expressão que requer tudo deste capítulo:

$4 + (-7 \times (2^{(5-1)} - 4 \times 6))$

Essa expressão será a expressão mais complicada que você provavelmente vai ver na pré-álgebra: um conjunto de parênteses contendo outro conjunto que contém um terceiro conjunto. Para ajudá-lo a começar, sublinhei o que está bem dentro desse terceiro conjunto de parênteses. É aí que você deve começar a avaliar:

$= 4 + (-7 \times (2^4 - \underline{4 \times 6}))$

Agora, o que sobra é um conjunto de parênteses dentro de outro conjunto. Novamente, trabalhe de dentro para fora. A menor expressão aqui é $2^4 - 4 \times 6$, portanto, avalie o expoente primeiro, depois a multiplicação e, por fim, a subtração:

$= 4 + (-7 \times (\underline{16 - 4 \times 6}))$
$= 4 + (-7 \times (\underline{16 - 24}))$
$= 4 + (-7 \times -8)$

Apenas mais um conjunto de parênteses para eliminar:

$= 4 + 56$

Agora é fácil terminar:

$= 60$

Portanto, $4 + (-7 \times (2^{(5-1)} - 4 \times 6)) = 60$.

Como eu disse antes nesta seção, esse tipo de problema será o mais difícil neste estágio da matemática. Copie-o e tente resolvê-lo passo a passo mantendo o livro fechado.

NESTE CAPÍTULO

» Dissipando mitos sobre os problemas com enunciado

» Conhecendo os quatro passos para resolver um problema com enunciado

» Escrevendo equações simples que condensam a informação importante

» Escrevendo equações mais complexas

» Colocando números nas equações para resolver o problema

» Atacando com segurança os problemas mais complexos

Capítulo 6
O que Quer Dizer? Transformando Palavras em Números

Somente a menção da expressão problemas matemáticos — ou problemas com enunciado, como são chamados algumas vezes — é suficiente para causar arrepios de terror em um estudante regular de matemática. Muitos prefeririam nadar através de um fosso cheio de crocodilos famintos a "calcular o número de alqueires de milho da Fazenda dos Brown" ou "ajudar a tia Sylvia a decidir o número de biscoitos que deve assar". Mas os problemas com enunciado o ajudam a entender a lógica por trás da colocação das equações nas situações do mundo real, tornando a matemática realmente útil — mesmo que os cenários dos problemas com enunciado que você pratica sejam muito artificiais.

Neste capítulo, dissipo alguns mitos sobre os problemas com enunciado. Depois, explico como resolver um problema com enunciado em quatro passos simples. Após você entender as questões básicas, mostro como resolver os problemas mais complexos. Alguns desses problemas têm números mais longos para calcular e outros podem descrever situações mais complicadas. Em qualquer um dos dois casos, você verá como passar por eles passo a passo.

Dissipando Dois Mitos sobre os Problemas Matemáticos

Aqui estão dois mitos comuns sobre os problemas com enunciado:

» Os problemas matemáticos são sempre difíceis.

» Os problemas matemáticos são apenas para a escola — depois disso, você não precisa deles.

Essas duas ideias não são verdadeiras. Mas são tão comuns que quero abordá-las de frente.

Os problemas matemáticos não são sempre difíceis

Os problemas não precisam ser difíceis. Por exemplo, aqui está um enunciado que você pode ter visto na primeira série:

Adam tinha 4 maçãs. Depois, Brenda lhe deu mais 5 maçãs. Quantas maçãs Adam tem agora?

Você provavelmente pode fazer o cálculo na sua cabeça, mas quando estava iniciando na matemática, talvez tenha escrito:

4 + 5 = 9

Por fim, se você teve um daqueles professores que o fazia escrever sua resposta em frases completas, você escreveria "Adam tem 9 maçãs". (Evidentemente, se você fosse o palhaço da classe, provavelmente escreveria: "Adam não tem maçãs, porque ele comeu todas".)

Os problemas com enunciados parecem ser difíceis quando ficam muito complexos para serem resolvidos na sua cabeça e você não tem um sistema para resolvê-los. Neste capítulo, forneço um sistema e mostro a você como aplicá-lo aos problemas de maior dificuldade. E nos Capítulos 13, 18 e 23, eu lhe ofereço mais prática para resolver problemas com enunciados mais difíceis.

Os problemas matemáticos são úteis

No mundo real, a matemática raramente aparece na forma de equações. Ela aparece na forma de situações que são muito similares aos enunciados dos problemas.

Quando você pinta um quarto, prepara um orçamento, coloca no forno um lote duplo de biscoitos de aveia, calcula o custo das férias, compra madeira para construir uma prateleira, calcula seus impostos ou pesa os prós e os contras de comprar um carro à vista ou financiado, você precisa da matemática. E a habilidade da matemática da qual você mais precisa é entender como transformar a *situação* que está enfrentando em números que possa calcular.

Os problemas com enunciados oferecem a você uma prática para transformar situações — ou histórias — em números.

Resolvendo Problemas Básicos com Enunciados

LEMBRE-SE

De forma geral, resolver um problema com enunciados envolve quatro passos:

1. **Ler o problema e montar *equações* que contenham palavras e números.**
2. **Colocar números no lugar de palavras sempre que possível, para montar uma equação matemática regular.**
3. **Usar a matemática para resolver a equação.**
4. **Responder à pergunta do problema.**

A maior parte deste livro trata do Passo 3. Este capítulo e os Capítulos 13, 18 e 23 tratam dos Passos 1 e 2. Mostro a você como desmembrar o enunciado de um problema frase por frase, escrever a informação da qual você precisa para resolver o problema e, depois, substituir as palavras por números, para estabelecer uma equação.

Quando você souber como transformar o enunciado de um problema em uma equação, a parte mais difícil já estará feita. Então você poderá usar o restante deste livro para descobrir como fazer o Passo 3 — resolver a equação. A partir daí, o Passo 4 geralmente é muito fácil, embora, ao final de cada exemplo, eu me certifique de que você tenha entendido como fazê-lo.

Transformando enunciados de problemas em equações

O primeiro passo para resolver um problema verbal é lê-lo e colocar as informações que você encontra de forma útil. Nesta seção, mostro como espremer o suco de um problema com enunciado e deixar para trás os caroços!

Escrevendo as informações em forma de equações

A maioria dos problemas dá informações sobre números, dizendo a você exatamente quanto, quantos, o quão rápido, o quão grande e assim por diante. Aqui estão alguns exemplos:

Nunu está girando 17 pratos.

A largura da casa é de 24 metros.

Se o trem local está indo a 40 quilômetros por hora...

Você precisa dessas informações para resolver o problema. E papel é barato, portanto, não tema em utilizá-lo. (Se você está preocupado com as árvores, escreva na parte de trás daqueles folhetos de propaganda que você recebeu.) Tenha um pedaço de papel de rascunho à mão e faça algumas anotações conforme você vai lendo o enunciado do problema do começo ao fim.

Por exemplo, aqui está como você pode escrever "Nunu está girando 17 pratos":

Nunu = 17

Aqui está como anotar que "...a largura da casa é de 24 metros":

Largura = 24

O terceiro exemplo informa: "Se o trem local está indo a 40 quilômetros por hora..." Portanto, você pode escrever o seguinte:

Local = 40

LEMBRE-SE
Não deixe a palavra *se* confundi-lo. Quando um problema disser "se algo fosse verdadeiro..." e depois fizer uma pergunta, suponha que ele seja verdadeiro e use essa informação para responder à pergunta.

Ao escrever a informação dessa forma, você está, de fato, transformando palavras em uma forma útil de *equação*. Uma equação com palavras tem um sinal de igualdade como uma equação matemática, mas contém palavras e números.

Escrevendo relações: Transformando expressões mais complexas em equações

Quando você começa a trabalhar com problemas com enunciado, percebe que algumas palavras e frases aparecem o tempo todo. Por exemplo:

Bobo está girando 5 pratos a menos do que Nunu.

A altura de uma casa é a metade de sua largura.

O trem expresso está se movendo 3 vezes mais rápido do que o trem local.

Você provavelmente já viu algumas dessas expressões nos enunciados de problemas desde que começou a estudar matemática. Expressões como essas parecem português, mas, na verdade, elas são matemática, portanto, reconhecê-las é importante. Você pode representar cada um desses tipos de expressões como equações com palavras que usam também as quatro operações fundamentais. Observe de novo o primeiro exemplo:

Bobo está girando 5 pratos a menos do que Nunu.

Você não conhece o número de pratos que Bobo ou Nunu está girando. Mas sabe que esses dois números estão relacionados.

Você pode expressar essa relação da seguinte forma:

Bobo + 5 = Nunu

Essa equação é mais curta do que a expressão original. E, como você verá na próxima seção, equações contendo palavras são fáceis de se transformar na matemática que você precisa para resolver o problema.

Aqui está outro exemplo:

A altura de uma casa é a metade de sua largura.

Você não conhece a largura nem a altura da casa, mas você sabe que estes dois números estão conectados.

Você pode expressar essa relação entre a largura e a altura da casa conforme a seguinte equação:

Altura = largura ÷ 2

Com o mesmo tipo de pensamento, você pode expressar que o "trem expresso está se movendo 3 vezes mais rápido do que o trem local" conforme esta equação de palavras:

Expresso = 3 × local

LEMBRE-SE

Conforme você pode observar, cada um dos exemplos lhe permite estabelecer uma equação de palavras usando uma das quatro operações fundamentais — adição, subtração, multiplicação e divisão.

Entendendo o que o problema está pedindo

O final de um problema com enunciado geralmente contém a pergunta que você precisa responder para resolvê-lo. Você pode usar as equações para elucidar essa pergunta, pois assim sabe desde o começo o que está procurando.

Por exemplo, você pode escrever a pergunta "Ao todo, quantos pratos Bobo e Nunu estão girando?" como:

Bobo + Nunu = ?

Você pode escrever a pergunta "Qual é a altura da casa?" como:

Altura = ?

Por fim, pode reescrever a pergunta "Qual é a diferença de velocidade entre o trem expresso e o trem local?" desta forma:

Expresso - Local = ?

Entrando com números no lugar de palavras

Depois de escrever um punhado de equações contendo palavras, você tem os fatos que precisa, de uma forma que pode usar. Você geralmente pode resolver o problema colocando números de uma equação em outra. Nesta seção, mostro a você como usar as equações que criou na última seção para resolver três problemas.

Exemplo: Que entrem os palhaços

Alguns problemas envolvem uma adição ou subtração simples. Aqui está um exemplo:

Bobo está girando 5 pratos a menos do que Nunu (Bobo deixou cair alguns). Nunu está girando 17 pratos. Ao todo, quantos pratos Bobo e Nunu estão girando?

Aqui está o que você já tem, apenas a partir da leitura do problema:

Nunu = 17

Bobo + 5 = Nunu

Ao colocar a informação, você obtém o seguinte:

Bobo + 5 = 17

Se vir quantos pratos Bobo está girando, sinta-se à vontade para seguir em frente. Caso contrário, aqui está a maneira que você reescreve a equação de adição como uma equação de subtração (veja o Capítulo 4 para mais detalhes):

Bobo = 17 − 5 = 12

O problema quer que você descubra quantos pratos os dois palhaços estão girando juntos. Isso é, você precisa descobrir o seguinte:

Bobo + Nunu = ?

Coloque apenas os números, substituindo Bobo por 12 e Nunu por 17:

12 + 17 = 29

Portanto, Bobo e Nunu estão girando 29 pratos.

Exemplo: Nossa casa no meio da nossa rua

Às vezes, um problema pode descrever relações que exigem o uso da multiplicação ou da divisão. Aqui está um exemplo:

A altura de uma casa é a metade de sua largura, e a largura da casa é de 24 metros. Qual é a altura da casa?

Você já tem uma vantagem a partir do que determinou antes:

Largura = 24

Altura = Largura ÷ 2

Você pode colocar a informação como a seguir ao substituir a palavra *largura* por 24:

Altura = 24 ÷ 2 = 12

Portanto, você sabe que a altura da casa é 12 metros.

Exemplo: Eu ouço o trem chegando

Preste atenção ao que a pergunta está pedindo. Você pode ter que montar mais de uma equação. Aqui está um exemplo:

O trem expresso está se movendo 3 vezes mais rápido do que o trem local. Se o trem local está indo a 40 quilômetros por hora, qual é a diferença de velocidade entre o trem expresso e o trem local?

Aqui está o que você tem até agora:

Local = 40

Expresso = 3 × Local

Portanto, coloque a informação que você precisa:

Expresso = 3 × 40 = 120

Nesse problema, a pergunta no final pede para que você ache a diferença de velocidade entre o trem expresso e o trem local. Achar a diferença entre dois números é uma subtração, portanto, aqui está o que você quer achar:

Expresso − Local = ?

Você pode obter o que precisa saber ao colocar a informação que já achou:

120 − 40 = 80

Portanto, a diferença de velocidade entre o trem expresso e o trem local é de 80 quilômetros por hora.

Resolvendo Problemas com Enunciados Mais Complexos

As habilidades que mostrei na seção "Resolvendo Problemas Básicos com Enunciados" são importantes para resolver qualquer problema com enunciado, pois elas alteram o processo, tornando-o mais simples. E, além do mais, você pode usar essas mesmas habilidades para encontrar o seu caminho nos problemas mais complexos. Os problemas tornam-se mais complexos quando:

» Os cálculos ficam mais difíceis. (Por exemplo, em vez de um vestido custar $30,00, agora ele custa $29,95.)

» A quantidade de informação do problema aumenta. (Por exemplo, em vez de dois palhaços, agora são cinco.)

Não deixe que problemas como esses o assustem. Nesta seção, mostro como usar suas novas habilidades de resolver problemas diante de problemas com enunciados mais complexos.

Quando os números ficam mais sérios

Muitos problemas que parecem complicados não são mais difíceis do que os que mostro nas seções anteriores. Por exemplo, considere este:

> Tia Effie tem $732,84 escondidos em uma fronha e Tia Jezebel tem $234,19 a menos do que Tia Effie. Quanto as duas mulheres têm ao todo?

Uma pergunta que você talvez se faça é como essas mulheres conseguem dormir com todos esses trocados tilintando em baixo de suas cabeças. Mas, voltando para a matemática, embora os números sejam maiores, o princípio é o mesmo dos problemas das seções anteriores. Comece a ler a partir do início: "Tia Effie tem $732,84..." Esse texto é apenas uma informação para ser escrita como uma simples equação:

Effie = $732,84

Ao continuar, você lê: "Tia Jezebel tem *$234,19 a menos do que* Tia Effie". É outra expressão que você pode escrever como uma equação:

Jezebel = Effie − $234,19

Agora você pode colocar o número $732,84 onde vê o nome da Tia Effie na equação:

Jezebel = $732,84 − $234,19

Até agora, os números grandes não causaram nenhum problema. Entretanto, neste ponto, você provavelmente precisa parar para fazer a subtração:

```
 $732,84
-$234,19
 $498,65
```

Agora você pode escrever esta informação como de costume:

Jezebel = $498,65

A questão no final do problema é descobrir quanto as duas mulheres têm juntas. Aqui está como representar essa pergunta como uma equação:

Effie + Jezebel = ?

Você pode colocar a informação nesta equação:

$732,84 + $498,65 = ?

Novamente, pelo fato de os números serem maiores, provavelmente você deve parar para fazer a conta:

```
  $732,84
 +$498,65
 $1.231,49
```

Portanto, no total, Tia Effie e Tia Jezebel têm $1.231,49.

Como você pode observar, o procedimento para resolver esse problema é, basicamente, o mesmo que para os problemas mais simples das seções anteriores. A única diferença é que você precisa parar para fazer a adição e a subtração.

Muita informação

Quando as coisas ficam complicadas, conhecer o sistema para escrever equações torna-se, de fato, útil. Aqui está um problema verbal para assustá-lo — mas, com as suas novas habilidades, você está preparado para ele:

> Quatro mulheres recolheram dinheiro para salvar o besouro ameaçado em Salt Creek. Keisha juntou $160, Brie recolheu $50 a mais que Keisha, Amy levantou duas vezes mais dinheiro que Brie e, juntas, Amy e Sophia juntaram $700. Quanto as quatro mulheres recolheram ao todo?

Se você tentar fazer esse problema todo em sua cabeça, provavelmente ficará confuso. Em vez disso, pegue-o linha por linha e apenas escreva as equações com palavras, conforme discuti antes neste capítulo.

Primeiro, "Keisha juntou $160". Portanto, escreva o seguinte:

Keisha = 160

Depois, "Brie recolheu $50 dólares a mais que Keisha", portanto, escreva:

Brie = Keisha + 50

Depois disso, "Amy levantou duas vezes mais dinheiro que Brie":

Amy = Brie x 2

E, finalmente, "juntas, Amy e Sophia juntaram $700":

Amy + Sophia = 700

Essas são todas as informações que o problema lhe dá, então, agora, você pode começar a trabalhar com ele. Keisha juntou $160, portanto, você pode colocar 160 nos lugares em que tiver o nome dela:

Brie = 160 + 50 = 210

Agora você sabe quanto Brie juntou, portanto, pode colocar essa informação na próxima equação:

Amy = 210 × 2 = 420

Essa equação informa quanto Amy juntou, por isso você pode colocar esse número na última equação:

420 + Sophia = 700

Para resolver esse problema, mude-o de adição para subtração usando as operações inversas, conforme mostrei no Capítulo 4:

Sophia = 700 − 420 = 280

Agora que sabe quanto cada mulher juntou, pode responder à pergunta no final do problema:

Keisha + Brie + Amy + Sophia = ?

Você pode conectar essa informação facilmente:

160 + 210 + 420 + 280 = 1.070

Dessa forma, você pode concluir que as quatro mulheres juntaram $1.070.

Juntando tudo

Aqui está um exemplo final juntando tudo deste capítulo. Tente escrever este problema e trabalhe com ele passo a passo sozinho. Se empacar, volte para cá. Quando puder resolvê-lo do início ao fim com o livro fechado, você terá um bom domínio sobre como resolver os problemas com enunciados:

Em uma recente saída às compras, Travis comprou seis camisas por $19,95 cada e duas calças por $34,60 cada. Depois, ele comprou uma jaqueta que custou $37,08 a menos do que pagou pelas duas calças. Se ele deu ao caixa três notas de $100 para o pagamento, quanto de troco recebeu?

Na primeira leitura do começo ao fim, você pode se perguntar como Travis achou uma loja que põe preços em jaquetas dessa forma. Acredite em mim — foi um desafio. De qualquer modo, voltemos ao problema. Você pode escrever as seguintes equações:

Camisas = $19,95 × 6

Calças = $34,60 × 2

Jaqueta = calças − $37,08

Os números desse problema são, provavelmente, mais longos do que você pode resolver na sua cabeça, portanto, eles exigem alguma atenção:

$$\begin{array}{r} \$19{,}95 \\ \times 6 \\ \hline \$119{,}70 \end{array} \qquad \begin{array}{r} \$34{,}60 \\ \times 2 \\ \hline \$69{,}20 \end{array}$$

Depois de fazer isso, você pode preencher algumas informações:

Camisas = $119,70

Calças = $69,20

Jaqueta = Calças − $37,08

Agora você pode colocar $69,20 para *calças*:

Jaqueta = $69,20 − $37,08

Novamente, pelo fato de os números serem longos, você precisa resolver esta equação separadamente:

$69,20
−$37,08
$32,12

Essa equação lhe dá o preço da jaqueta:

Jaqueta = $32,12

Agora que você tem o preço das camisas, das calças e da jaqueta, pode descobrir quanto Travis gastou:

Valor gasto pelo Travis = $119,70 + $69,20 + $32,12

Novamente, você tem outra equação para resolver:

$119,70
$69,20
+ $32,12
$221,02

Portanto, você pode escrever o seguinte:

Valor gasto pelo Travis = $221,02

O problema pede que você encontre o quanto de troco Travis recebeu pelos $300, então escreva:

Troco = $300 − Valor gasto pelo Travis

Você pode colocar a quantia que Travis gastou:

Troco = $300 − $221,02

E faça apenas mais uma equação:

$300,00
− $221,02
$78,98

Assim, você pode escrever a resposta:

Troco = $78,98

Portanto, Travis recebeu $78,98 de troco.

> **NESTE CAPÍTULO**
>
> » Descobrindo se um número é divisível por 2, 3, 5, 9, 10 ou 11
>
> » Vendo a diferença entre os números primos e os números compostos

Capítulo **7**

Divisibilidade

Quando um número é *divisível* por outro, você pode dividir o primeiro número pelo segundo sem obter um resto (veja o Capítulo 3 para mais detalhes sobre a divisão). Neste capítulo, exploro a divisibilidade a partir de vários ângulos.

Para começar, mostro a você um punhado de truques úteis para descobrir se um número é divisível por outro sem, de fato, fazer a divisão. (Na realidade, não existe nenhuma divisão longa neste capítulo!)

Depois disso, eu falo sobre os números primos e os números compostos (os quais apresentei brevemente no Capítulo 1).

Esta discussão, mais o que segue no Capítulo 8, pode lhe ajudar a ter um encontro mais amigável com as frações na Parte 3.

Conhecendo os Truques da Divisibilidade

Conforme você começa a trabalhar com frações na Parte 3, a pergunta se um número é divisível por outro vem muito à tona. Nesta seção, ofereço um punhado de truques para ganhar tempo, a fim de descobrir se um número é divisível por outro sem que você faça de fato a divisão.

Incluindo todos: Números pelos quais você pode dividir tudo

Todo número é divisível por 1. Como você pode observar, quando divide um número por 1, a resposta é o número em si, sem nenhum resto:

2 ÷ 1 = 2

17 ÷ 1 = 17

431 ÷ 1 = 431

Do mesmo modo, todo número (exceto o zero) é divisível por ele mesmo. De forma clara, quando você divide qualquer número por ele mesmo, a resposta é 1:

5 ÷ 5 = 1

28 ÷ 28 = 1

873 ÷ 873 = 1

CUIDADO

Você não pode dividir nenhum número por zero. Os matemáticos dizem que dividir por zero é *indefinido*.

No final: Observando os dígitos finais

Você pode dizer se um número é divisível por 2, 5, 10, 100 ou 1.000 simplesmente ao observar como os números terminam. Não há necessidade de cálculos.

Divisível por 2

Todo número par — isso é, todo número que termina com 2, 4, 6, 8 ou 0 — é divisível por 2. Por exemplo, os seguintes números em negrito são divisíveis por 2:

6 ÷ 2 = 3	**538** ÷ 2 = 269	**77.144** ÷ 2 = 38.572
22 ÷ 2 = 11	**6.790** ÷ 2 = 3.395	**212.116** ÷ 2 = 106.058

Divisível por 5

Todo número que termina com 5 ou 0 é divisível por 5. Os seguintes números em negrito são divisíveis por 5:

15 ÷ 5 = 3	**6.970** ÷ 5 = 1.394	**511.725** ÷ 5 = 102.345
625 ÷ 5 = 125	**44.440** ÷ 5 = 8.888	**9.876.630** ÷ 5 = 1.975.326

Divisível por 10, 100 ou 1000

Todo número que termina com 0 é divisível por 10. Os seguintes números em negrito são divisíveis por 10:

20 ÷ 10 = 2   **170** ÷ 10 = 17   **56.720** ÷ 10 = 5.672

Todo número que termina com 00 é divisível por 100:

300 ÷ 100 = 3   **8.300** ÷ 100 = 83   **634.900** ÷ 100 = 6.349

E todo número que termina com 000 é divisível por 1.000:

6.000 ÷ 1.000 = 6   **99.000** ÷ 1.000 = 99   **1.234.000** ÷ 1.000 = 1.234

Em geral, todo número que termina com uma série de zeros é divisível pelo número que você tem quando escreve 1 seguido da mesma quantidade de zeros. Por exemplo:

900.000 é divisível por 100.000

235.000.000 é divisível por 1.000.000

820.000.000.000 é divisível por 10.000.000.000.

Quando os números começam a ficar longos, em geral, os matemáticos os trocam pela *notação científica* para escrevê-los de forma mais eficiente. No Capítulo 14, mostro a você tudo sobre como trabalhar com a notação científica.

Some-os: Verificando a divisibilidade ao somar dígitos

Às vezes você pode verificar a divisibilidade somando todos ou alguns dos dígitos em um número. A soma dos dígitos de um número é chamada de *raiz digital*. Achar a raiz digital de um número é fácil e é útil saber.

Para achar a raiz digital de um número, apenas some os dígitos e repita esse procedimento até ter um número de um dígito. Vejamos alguns exemplos:

A raiz digital de 24 é 6, porque 2 + 4 = 6.

A raiz digital de 143 é 8, porque 1 + 4 + 3 = 8.

A raiz digital de 51.111 é 9, porque 5 + 1 + 1 + 1 + 1 = 9.

Algumas vezes, você precisa fazer esse procedimento mais de uma vez. Aqui está como achar a raiz digital do número 87.482. Você deve repetir o procedimento três vezes e, no final das contas, descobre que a raiz digital é 2:

8 + 7 + 4 + 8 + 2 = 29
2 + 9 = 11
1 + 1 = 2

Continue lendo para descobrir como as somas de dígitos podem lhe ajudar a verificar a divisibilidade por 3, 9 ou 11.

Divisível por 3

LEMBRE-SE

Todo número cuja raiz digital é 3, 6 ou 9 é divisível por 3.

Primeiro, ache a raiz digital de um número somando seus dígitos até obter um número com um único dígito. Aqui estão as raízes digitais de 18, 51 e 975:

18:     1 + 8 = 9
51:     5 + 1 = 6
975:    9 + 7 + 5 = 21; 2 + 1 = 3

Com os números 18 e 51, somar os dígitos leva imediatamente às raízes digitais 9 e 6, respectivamente. Com o número 975, quando você soma os dígitos, primeiramente obtém o número 21 e depois soma os dígitos de 21 para obter a raiz digital 3. Portanto, todos esses números são divisíveis por 3. Se você fizer a divisão de fato, descobrirá que 18 ÷ 3 = 6, 51 ÷ 3 = 17 e 975 ÷ 3 = 325, portanto, o método confere.

Entretanto, quando a raiz digital de um número não for 3, 6 ou 9, o número *não é* divisível por 3:

1.037:   1 + 0 + 3 + 7 = 11; 1 + 1 = 2

Como a raiz digital de 1.037 é 2, 1.037 *não é* divisível por 3. Se tentar dividir por 3, terminará com 345 e resto 2.

Divisível por 9

LEMBRE-SE

Todo número cuja raiz digital é 9 é divisível por 9.

Para testar se um número é divisível por 9, ache sua raiz digital somando seus dígitos até obter um número com um dígito. Vejamos alguns exemplos:

36:      3 + 6 = 9
243:     2 + 4 + 3 = 9
7.587:   7 + 5 + 8 + 7 = 27; 2 + 7 = 9

Com os números 36 e 243, somar os dígitos leva imediatamente às raízes digitais de 9, nos dois casos. Com 7.587, entretanto, quando você soma os dígitos, obtém o número 27, então, depois você soma os dígitos de 27 para obter a raiz digital de 9. Assim, todos esses três números são divisíveis por 9. Você pode verificar isso fazendo a divisão:

$36 \div 9 = 4 \quad 243 \div 9 = 27 \quad 7.857 \div 9 = 873$

Entretanto, quando a raiz digital de um número não é 9, o número não é divisível por 9. Aqui está um exemplo:

706:    $7 + 0 + 6 = 13; 1 + 3 = 4$

Como a raiz digital de 706 é 4, o número 706 *não é* divisível por 9. Se você tentar dividir 706 por 9, terminará com 78 e resto 4.

Divisível por 11

Os números com dois dígitos que são divisíveis por 11 são fáceis de ser identificados, porque eles simplesmente repetem os mesmos dois dígitos. Aqui estão todos os números inferiores a 100 que são divisíveis por 11:

11   22   33   44   55   66   77   88   99

Para os números entre 100 e 200, use esta regra: todo número com três dígitos cuja soma do primeiro e do terceiro dígito é igual ao segundo dígito é divisível por 11. Por exemplo, imagine que você queira decidir se o número 154 é divisível por 11. Some apenas o primeiro e o terceiro dígito:

$1 + 4 = 5$

Como a soma desses dois números é igual ao segundo dígito, 5, o número 154 é divisível por 11. Se dividi-lo, obtém $154 \div 11 = 14$, um número inteiro.

Agora, imagine que você queira calcular se 136 é divisível por 11. Some o primeiro e o terceiro dígito:

$1 + 6 = 7$

Como a soma do primeiro e do terceiro dígito é igual a 7 em vez de 3, o número 136 não é divisível por 11. Você irá descobrir que $136 \div 11 = 12$ e resto 4.

Para os números de qualquer comprimento, a regra é um pouco mais complicada, mas ainda assim é mais fácil do que fazer uma longa divisão. Para descobrir se um número é divisível por 11, coloque os sinais de mais e menos de forma alternada na frente de cada dígito, e depois calcule o resultado. Se esse resultado for divisível por 11 (incluindo 0), o número é divisível por 11; de outro modo, o número não é divisível por 11.

Por exemplo, imagine que você queira descobrir se o número 15.983 é divisível por 11. Para começar, coloque os sinais de mais e menos na frente dos dígitos alternados (um dígito sim, outro não):

+ 1 − 5 + 9 − 8 + 3 = 0

Como o resultado é 0, o número 15.983 é divisível por 11. Se você verificar a divisão, 15.983 ÷ 11 = 1.453.

Agora, imagine que você queira descobrir se 9.181.909 é divisível por 11. De novo, coloque os sinais de mais e menos na frente dos dígitos alternados e calcule o resultado:

+ 9 − 1 + 8 − 1 + 9 − 0 + 9 = 33

Como 33 é divisível por 11, o número 9.181.909 é também divisível por 11. A resposta de fato é:

9.181.909 ÷ 11 = 834.719

Identificando Números Compostos e Primos

Antes, na seção chamada "Incluindo todos: Números pelos quais você pode dividir tudo", mostro que todo número (exceto 0 e 1) é divisível por pelo menos dois números: 1 e ele próprio. Nesta seção, exploro os números primos e os números compostos (que apresento a você no Capítulo 1).

No Capítulo 8, você precisa saber como diferenciar os números primos dos números compostos para decompor um número nos seus fatores primos. Essa tática é importante quando você começa a trabalhar com frações.

LEMBRE-SE

Um número primo é divisível por exatamente dois números inteiros positivos: o 1 e o próprio número. Um *número composto* é divisível por pelo menos três números.

Por exemplo, 2 é um número primo, porque quando você o divide por qualquer número, exceto 1 e 2, obtém um resto. Portanto, existe apenas uma forma de multiplicar dois números contáveis e obter 2 como produto:

1 × 2 = 2

Do mesmo modo, 3 é um número primo, porque quando você o divide por qualquer número, exceto 1 ou 3, você obtém um resto. Portanto, a única forma de multiplicar dois números e obter 3 como produto é a seguinte:

1 × 3 = 3

Por outro lado, 4 é um número composto, porque é divisível por três números: 1, 2 e 4. Nesse caso, você tem duas formas de multiplicar dois números contáveis e obter um produto de 4:

$1 \times 4 = 4$
$2 \times 2 = 4$

Mas 5 é um número primo, porque é divisível apenas por 1 e 5. Aqui está a única forma de multiplicar dois números contáveis e obter 5 como produto:

$1 \times 5 = 5$

E 6 é um número composto, porque ele é divisível por 1, 2, 3 e 6. Aqui estão duas formas de multiplicar dois números contáveis e obter um produto de 6:

$1 \times 6 = 6$
$2 \times 3 = 6$

LEMBRE-SE Todo número contável, exceto 1, é um número primo ou composto. A razão pela qual 1 não é nem um nem outro é que ele é divisível por apenas *um* número, o número 1.

Aqui está uma lista dos números primos que são inferiores a 30:

2, 3, 5, 7, 11, 13, 17, 19, 23, 29

DICA Lembre-se dos quatro primeiros números primos: 2, 3, 5 e 7. Todo número composto inferior a 100 é divisível por pelo menos um desses números. Esse fato faz com que seja mais fácil testar se um número abaixo de 100 é primo: simplesmente teste-o pela divisibilidade por 2, 3, 5 e 7. Se for divisível por qualquer um desses números, é um número composto — caso contrário, é um número primo.

Por exemplo, imagine que você queira descobrir se o número 79 é um número primo ou composto sem fazer a divisão de fato. Aqui está o que você deve fazer ao usar os truques que lhe mostro antes, em "Conhecendo os Truques da Divisibilidade":

» 79 é um número ímpar, portanto, não é divisível por 2.

» 79 tem uma raiz digital de 7 (porque 7 + 9 = 16; 1 + 6 = 7), portanto, não é divisível por 3.

» O número 79 não termina com 5 ou 0, portanto, não é divisível por 5.

» Embora não exista nenhum truque para a divisibilidade por 7, você sabe que 77 é divisível por 7. Portanto, 79 ÷ 7 o deixaria com um resto de 2, o que lhe diz que 79 não é divisível por 7.

Como 79 é inferior a 100 e não é divisível por 2, 3, 5 ou 7, você sabe que 79 é um número primo.

Agora, teste se 93 é um número primo ou composto:

» 93 é um número ímpar, portanto, não é divisível por 2.

» 93 tem uma raiz digital de 3 (porque 9 + 3 = 12; 1 + 2 = 3), portanto, 93 é divisível por 3.

Você não precisa ir adiante. Pelo fato de 93 ser divisível por 3, você sabe que ele é um número composto.

> **NESTE CAPÍTULO**
>
> » Entendendo como os fatores e os múltiplos se relacionam
>
> » Listando todos os fatores de um número
>
> » Decompondo um número nos seus fatores primos
>
> » Gerando múltiplos de um número
>
> » Descobrindo o máximo divisor comum (MDC) e o mínimo múltiplo comum (MMC)

Capítulo **8**

Fatores Fabulosos e Múltiplos Maravilhosos

No Capítulo 2, apresento sequências de números baseadas na tabuada. Neste capítulo, falo de duas formas importantes para pensar sobre essas sequências: como *fatores* e como *múltiplos*. Os fatores e os múltiplos são, de fato, duas faces da mesma moeda. Aqui, mostro o que você precisa saber sobre esses dois conceitos importantes.

Para iniciar, discuto sobre como os fatores e os múltiplos estão conectados com a multiplicação e com a divisão. Depois, mostro como encontrar todos os pares de fatores de um número e como decompor (dividir) qualquer número em seus fatores primos. Para finalizar com os fatores, mostro como descobrir o máximo divisor comum (MDC) de qualquer conjunto de números. Depois disso, abordo os múltiplos, mostrando como gerar os múltiplos de um número e usar essa habilidade para descobrir o mínimo múltiplo comum (MMC) de um conjunto de números.

Conhecendo Seis Formas de Dizer a Mesma Coisa

Nesta seção, apresento a você os fatores e os múltiplos, e como estes dois conceitos importantes se relacionam. Conforme discuto no Capítulo 4, a multiplicação e a divisão são operações inversas. Por exemplo, a seguinte equação é verdadeira:

$5 \times 4 = 20$

Portanto, a equação inversa é verdadeira também:

$20 \div 4 = 5$

Você pode ter notado que, em matemática, tende a encontrar as mesmas ideias o tempo todo. Por exemplo, os matemáticos têm seis formas diferentes para falar desta relação.

As três expressões seguintes focam a relação entre 5 e 20, a partir da perspectiva da multiplicação:

» 5 *multiplicado* por algum número é igual a 20.
» 5 é um *fator* de 20.
» 20 é um *múltiplo* de 5.

Em dois dos exemplos, você pode observar a relação expressa nas palavras *multiplicado* e *múltiplo*. Para o exemplo que restou, tenha em mente que dois fatores são multiplicados para resultar um produto.

Do mesmo modo, todas as três expressões seguintes focam a relação entre 5 e 20 a partir da perspectiva da divisão:

» 20 *dividido* por algum número é igual a 5.
» 20 é *divisível* por 5.
» 5 é um *divisor* de 20.

Por que os matemáticos precisam de todas essas palavras para expressar a mesma coisa? Talvez pela mesma razão que os esquimós precisam de um punhado de palavras para se referir à neve. De qualquer forma, neste capítulo, concentro-me nas palavras *fator* e *múltiplo*. Quando você entender os conceitos, a palavra que escolher não fará muita diferença.

Conectando Fatores e Múltiplos

Quando um número é um fator de um segundo número, o segundo número é um múltiplo do primeiro número. Por exemplo, 20 é divisível por 5, portanto:

- » 5 é um fator de 20.
- » 20 é um múltiplo de 5.

CUIDADO

Não faça confusão com o número que é o fator e o que é o múltiplo. O fator é sempre o menor número e o múltiplo é sempre o maior, para os números positivos.

DICA

Se você tiver problemas para lembrar qual número é o fator e qual é o múltiplo, escreva-os seguindo a ordem do menor para o maior e anote as letras *F* e *M* na ordem alfabética, embaixo deles.

Por exemplo, 10 divide 40 equilibradamente, portanto, escreva:

10 *40*
F   M

Este arranjo deve fazer com que você lembre que 10 é um fator de 40 e que 40 é um múltiplo de 10.

Descobrindo Fatores Fabulosos

Nesta seção, apresento-lhe os fatores. Primeiro, mostro como descobrir se um número é um fator de outro. Depois, mostro como listar os pares de fatores de um número. Depois disso, apresento a ideia-chave dos fatores primos de um número. Todas essas informações levam a uma habilidade essencial: descobrir o máximo divisor comum (MDC) de um conjunto de números.

Decidindo quando um número é um fator de outro

LEMBRE-SE

Você pode dizer facilmente se um número é um fator de um segundo número: apenas divida o segundo número pelo primeiro. Se ele dividir equilibradamente (sem resto), o número é um fator; caso contrário, não é um fator.

Por exemplo, imagine que você queira saber se 7 é um fator de 56. Aqui está como você descobre:

56 ÷ 7 = 8

Como 7 divide 56 sem deixar um resto, 7 é um fator de 56.

E aqui está como você descobre se 4 é um fator de 34:

34 ÷ 4 = 8 e resto 2

Como 4 divide 34 com um resto 2, 4 não é um fator de 34.

Esse método funciona independentemente do tamanho dos números.

DICA: Alguns professores usam problemas da fatoração para testá-lo na divisão longa. Para refrescar sua memória sobre como fazer a divisão longa, veja o Capítulo 3.

Entendendo os pares de fatores

LEMBRE-SE: Um *par de fatores* de um número é qualquer par de dois números que, ao serem multiplicados entre si, se igualam ao número. Por exemplo, 35 tem dois pares de fator — 1 × 35 e 5 × 7, porque:

1 × 35 = 35

5 × 7 = 35

Similarmente, 24 tem quatro pares de fator — 1 × 24, 2 × 12, 3 × 8 e 4 × 6 — porque:

1 = 24

2 × 12 = 24

3 × 8 = 24

4 × 6 = 24

DICA: Cada número inteiro positivo tem pelo menos um par de fatores: 1 multiplicando o próprio número. Por exemplo:

1 × 2 = 2   1 × 11 = 11   1 × 43 = 43

Quando um número maior que 1 tem apenas um par de fatores, ele é um número primo (veja o Capítulo 7 para mais detalhes sobre os números primos).

Gerando os fatores de um número

LEMBRE-SE

O maior fator de qualquer número é o próprio número, portanto, você sempre pode listar todos os fatores de qualquer número, porque tem um ponto final. Uma boa maneira de organizar todos os fatores de um número é listar todos os seus pares de fatores:

1. **Comece a lista com 1 multiplicando o próprio número.**

2. **Tente encontrar um par de fatores que inclua 2.**

    Isso é, veja se o número é divisível por 2 (para os truques do teste de divisibilidade, veja o Capítulo 7). Se for o caso, liste o par de fatores que inclui 2.

3. **Teste o número 3 da mesma forma.**

4. **Continue testando os números até que não encontre mais pares de fatores.**

Um exemplo deve ajudar a esclarecer isso. Imagine que você queira listar todos os fatores do número 18. De acordo com o Passo 1, inicie com 1 × 18:

1×18

Lembre-se, do Capítulo 7, que todo número — seja ele primo ou composto — é divisível por ele mesmo e por 1. Portanto, automaticamente, 1 e 18 são fatores de 18.

Depois, veja se consegue achar um par de fatores de 18 que inclua 2. Claro, 18 é um número par, então você sabe que esse par de fatores existe (para um punhado de truques fáceis sobre divisibilidade, verifique o Capítulo 3). Aqui está:

2×9

Como 2 divide 18 sem um resto, 2 é um fator de 18. Então, tanto 2 e 9 são fatores de 18, e você pode adicionar os dois à lista.

Agora, teste o 3 da mesma forma:

3×6

Nesse ponto, você quase terminou. Só precisa verificar os números entre 3 e 6 — isso é, os números 4 e 5. Nenhum desses números está incluído em um par de fatores de 18, porque 18 não é divisível por 4 ou 5:

$18 \div 4 = 4$ e resto 2

$18 \div 5 = 3$ e resto 3

Portanto, 18 tem três pares de fatores — 1 × 18, 2 × 9 e 3 × 6 —; sendo assim, tem seis fatores. Se quiser (ou caso seu professor prefira!), você pode fazer uma lista destes fatores em ordem, como a seguir:

1   2   3   6   9   18

Identificando fatores primos

No Capítulo 7, discuto os números primos e os números compostos. Um *número primo* é divisível apenas por 1 e por ele mesmo — por exemplo, o número 7 é divisível apenas por 1 e 7. Por outro lado, um *número composto* é divisível por pelo menos mais um número além do 1 e dele mesmo — por exemplo, o número 9 é divisível não apenas por 1 e 9, mas também por 3.

Os *fatores primos* de um número são o conjunto dos números primos (incluindo os repetidos) que se igualam ao número quando multiplicados. Por exemplo, aqui estão os fatores primos dos números 10, 30 e 72:

10 = 2 × 5
30 = 2 × 3 × 5
72 = 2 × 2 × 2 × 3 × 3

No último exemplo, os fatores primos de 72 incluem o número 2 repetido três vezes e o número 3 repetido duas vezes.

A melhor forma para decompor um número composto nos seus fatores primos é usar a árvore de fatoração. Aqui está como ela funciona:

1. **Divida o número em quaisquer dois fatores e coloque um sinal de verificado no número original.**

2. **Se um destes números for um número primo, circule-o.**

3. **Repita os Passos 1 e 2 para qualquer número que não esteja circulado nem verificado.**

4. **Quando todo número na árvore está verificado ou circulado, a árvore está completa, e os números circulados são os fatores primos do número original.**

Por exemplo, para decompor o número 56 nos seus fatores primos, comece descobrindo dois números (além do 1 ou do 56) que, quando multiplicados, lhe deem um produto de 56. Nesse caso, lembre-se de que 7 × 8 = 56. Veja a Figura 8-1.

FIGURA 8-1: Descobrindo dois fatores de 56; 7 é um número primo.

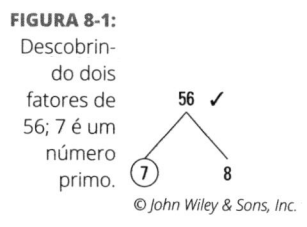

Como você pode observar, decomponho 56 em dois fatores e coloco uma marca de verificado nele. Eu também circulo o número 7, porque ele é um número primo. Agora, o número 8 não está nem verificado nem circulado, então eu repito o procedimento, conforme mostrado na Figura 8-2.

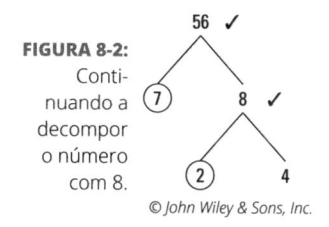

FIGURA 8-2: Continuando a decompor o número com 8.

Dessa vez, decomponho 8 em dois fatores (2 × 4 = 8) e coloco uma marca de verificado nele. Agora, 2 é um número primo, portanto, eu o circulo. Mas o 4 permanece sem estar verificado e circulado, portanto, continuo com a Figura 8-3.

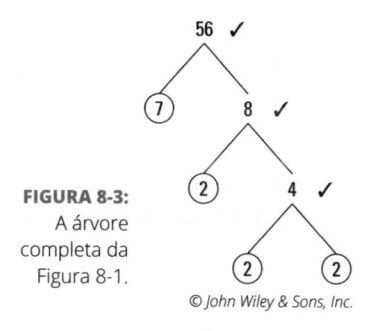

FIGURA 8-3: A árvore completa da Figura 8-1.

Nesse ponto, todos os números na árvore estão circulados ou verificados, portanto, a árvore está completa. Os quatro números circulados — 2, 2, 2 e 7 — são os fatores primos de 56. Para verificar esse resultado, apenas multiplique os fatores primos:

$$2 \times 2 \times 2 \times 7 = 56$$

Você pode ver por que isso é chamado de árvore. Começando no topo, os números ramificam-se como uma árvore de cima para baixo.

O que acontece quando você tenta construir uma árvore começando com um número primo — por exemplo, o 7? Bem, você não precisa ir muito longe (veja a Figura 8-4).

FIGURA 8-4: Começando com um número primo.

⑦

© John Wiley & Sons, Inc.

É isso aí — você terminou! Esse exemplo mostra a você que todo número primo é o seu próprio fator primo.

Aqui está uma lista de números inferiores a 20 com suas fatorações primas. (Como você viu no Capítulo 2, o número 1 não é nem número primo e nem composto, portanto, ele não tem uma fatoração prima.)

2 = 2	8 = 2 × 2 × 2	14 = 2 × 7
3 = 3	9 = 3 × 3	15 = 3 × 5
4 = 2 × 2	10 = 2 × 5	16 = 2 × 2 × 2 × 2
5 = 5	11 = 11	17 = 17
6 = 2 × 3	12 = 2 × 2 × 3	18 = 2 × 3 × 3
7 = 7	13 = 13	19 = 19

Como você pode observar, os oito números primos que eu listo aqui são suas próprias fatorações primas. Os números remanescentes são compostos, portanto, todos eles podem ser decompostos em fatores primos menores.

PAPO DE ESPECIALISTA

Todo número tem uma única fatoração prima. Esse fato é importante — tão importante que é chamado de *Teorema Fundamental da Aritmética*. De certo modo, a fatoração prima de um número é como a sua impressão digital — um modo único e infalível para identificar um número.

Saber como decompor um número em sua fatoração prima é uma habilidade útil para se ter. Usar a árvore de fatoração permite-lhe fatorar um número após outro até que você só tenha números primos.

Achando as fatorações primas para números iguais ou inferiores a 100

Ao construir uma árvore de fatoração, o primeiro passo é sempre o mais difícil. Isso porque, conforme você procede, os números ficam menores e mais fáceis para se trabalhar. Com números relativamente pequenos, a árvore de fatoração é sempre fácil de usar.

Conforme o número que você tenta fatorar aumenta, você pode achar o primeiro passo um pouco mais difícil. É especialmente verdadeiro quando você não reconhece o número na tabuada. O truque é descobrir algum lugar para começar.

DICA

Sempre que for possível, fatore primeiro os números 5 e 2. Conforme eu discuto no Capítulo 7, você pode ver facilmente quando um número é divisível por 2 ou por 5.

Por exemplo, imagine que você queira a fatoração prima do número 84. Como sabe que 84 é divisível por 2, você pode fatorar um 2, como mostrado na Figura 8-5.

FIGURA 8-5: Fatorando um 2 de 84.

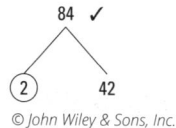

© John Wiley & Sons, Inc.

Nesse ponto, você deve reconhecer o número 42 da tabuada (6 × 7 = 42).

Agora, esta árvore é fácil de ser completada (veja a Figura 8-6).

FIGURA 8-6: Completando a fatoração de 84.

© John Wiley & Sons, Inc.

O resultado da fatoração prima de 84 é o seguinte:

84 = 2 × 7 × 2 × 3

Se você quiser, porém, poderá rearranjar os fatores do mais baixo para o mais alto:

84 = 2 × 2 × 3 × 7

De longe, a situação mais difícil ocorre quando você tenta descobrir os fatores primos de um número primo, mas não sabe disso. Por exemplo, imagine que você queira descobrir a fatoração prima do número 71. Dessa vez, você não reconhece o número a partir das tabuadas, e ele não é divisível por 2 ou 5. O que fazer?

LEMBRE-SE

Se um número inferior a 100 (na realidade, inferior a 121) não for divisível por 2, 3, 5 ou 7, ele é um número primo.

Testar a divisibilidade por 3 ao descobrir a raiz digital de 71 (isso é, ao somar os dígitos) é fácil. Conforme explico no Capítulo 7, os números divisíveis por 3 têm como raízes digitais 3, 6 ou 9.

7 + 1 = 8

Como a raiz digital de 71 é 8, 71 não é divisível por 3. Divida para testar se 71 é divisível por 7:

71 ÷ 7 = 10 e resto 1

Portanto, agora você sabe que 71 não é divisível por 2, 3, 5 ou 7. Assim, 71 é um número primo; então, você terminou.

Descobrindo as fatorações primas para números superiores a 100

Na maioria das vezes, você não precisa se preocupar sobre descobrir as fatorações primas dos números superiores a 100. Entretanto, por precaução, aqui está o que precisa saber.

Conforme eu menciono na seção anterior, fatore primeiro os números 2 e 5. Um caso especial é quando o número que você está fatorando termina em um ou mais zeros. Nesse caso, você pode fatorar um 10 para cada 0. Por exemplo, a Figura 8-7 mostra o primeiro passo.

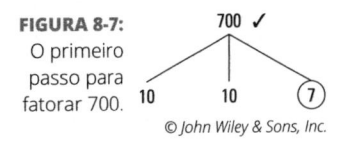

FIGURA 8-7: O primeiro passo para fatorar 700.

© John Wiley & Sons, Inc.

Depois que você faz o primeiro passo, o resto da árvore torna-se muito fácil (veja a Figura 8-8):

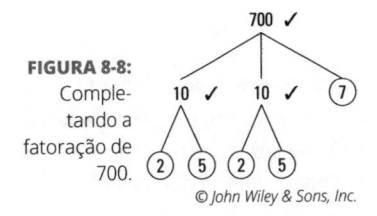

FIGURA 8-8: Completando a fatoração de 700.

© John Wiley & Sons, Inc.

Isso mostra que a fatoração prima de 700 é

700 = 2 × 2 × 5 × 5 × 7

Se o número não for divisível por 2 ou 5, use seu truque de divisibilidade para o número 3 (veja o Capítulo 7) e fatore quantos 3 você puder. Depois fatore os números 7, se possível (desculpe-me, mas não tenho um truque para os 7), e finalmente os 11.

LEMBRE-SE Se um número inferior a 289 não for divisível por 2, 3, 5, 7, 11 ou 13, ele é um número primo. Como sempre, todo número primo é sua própria fatoração prima, portanto, ao saber que um número é primo, você terminou. Na maioria das vezes, com números maiores, uma combinação de truques pode cuidar do trabalho.

Encontrando o máximo divisor comum (MDC)

Depois que você entende como descobrir os fatores de um número (veja "Gerando os fatores de um número"), está pronto para ir ao evento principal: encontrar o máximo divisor comum (MDC) de vários números.

LEMBRE-SE O máximo divisor comum (MDC) de um conjunto de números é o maior número que é um fator de todos os números. Por exemplo, o MDC dos números 4 e 6 é 2, porque o número 2 é o maior número que é um fator dos números 4 e 6.

LEMBRE-SE Para descobrir o MDC de um conjunto de números, liste todos os fatores de cada número, como mostro em "Gerando os fatores de um número". O maior fator que aparece em todas as listas é o MDC. Por exemplo, para descobrir o MDC de 6 e 15, liste primeiro todos os fatores de cada número.

Fatores de 6: 1, 2, 3, 6

Fatores de 15: 1, 3, 5, 15

Como 3 é o maior fator que aparece nas duas listas, 3 é o MDC de 6 e 15.

Como outro exemplo, imagine que você queira descobrir o MDC de 9, 20 e 25. Comece listando os fatores de cada um:

Fatores de 9: 1, 3, 9

Fatores de 20: 1, 2, 4, 5, 10, 20

Fatores de 25: 1, 5, 25

Nesse caso, o único fator que aparece nas três listas é o 1, portanto, 1 é o MDC de 9, 20 e 25.

Múltiplos Maravilhosos

Embora os múltiplos tendam a ser números maiores que os fatores, a maioria dos estudantes acha mais fácil trabalhar com eles. Continue lendo.

Gerando os múltiplos

A seção anterior, "Descobrindo Fatores Fabulosos", informa como descobrir todos os fatores de um número. É possível descobrir todos os fatores, porque os fatores de um número são sempre inferiores ou iguais ao próprio número. Portanto, não importa o quão grande seja um número, ele sempre tem uma quantidade de fatores finita (limitada).

Ao contrário dos fatores, os múltiplos de um número são superiores ou iguais ao próprio número. (A única exceção é o número zero, que é múltiplo de todos os números.)

Por causa disso, os múltiplos de um número continuam eternamente — isso é, eles são infinitos. Todavia, gerar uma lista parcial de múltiplos para qualquer número é simples.

Para listar os múltiplos de qualquer número, escreva o próprio número e então multiplique-o por 2, 3, 4 e assim por diante.

Por exemplo, aqui estão os primeiros múltiplos positivos de 7:

7   14   21   28   35   42

Como você pode observar, essa lista de múltiplos é simplesmente parte da tabuada para o número 7 (para a tabuada até 9 × 9, veja o Capítulo 3).

Encontrando o mínimo múltiplo comum (MMC)

O mínimo múltiplo comum (MMC) de um conjunto de números é o menor número positivo que é um múltiplo de todos os números do conjunto.

Por exemplo, o MMC dos números 2, 3 e 5 é 30, porque:

» 30 é um múltiplo de 2 (2 × 15 = 30).
» 30 é um múltiplo de 3 (3 × 10 = 30).
» 30 é um múltiplo de 5 (5 × 6 = 30).
» Nenhum número inferior a 30 é um múltiplo de todos esses três números.

LEMBRE-SE Para descobrir o MMC de um conjunto de números, pegue cada número no conjunto e escreva uma lista dos primeiros múltiplos, em ordem. O MMC é o primeiro número que aparece em todas as listas.

DICA Ao procurar pelo MMC de dois números, comece a listar os múltiplos do número maior, mas pare a lista quando o número de múltiplos que escreveu for igual ao número menor. Depois, comece a listar os múltiplos do número menor até que um deles coincida com a primeira lista.

Por exemplo, imagine que você queira descobrir o MMC de 4 e 6. Comece a listar os múltiplos do número maior, que é o 6. Neste caso, liste apenas quatro desses múltiplos, porque o menor número é 4.

Múltiplos de 6: 6, 12, 18, 24, ...

Agora, comece a listar os múltiplos de 4:

Múltiplos de 4: 4, 8, 12, ...

Como 12 é o primeiro número a aparecer nas duas listas de múltiplos, 12 é o MMC de 4 e 6.

Esse método funciona especialmente bem quando você quer descobrir o MMC de dois números, mas ele pode levar mais tempo se você tiver mais números.

Imagine, por exemplo, que você queira descobrir o MMC de 2, 3 e 5. Comece com os dois números maiores — nesse caso, 3 e 5 — e continue listando números até que tenha um ou mais números que coincidam:

Múltiplos de 5: 5, 10, 15, 20, 25, 30, ...

Múltiplos de 3: 3, 6, 9, 12, 15, 18, 21, 24, 27, 30, ...

Os únicos números repetidos nas duas listas são o 15 e o 30. Nesse caso, você pode se poupar do trabalho de ter que criar a última lista, pois 30 é, obviamente, um múltiplo de 2 e 15 não. Portanto, 30 é o MMC de 2, 3 e 5.

3 Partes do Todo: Frações, Decimais e Porcentagens

NESTA PARTE...

Trabalhe com frações básicas, frações impróprias e números mistos.

Adicione, subtraia, multiplique e divida frações, decimais e porcentagens.

Converta a forma de um número racional em fração, decimal ou porcentagem.

Use razões e proporções.

Resolva problemas com enunciados que envolvem frações, decimais e porcentagens.

> **NESTE CAPÍTULO**
>
> » Vendo as frações básicas
>
> » Conhecendo o numerador a partir do denominador
>
> » Entendendo frações próprias, frações impróprias e números mistos
>
> » Aumentando e reduzindo os termos das frações
>
> » Convertendo entre frações impróprias e números mistos
>
> » Usando a multiplicação cruzada para comparar as frações

Capítulo **9**

Brincando com as Frações

Imagine que hoje seja seu aniversário e seus amigos estão lhe dando uma festa surpresa. Depois de abrir todos os presentes e de soprar as velas no bolo, você se vê diante de um problema: oito de vocês querem comer bolo, mas só há um bolo. Várias soluções são propostas:

- Todos vocês podem ir para a cozinha e assar mais sete bolos.
- Em vez de comer bolo, todo mundo pode comer aipo.
- Como é seu aniversário, você pode comer o bolo *inteiro* e os outros podem comer aipo. (Essa ideia foi sua.)
- Você pode cortar o bolo em oito pedaços iguais para que todo mundo possa apreciá-lo.

Depois de uma minuciosa consideração, você escolhe a última opção. Com essa decisão, você abriu a porta para o mundo emocionante das frações. As frações representam as partes de uma coisa que pode ser cortada em pedaços. Neste capítulo, ofereço algumas informações básicas sobre frações que você precisa conhecer, inclusive os três tipos de frações básicas: frações próprias, frações impróprias e números mistos.

Em seguida, vejo a questão de aumentar e reduzir os termos das frações, que você vai precisar quando começar a aplicar as quatro operações fundamentais às frações, no Capítulo 10. Também mostro como converter entre frações impróprias e números mistos. Por fim, explico como comparar frações usando a multiplicação cruzada. Quando terminar este capítulo, você verá como as frações podem ser extremamente fáceis!

Dividindo um Bolo em Frações

Aqui está um fato simples: quando você corta um bolo em dois pedaços iguais, cada pedaço é uma metade do bolo. Como fração, você escreve ½. Na Figura 9-1, o pedaço escurecido é uma metade do bolo.

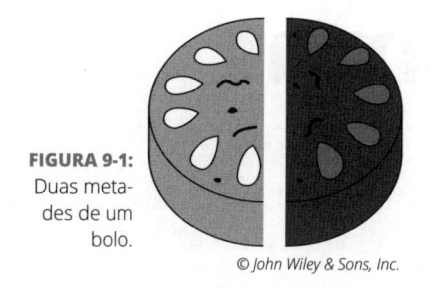

FIGURA 9-1: Duas metades de um bolo.

© John Wiley & Sons, Inc.

Toda fração é composta de dois números separados por uma linha ou uma barra de fração. A linha pode ser diagonal ou horizontal — portanto, você pode escrever esta fração usando uma das duas formas a seguir:

$$\frac{1}{2} \quad \text{½}$$

O número acima da linha é chamado de *numerador*. O numerador informa quantos pedaços você tem. Nesse caso, você tem um pedaço escurecido de bolo, portanto, o numerador é 1.

O número abaixo da linha é chamado de *denominador*. O denominador informa em quantos pedaços iguais todo o bolo foi cortado. Nesse caso, o denominador é 2.

Do mesmo modo, quando você corta um bolo em três pedaços iguais, cada pedaço é um terço do bolo (veja a Figura 9-2).

FIGURA 9-2: Corte do bolo em terços.

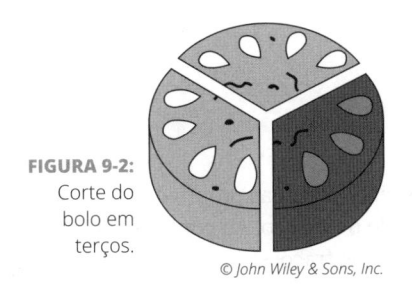

© John Wiley & Sons, Inc.

Dessa vez, o pedaço escurecido é um terço — 1/3 — do bolo. Novamente, o numerador informa quantos pedaços você tem e o denominador informa em quantos pedaços iguais o bolo inteiro foi cortado.

A Figura 9-3 mostra mais alguns exemplos para representar as partes do todo com frações.

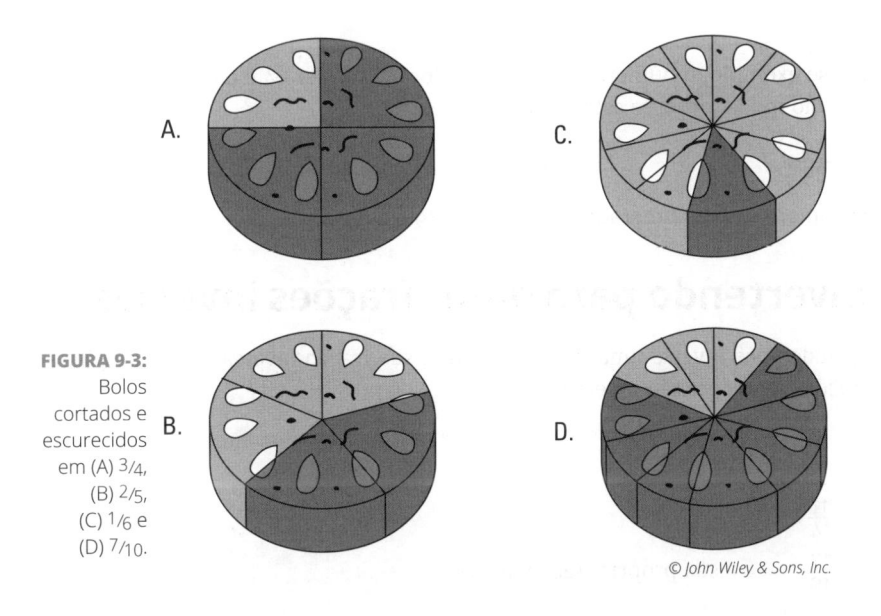

FIGURA 9-3: Bolos cortados e escurecidos em (A) 3/4, (B) 2/5, (C) 1/6 e (D) 7/10.

© John Wiley & Sons, Inc.

Em cada caso, o numerador informa quantos pedaços estão escurecidos e o denominador informa quantos pedaços existem ao todo.

LEMBRE-SE

A barra de fração também pode significar um sinal de divisão. Em outras palavras, 3/4 significa 3 ÷ 4. Se você pegar três bolos e dividi-los para quatro pessoas, cada pessoa recebe 3/4 de um bolo.

CAPÍTULO 9 **Brincando com as Frações** 113

Conhecendo os Fatos Fracionários da Vida

As frações têm seu próprio vocabulário especial e algumas propriedades importantes que valem a pena ser conhecidas desde o começo. Ao conhecê-las, você descobre que é muito mais fácil trabalhar com as frações.

Determinando o numerador a partir do denominador

O número na parte superior de uma fração é chamado de *numerador* e o número na parte inferior é chamado de *denominador*. Por exemplo, observe a seguinte fração:

$$\frac{3}{4}$$

Nesse exemplo, o número 3 é o numerador e o número 4 é o denominador. Do mesmo modo, observe esta fração:

$$\frac{55}{89}$$

O número 55 é o numerador e o número 89 é o denominador.

Invertendo para obter frações inversas

Quando você inverte uma fração, obtém a sua fração inversa. Por exemplo, as frações seguintes são inversas:

$\frac{2}{3}$ e $\frac{3}{2}$

$\frac{11}{14}$ e $\frac{14}{11}$

$\frac{19}{19}$ é a sua própria fração inversa

Usando os números um e zero

Quando o denominador (o número na parte inferior) de uma fração é 1, a fração é igual ao próprio numerador. Ou, de modo oposto, você pode transformar qualquer número inteiro em uma fração ao desenhar uma linha e colocar o número 1 embaixo dela.

Por exemplo:

$\frac{2}{1} = 2 \quad \frac{9}{1} = 9 \quad \frac{157}{1} = 157$

Quando o numerador e o denominador coincidem, a fração é igual a 1. Isso porque, se você corta um bolo em oito pedaços e guarda todos eles, você tem o bolo todo. Aqui estão algumas frações iguais a 1.

$$\frac{8}{8} = 1 \quad \frac{11}{11} = 1 \quad \frac{365}{365} = 1$$

Quando o numerador de uma fração é 0, a fração é igual a 0. Por exemplo:

$$\frac{0}{1} = 0 \quad \frac{0}{12} = 0 \quad \frac{0}{113} = 0$$

O denominador de uma fração nunca pode ser 0. As frações com 0 no denominador são *indefinidas* — isso é, elas não têm nenhum sentido matemático.

Lembre-se de que mencionei antes neste capítulo que o fato de colocar um número no denominador é similar a cortar um bolo no mesmo número de pedaços. Você pode cortar um bolo em dois, em dez ou até mesmo em um milhão de pedaços. Você pode até cortá-lo em um pedaço (isso é, não cortá-lo de modo algum). Mas você não pode cortar um bolo em zero pedaços. Por essa razão, colocar um 0 no denominador — parecido com colocar fogo em uma cartela inteira de fósforos — é algo que você nunca, nunca deve fazer.

Misturando as coisas

Um *número misto* é uma combinação de um número inteiro e de uma fração própria somados. Aqui estão alguns exemplos:

$$1\frac{1}{2} \quad 5\frac{3}{4} \quad 99\frac{44}{100}$$

Um número misto é sempre igual ao número inteiro mais a fração anexada a ele. Isso é, $1\frac{1}{2}$ significa $1 + \frac{1}{2}$, $5\frac{3}{4}$ significa $5 + \frac{3}{4}$ e assim por diante.

Identificando a fração própria e a fração imprópria

Quando o numerador (o número na parte superior) é inferior ao denominador (o número na parte inferior), a fração é inferior a 1:

$$\frac{1}{2} < 1 \quad \frac{3}{5} < 1 \quad \frac{63}{73} < 1$$

Frações como essas são chamadas de *frações próprias*. As frações próprias positivas são sempre entre 0 e 1. Entretanto, quando o numerador é superior ao denominador, a fração é superior a 1. Dê uma olhada:

$$\frac{3}{2} > 1 \quad \frac{7}{4} > 1 \quad \frac{98}{97} > 1$$

Qualquer fração que seja superior a 1 é chamada de *fração imprópria*. É normal converter uma fração imprópria em um número misto, especialmente quando ela é a resposta final para um problema.

LEMBRE-SE

Uma fração imprópria é sempre muito pesada, como se ela fosse instável e quisesse cair. Para estabilizá-la, converta-a em um número misto. Por outro lado, as frações próprias são sempre estáveis.

Mais adiante neste capítulo, eu discuto as frações impróprias com mais detalhes quando mostro a você como converter entre frações impróprias e números mistos.

Aumentando e Reduzindo os Termos das Frações

Dê uma olhada nestas três frações:

$$\frac{1}{2} \qquad \frac{2}{4} \qquad \frac{3}{6}$$

Se você cortar três bolos (como faço antes neste capítulo) nessas três frações (veja a Figura 9-4), exatamente metade do bolo será escurecida, como na Figura 9-1, não importa como você corte o bolo.

As frações 1/2, 2/4 e 3/6 são todas iguais em valor. Na realidade, você pode escrever muitas frações que são, também, iguais a essas. Contanto que o numerador seja exatamente a metade do denominador, as frações serão todas iguais a 1/2 — por exemplo:

$$\frac{11}{22} \qquad \frac{100}{200} \qquad \frac{1.000.000}{2.000.000}$$

Essas frações são iguais a ½, mas seus termos (o numerador e o denominador) são diferentes. Nesta seção, mostro como aumentar e reduzir os termos de uma fração sem mudar seu valor.

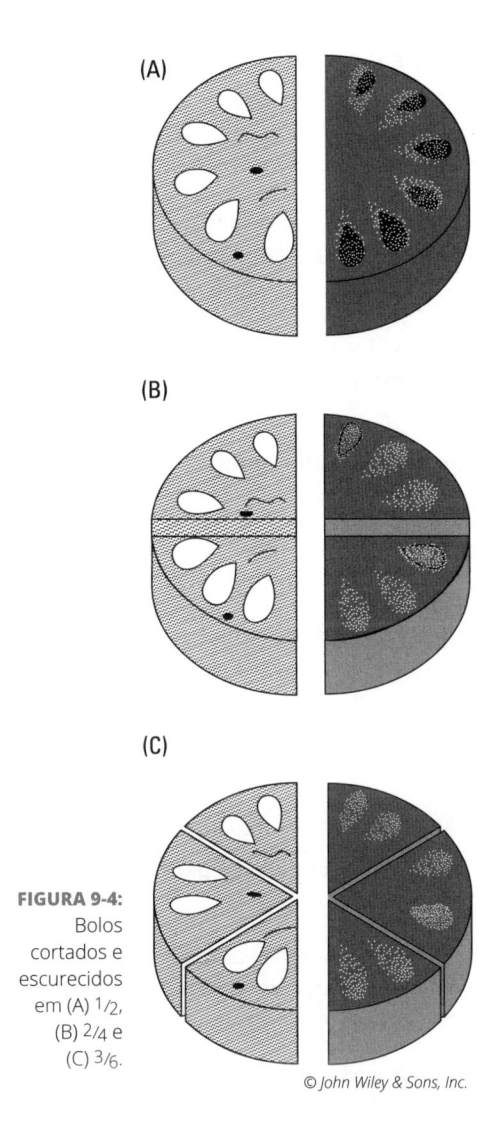

FIGURA 9-4: Bolos cortados e escurecidos em (A) 1/2, (B) 2/4 e (C) 3/6.

© John Wiley & Sons, Inc.

Aumentando os termos das frações

LEMBRE-SE

Para aumentar os termos de uma fração por certo número, multiplique ambos, o numerador e o denominador, pelo número.

Por exemplo, para aumentar os termos da fração 3/4 por 2, multiplique ambos, o numerador e o denominador, por 2:

$$\frac{3}{4} = \frac{3 \times 2}{4 \times 2} = \frac{6}{8}$$

Do mesmo modo, para aumentar os termos da fração 5/11 por 7, multiplique ambos, o numerador e o denominador, por 7:

$$\frac{5}{11} = \frac{5 \times 7}{11 \times 7} = \frac{35}{77}$$

LEMBRE-SE

Aumentar os termos de uma fração não muda seu valor. Pelo fato de você estar multiplicando o numerador e o denominador pelo mesmo número, você está essencialmente multiplicando a fração por uma fração que é igual a 1.

Algo essencial para se saber é como aumentar os termos de uma fração para que o denominador passe a ser um número preestabelecido. Aqui está como fazer isso:

1. Divida o novo denominador pelo denominador antigo.

Para manter as frações iguais, você deve multiplicar o numerador e o denominador da fração antiga pelo mesmo número. Este primeiro passo lhe informa por quanto o denominador antigo foi multiplicado para obter o novo.

Por exemplo, imagine que você queira aumentar os termos da fração 4/7 para que o denominador seja 35. Isso é, você quer preencher o ponto de interrogação aqui:

$$\frac{4}{7} = \frac{?}{35}$$

Divida 35 por 7, o que informa a você que o denominador foi multiplicado por 5.

2. Multiplique esse resultado pelo denominador antigo para obter o novo numerador.

Agora você sabe como os dois denominadores estão relacionados. Os numeradores precisam ter a mesma relação, portanto, multiplique o numerador antigo pelo número que você encontrou no Passo 1.

Multiplique 5 por 4, o que lhe dá 20. Portanto, aqui está a resposta:

$$\frac{4}{7} = \frac{4 \times 5}{7 \times 5} = \frac{20}{35}$$

Reduzindo as frações para termos menores

Reduzir as frações é similar a aumentar frações, exceto que isso envolve a divisão ao invés da multiplicação. Mas por você não poder dividir sempre, reduzir leva um pouco mais de delicadeza.

Na prática, reduzir as frações é similar a fatorar números. Por essa razão, se você não estiver preparado para a fatoração, pode revisar esse tópico no Capítulo 8.

Nesta seção, mostro a você o modo formal de reduzir as frações, que funciona em todos os casos. Depois, apresento um modo mais informal que você pode usar quando estiver mais confortável.

Reduzindo frações de modo formal

Reduzir frações de modo formal requer um entendimento de como decompor um número em seus fatores primos. Discuto isso em detalhes no Capítulo 8, portanto, se você tiver dúvidas sobre esse conceito, revise-o primeiro.

Aqui está como reduzir uma fração:

1. Decomponha o numerador (o número na parte superior) e o denominador (o número na parte inferior) nos seus fatores primos.

Por exemplo, imagine que você queira reduzir a fração 12/30. Decomponha ambos os números, 12 e 30, nos seus fatores primos:

$$\frac{12}{30} = \frac{2 \times 2 \times 3}{2 \times 3 \times 5}$$

2. Risque quaisquer fatores comuns.

Como você pode observar, eu risco um 2 e um 3, pois eles são fatores comuns — isso é, aparecem tanto no numerador como no denominador:

$$\frac{12}{30} = \frac{\cancel{2} \times 2 \times \cancel{3}}{\cancel{2} \times \cancel{3} \times 5}$$

3. Multiplique os números remanescentes para obter o numerador e o denominador reduzidos.

Isso lhe mostra que a fração 12/30 é reduzida para 2/5:

$$\frac{12}{30} = \frac{\cancel{2} \times 2 \times \cancel{3}}{\cancel{2} \times \cancel{3} \times 5} = \frac{2}{5}$$

Como outro exemplo, aqui está como reduzir a fração 32/100:

$$\frac{32}{100} = \frac{\cancel{2} \times \cancel{2} \times 2 \times 2 \times 2}{\cancel{2} \times \cancel{2} \times 5 \times 5} = \frac{8}{25}$$

Dessa vez, risque dois números 2 das partes superior e inferior como fatores comuns. Os 2 remanescentes na parte superior e os 5 na parte inferior não são fatores comuns. Portanto, a fração 32/100 é reduzida para 8/25.

Reduzindo frações de modo informal

Aqui está um modo mais fácil para reduzir frações depois que você estiver se sentindo confortável com o conceito:

1. **Se o numerador (o número na parte superior) e o denominador (o número na parte inferior) forem, ambos, divisíveis por 2 — isso é, se os dois forem pares — divida-os por 2.**

   Por exemplo, imagine que você queira reduzir a fração 36/60. O numerador e o denominador são pares, portanto, divida-os por 2:

   $$\frac{36}{60} = \frac{18}{30}$$

2. **Repita o Passo 1 até que o numerador ou o denominador (ou os dois) não seja mais divisível por 2.**

   Na fração resultante, os dois números ainda são pares, portanto, repita o primeiro passo novamente:

   $$\frac{18}{30} = \frac{9}{15}$$

3. **Repita o passo 1 usando o número 3, depois o 5 e depois o 7, continuando a testar os números primos até você ter certeza de que o numerador e o denominador não têm fatores comuns.**

   Agora, o numerador e o denominador são divisíveis por 3 (veja o Capítulo 7 para as formas fáceis de saber se um número é divisível por outro), portanto, divida-os por 3:

   $$\frac{9}{15} = \frac{3}{5}$$

   Nem o numerador nem o denominador são divisíveis por 3, portanto, este passo está completo. Nesse ponto, você pode ir adiante e testar a divisibilidade por 5, 7 e assim por diante, mas não precisa fazer isso de fato. O numerador é 3 e, obviamente, ele não é divisível por qualquer número maior, portanto, você sabe que a fração 36/60 é reduzida para 3/5.

Convertendo Entre Frações Impróprias e Números Mistos

Em "Conhecendo os Fatos Fracionários da Vida", eu digo que qualquer fração cujo numerador seja superior ao seu denominador é uma fração imprópria. As frações impróprias são muito úteis e são fáceis de se trabalhar, mas, por alguma razão, as pessoas não gostam delas. (A palavra *imprópria* talvez tenha lhe dado um aviso.) Os professores, em especial, não gostam delas e, de fato, eles não gostam quando uma fração imprópria aparece como resposta para um problema. Entretanto, eles amam os números mistos. Uma razão pela qual gostam deles é que estimar o tamanho aproximado de um número misto é fácil.

Por exemplo, se eu lhe disser para colocar 31/3 de um galão de gasolina no meu carro, você provavelmente irá achar difícil estimar o valor aproximado disso: 5 galões, 10 galões, 20 galões?

Mas se eu disser a você para obter 10 1/3 galões de gasolina, você imediatamente sabe que essa quantidade é um pouco maior que 10, mas inferior a 11 galões. Embora 10 1/3 seja igual a 31/3, conhecer o número misto é muito mais útil na prática. Por essa razão, em geral, você tem que converter frações impróprias em números mistos.

Conhecendo as partes de um número misto

Todo número misto tem uma parte de número inteiro e uma parte fracionária. Portanto, os três números em um número misto são:

- O número inteiro
- O numerador
- O denominador

Por exemplo, no número misto 3 ½, a parte do número inteiro é 3 e a parte fracionária é ½. Portanto, esse número misto é composto de três números: o número inteiro (3), o numerador (1) e o denominador (2). Conhecer essas três partes de um número misto é útil para fazer a conversão de trás para frente entre números mistos e frações impróprias.

Convertendo um número misto em uma fração imprópria

Para converter um número misto em uma fração imprópria, siga estes passos:

1. Multiplique o denominador da parte fracionária pelo número inteiro e some o resultado ao numerador.

Por exemplo, imagine que você queira converter o número misto 5 2/3 em uma fração imprópria. Primeiro, multiplique 3 por 5 e some 2:

$(3 \times 5) + 2 = 17$

2. Use esse resultado como seu numerador e coloque-o sobre o denominador que você já tem.

Coloque esse resultado sobre o denominador:

$\frac{17}{3}$

Portanto, o número misto 5 2/3 é igual à fração imprópria 17/3. Esse método funciona para todos os números mistos. Além disso, se você começar com a parte fracionária reduzida, a resposta também será reduzida (veja a seção anterior "Aumentando e Reduzindo os Termos das Frações").

Convertendo uma fração imprópria em um número misto

Para converter uma fração imprópria em um número misto, divida o numerador pelo denominador (veja o Capítulo 3). Depois escreva o número misto deste modo:

- » O quociente (resposta) é parte do número inteiro.
- » O resto é o numerador.
- » O denominador da fração imprópria é o denominador.

Por exemplo, imagine que você queira escrever a fração imprópria 19/5 como um número misto. Primeiro, divida 19 por 5:

$19 \div 5 = 3$ e resto 4

Depois escreva o número misto como segue:

$3\frac{4}{5}$

Esse método funciona para todas as frações impróprias. E, como é próprio de conversões na outra direção, se você começar com uma fração reduzida, não tem que reduzir sua resposta (veja "Aumentando e Reduzindo os Termos das Frações").

Entendendo a Multiplicação Cruzada

É bastante útil conhecer a multiplicação cruzada. Você pode usá-la de algumas formas diferentes, portanto, explico isso aqui e depois mostro uma aplicação imediata.

Para fazer a multiplicação cruzada de duas frações:

1. **Multiplique o numerador da primeira fração pelo denominador da segunda fração e escreva a resposta.**

2. **Multiplique o numerador da segunda fração pelo denominador da primeira fração e escreva a resposta.**

Por exemplo, imagine que você tenha estas duas frações:

$$\frac{2}{3} \times \frac{4}{7}$$

Ao fazer a multiplicação cruzada, você obtém estes dois números:

$2 \times 7 = 14 \qquad 4 \times 3 = 12$

Você pode usar a multiplicação cruzada para comparar frações e descobrir qual é a maior. Ao fazê-lo, certifique-se de começar com o numerador da primeira fração.

LEMBRE-SE Para descobrir qual das duas frações é a maior, faça a multiplicação cruzada e coloque os dois números que você obtém, na ordem, embaixo das duas frações. O maior número está sempre debaixo da maior fração. Nesse caso, 14 vai embaixo de 2/3 e 12 vai embaixo de 4/7. O número 14 é maior que 12, então 2/3 é maior que 4/7.

Por exemplo, imagine que você queira descobrir qual das três seguintes frações é a maior:

$$\frac{3}{5} \qquad \frac{5}{9} \qquad \frac{6}{11}$$

A multiplicação cruzada funciona apenas com duas frações de cada vez, portanto, escolha as duas primeiras — 3/5 e 5/9 — e faça a multiplicação cruzada:

$$\frac{3}{5} \times \frac{5}{9}$$
$3 \times 9 = 27 \qquad 5 \times 5 = 25$

Como 27 é maior que 25, agora você sabe que 3/5 é maior que 5/9. Portanto, você pode eliminar 5/9.

Agora, faça a mesma coisa para 3/5 e 6/11:

$$\frac{3}{5} \times \frac{6}{11}$$
$3 \times 11 = 33 \qquad 6 \times 5 = 30$

Como 33 é maior que 30, 3/5 é maior que 6/11. Muito simples, certo? E isso é tudo o que você tem que saber por ora. Eu mostro, no próximo capítulo, um punhado de coisas ótimas que você pode fazer com essa habilidade simples.

Entendendo as Razões e Proporções

Uma *razão* é uma comparação matemática entre dois números, com base na divisão. Por exemplo, imagine que você leva dois cachecóis e dois gorros nas férias de inverno. Aqui estão algumas maneiras de expressar a razão entre cachecóis e gorros:

$$2:3 \qquad 2 \text{ para } 3 \qquad \frac{2}{3}$$

A forma mais simples de trabalhar com uma razão é transformá-la em uma fração. Tenha certeza que vai manter a mesma ordem: o primeiro número vai na parte de cima da fração e o segundo, na parte de baixo.

Na prática, uma razão é mais útil quando é usada para estabelecer uma *proporção* — isso é, uma equação envolvendo duas razões. Geralmente, uma proporção parece uma equação, como a seguir:

$$\frac{\text{cachecóis}}{\text{gorros}} = \frac{2}{3}$$

Por exemplo, imagine que você sabe que tanto você quanto seu amigo, Andrew, trouxeram a mesma proporção entre cachecóis e gorros. Se você também souber que Andrew trouxe oito cachecóis, pode usar essa proporção para descobrir quantos gorros ele trouxe. Apenas aumente os termos da fração 2/3 para que o numerador seja 8. Faço isso em dois passos:

$$\frac{\text{cachecóis}}{\text{gorros}} = \frac{2 \times 4}{3 \times 4}$$
$$\frac{\text{cachecóis}}{\text{gorros}} = \frac{8}{12}$$

Como pode ver, a razão 8:12 é equivalente à razão 2:3, porque as frações 2/3 e 8/12 são iguais. Portanto, Andrew trouxe 12 gorros.

> **NESTE CAPÍTULO**
>
> » Vendo a multiplicação e a divisão de frações
>
> » Somando e subtraindo frações de várias formas diferentes
>
> » Aplicando as quatro operações aos números mistos

Capítulo **10**

Caminhos Diferentes: Frações e as Quatro Operações Fundamentais

Neste capítulo, o foco é a aplicação das quatro operações fundamentais nas frações. Começo mostrando como multiplicar e dividir frações, o que não é muito mais difícil do que multiplicar números inteiros. Surpreendentemente, somar e subtrair frações é um pouco mais complicado. Apresento uma variedade de métodos, cada um com os seus pontos fracos e fortes, e recomendo como escolher o método que vai funcionar melhor, dependendo do problema que você tenha que resolver.

Mais adiante no capítulo, vou para os números mistos. Novamente, a multiplicação e a divisão não devem apresentar muitos problemas, porque o procedimento em cada caso é quase o mesmo, como na multiplicação e na divisão de frações. Deixo a adição e a subtração de números mistos para o final. Até lá, você já deverá estar se sentindo muito mais confortável com as frações e estará pronto para encarar o desafio.

Multiplicando e Dividindo Frações

Uma das estranhas ironias da vida é o fato de que multiplicar e dividir frações é mais fácil do que somá-las ou subtraí-las — apenas dois passos fáceis e você termina! Por essa razão, ensino como multiplicar e dividir frações antes de mostrar como somá-las ou subtraí-las. Na realidade, você pode achar a multiplicação de frações mais fácil do que a multiplicação de números inteiros, pois os números com os quais você está trabalhando são geralmente pequenos. A boa notícia é que dividir frações é quase tão fácil quanto multiplicá-las. Portanto, não irei nem lhe desejar boa sorte — você não vai precisar disso!

Multiplicando numeradores e denominadores imediatamente

Tudo na vida deveria ser tão simples quanto multiplicar frações. Tudo que você precisa para multiplicar as frações é de uma caneta ou de um lápis, alguma coisa para escrever (de preferência não a sua mão) e um conhecimento básico da tabuada (veja o Capítulo 3 para relembrar a multiplicação).

Aqui está como multiplicar duas frações:

LEMBRE-SE

1. **Multiplique os numeradores (os números na parte superior) para obter o numerador da resposta.**

2. **Multiplique os denominadores (os números na parte inferior) para obter o denominador da resposta.**

Por exemplo, aqui está como multiplicar 2/5 × 3/7:

$$\frac{2}{5} \times \frac{3}{7} = \frac{2 \times 3}{5 \times 7} = \frac{6}{35}$$

Algumas vezes, ao multiplicar frações, você pode ter uma oportunidade de reduzir para termos menores (para mais detalhes sobre quando e como reduzir uma fração, veja o Capítulo 9).

Por via de regra, os matemáticos são loucos pelas frações reduzidas e os professores, às vezes, tiram pontos de uma resposta certa caso você pudesse tê-la reduzido, mas não o tenha feito. Aqui está um problema de multiplicação que termina com uma resposta que não está nos seus menores termos.

$$\frac{4}{5} \times \frac{7}{8} = \frac{4 \times 7}{5 \times 8} = \frac{28}{40}$$

Como o numerador e o denominador são números pares, essa fração pode ser reduzida. Comece dividindo os dois números por 2:

$$\frac{28 \div 2}{40 \div 2} = \frac{14}{20}$$

Novamente, o numerador e o denominador são pares, portanto, faça a mesma coisa:

$$\frac{14 \div 2}{20 \div 2} = \frac{7}{10}$$

Essa fração agora está completamente reduzida.

DICA

Ao multiplicar frações, em geral, você pode tornar seu trabalho mais fácil ao cancelar fatores iguais no numerador e no denominador. Cancelar os fatores faz com que os números que você esteja multiplicando fiquem menores e mais fáceis de trabalhar, e isso também o livra do trabalho de ter que reduzir no final. Aqui está como funciona:

> » Quando o numerador de uma fração e o denominador da outra são iguais, troque os dois números por 1. (Veja por que isso funciona na caixa cinza presente na próxima página.)
>
> » Quando o numerador de uma fração e o denominador da outra são divisíveis pelo mesmo número, fatore esse número dos dois. Em outras palavras, divida o numerador e o denominador por esse fator comum (para mais detalhes sobre como achar fatores, veja o Capítulo 8).

Por exemplo, imagine que você queira multiplicar os dois números seguintes:

$$\frac{5}{13} \times \frac{13}{20}$$

Você pode tornar este problema mais fácil ao cancelar o número 13, como a seguir:

$$\frac{5}{1 \, \cancel{13}} \times \frac{\cancel{13} \; 1}{20} = \frac{5 \times 1}{1 \times 20} = \frac{5}{20}$$

Você pode torná-lo ainda mais fácil ao notar que 20 e 5 são divisíveis por 5, portanto, pode fatorar o número 5 antes da multiplicação:

$$\frac{1 \; \cancel{5}}{1} \cdot \frac{1}{\cancel{20} \; 4} = \frac{1 \times 1}{1 \times 4} = \frac{1}{4}$$

UM É O NÚMERO MAIS FÁCIL

Com as frações, a relação entre os números, não os números em si, é o mais importante. Entender como multiplicar e dividir as frações pode lhe dar um entendimento mais profundo sobre por que você pode aumentar ou diminuir os números de uma fração sem mudar o valor da fração inteira.

Quando você multiplica ou divide qualquer número por 1, a resposta é o próprio número. Essa regra também se aplica às frações, portanto:

$$\frac{3}{8} \times 1 = \frac{3}{8} \text{ e } \frac{3}{8} \div 1 = \frac{3}{8}$$

$$\frac{5}{13} \times 1 = \frac{5}{13} \text{ e } \frac{5}{13} \div 1 = \frac{5}{13}$$

$$\frac{67}{70} \times 1 = \frac{67}{70} \text{ e } \frac{67}{70} \div 1 = \frac{67}{70}$$

E, conforme discuto no Capítulo 9, quando uma fração tem o mesmo número no numerador e no denominador, seu valor é 1. Em outras palavras, as frações 2/2, 3/3 e 4/4 são todas iguais a 1. Olhe o que acontece quando você multiplica a fração ¾ por 2/2:

$$\frac{3}{4} \times \frac{2}{2} = \frac{3 \times 2}{4 \times 2} = \frac{6}{8}$$

O efeito final é que você aumentou os termos da fração original por 2. Mas tudo o que fez foi multiplicar a fração por 1, portanto, o valor da fração não mudou. A fração 6/8 é igual a ¾.

Do mesmo modo, reduzir a fração 6/9 por um fator de 3 é o mesmo que dividir a fração por 3/3 (que é igual a 1):

$$\frac{6}{9} \div \frac{3}{3} = \frac{6 \div 3}{9 \div 3} = \frac{2}{3}$$

Portanto, 6/9 é igual a 2/3.

Invertendo para dividir frações

Dividir frações é tão fácil quanto multiplicá-las. Na realidade, quando você divide frações, realmente transforma o problema em uma multiplicação.

LEMBRE-SE Para dividir uma fração por outra, multiplique a primeira fração pela recíproca da segunda (conforme discuto no Capítulo 9, a *recíproca* de uma fração é simplesmente a mesma fração invertida).

Por exemplo, aqui está como você transforma a divisão de uma fração em multiplicação:

$$\frac{1}{3} \div \frac{4}{5} = \frac{1}{3} \times \frac{5}{4}$$

Como pode observar, eu inverto 4/5 para obter sua recíproca — 5/4 — e mudo o sinal da divisão para o sinal da multiplicação. Depois disso, apenas multiplico as frações, como descrevo em "Multiplicando numeradores e denominadores imediatamente":

$$\frac{1}{3} \times \frac{4}{5} = \frac{1}{3} \times \frac{5}{4} = \frac{5}{12}$$

LEMBRE-SE Como na multiplicação, em alguns casos você pode ter que reduzir seu resultado no final. Mas também pode tornar o seu trabalho mais fácil ao cancelar fatores iguais (veja a seção anterior).

Agora Tudo Junto: Somando Frações

Quando você soma frações, uma coisa importante a se notar é se seus denominadores (os números na parte inferior) são iguais. Se eles forem iguais, maravilha! Somar frações que têm o mesmo denominador é um passeio no parque. Mas quando as frações têm diferentes denominadores, adicioná-las se torna um pouquinho mais complexo.

Para tornar as coisas piores, muitos professores fazem com que a soma de frações seja mais difícil ao exigir que você use um método longo e complicado quando, em muitos casos, um método curto e fácil funcionaria.

Nesta seção, primeiro mostro a você como somar frações com o mesmo denominador. Depois, apresento um método infalível para somar frações quando os denominadores são diferentes. Ele sempre funciona e é usualmente a forma mais simples. Depois disso, apresento um método rápido que você pode usar apenas para certos problemas. Por fim, mostro o caminho mais longo e complicado para somar frações, o que geralmente é ensinado.

Encontrando a soma das frações com o mesmo denominador

LEMBRE-SE Para somar duas frações que tenham o mesmo denominador (o número na parte inferior), some os numeradores (os números na parte superior) e deixe o denominador inalterado.

Por exemplo, considere o seguinte problema:

$$\frac{1}{5} + \frac{2}{5} = \frac{1+2}{5} = \frac{3}{5}$$

Como você pode observar, para somar essas duas frações, some os numeradores (1 + 2) e mantenha o denominador (5).

Por que isso funciona? O Capítulo 9 informa que você pode pensar nas frações como pedaços de bolo. O denominador, nesse caso, informa que o bolo inteiro foi cortado em cinco pedaços. Portanto, quando você soma $1/5 + 2/5$, está de fato somando um pedaço mais dois pedaços. A resposta, evidentemente, é três pedaços — isso é, 3/5.

Mesmo que tenha que somar mais de duas frações, contanto que os denominadores sejam todos iguais, você soma apenas os numeradores e deixa o denominador inalterado:

$$\frac{1}{17} + \frac{3}{17} + \frac{4}{17} + \frac{6}{17} = \frac{1+3+4+6}{17} = \frac{14}{17}$$

Algumas vezes, quando você soma frações com o mesmo denominador, pode ter que reduzi-las a termos menores (para saber mais sobre redução, vá até o Capítulo 9). Veja este problema, por exemplo:

$$\frac{1}{4} + \frac{1}{4} = \frac{1+1}{4} = \frac{2}{4}$$

O numerador e o denominador são pares, então você sabe que eles podem ser reduzidos:

$$\frac{2}{4} = \frac{1}{2}$$

Em outros casos, a soma de duas frações próprias é uma fração imprópria. Você tem um numerador maior do que o denominador quando as duas frações somam mais de 1, como neste caso:

$$\frac{3}{7} + \frac{5}{7} = \frac{8}{7}$$

Se tiver mais trabalho para realizar com essa fração, deixe-a como uma fração imprópria para que seja mais fácil de trabalhar com ela. Mas, se essa for sua resposta final, você pode precisar transformá-la em um número misto (trato dos números mistos no Capítulo 9):

$$8/7 = 8 \div 7 = 1 \text{ com 1 de resto} = 1\frac{1}{7}$$

CUIDADO Quando duas frações têm o mesmo numerador, não faça a soma delas somando os denominadores e deixando o numerador inalterado.

Somando frações com diferentes denominadores

Quando as frações que você quer somar têm diferentes denominadores, somá-las não é tão fácil. Ao mesmo tempo, não precisa ser tão difícil quanto a maioria dos professores faz parecer.

Agora, estou remexendo em uma parte delicada aqui, mas isto precisa ser dito: existe um modo muito simples de somar frações. Sempre funciona. Ele faz com que somar frações seja só um pouco mais difícil do que multiplicá-las. E, conforme você se move pela cadeia alimentar da matemática até a álgebra, ele se torna o método mais útil.

Por que ninguém fala sobre isso, então? Acho que é um caso claro de a tradição ser mais forte que o senso comum. O modo tradicional de somar frações é mais difícil, mais demorado e pode levar a mais erros. Mas, geração após geração, foi ensinado que esse é o caminho certo para somar frações. É um ciclo vicioso.

Mas, neste livro, estou quebrando a tradição. Inicialmente, apresento o caminho mais fácil para somar frações. Depois, ensino um truque rápido que funciona em alguns casos especiais. E, por fim, mostro o caminho tradicional para somar frações.

Usando o caminho fácil

DICA

Em algum momento da sua vida, aposto que algum professor lhe disse estas douradas palavras de sabedoria: "Você não pode somar duas frações com denominadores diferentes." Seu professor estava errado! Aqui está o caminho para fazer isso:

1. **Faça a multiplicação cruzada das duas frações e some os resultados para obter o numerador da resposta.**

   Imagine que você queira somar as frações $1/3$ e $2/5$. Para obter o numerador da resposta, faça a multiplicação cruzada. Em outras palavras, multiplique o numerador de cada fração pelo denominador da outra:

   $$\frac{1}{3} + \frac{2}{5}$$
   $$1 \times 5 = 5$$
   $$2 \times 3 = 6$$

   Some os resultados para obter o numerador da resposta:

   $$5 + 6 = 11$$

2. **Multiplique os dois denominadores para obter o denominador da resposta.**

   Para obter o denominador, apenas multiplique os denominadores das duas frações:

   $$3 \times 5 = 15$$

   O denominador da resposta é 15.

3. **Escreva sua resposta como uma fração.**

   $$\frac{1}{3} + \frac{2}{5} = \frac{11}{15}$$

Como você viu na seção anterior, "Encontrando a soma das frações com o mesmo denominador", ao somar frações, você às vezes precisa reduzir a resposta que tem. Aqui está um exemplo:

$$\frac{5}{8} + \frac{3}{10} = \frac{(5 \times 10) + (3 \times 8)}{8 \times 10} = \frac{50 + 24}{80} = \frac{74}{80}$$

Como o numerador e o denominador são pares, você sabe que a fração pode ser reduzida. Portanto, tente dividir os dois números por 2:

$$\frac{74 \div 2}{80 \div 2} = \frac{37}{40}$$

Essa fração não pode ser mais reduzida, portanto, 37/40 é a resposta final.

Como você também viu em "Encontrando a soma das frações com o mesmo denominador", às vezes, quando soma duas frações próprias, sua resposta é uma fração imprópria.

$$\frac{4}{5} + \frac{3}{7} = \frac{(4 \times 7) + (3 \times 5)}{5 \times 7} = \frac{28 + 15}{35} = \frac{43}{35}$$

Se você tiver mais trabalho para realizar com essa fração, deixe-a como uma fração imprópria para que ela seja mais fácil de trabalhar. Mas, se essa for a sua resposta final, você talvez precise transformá-la em um número misto (veja o Capítulo 9 para mais detalhes).

$$\frac{43}{35} = 43 \div 35 = 1r8 = 1\frac{8}{35}$$

DICA

Em alguns casos, você pode ter que somar mais de uma fração. O método é similar, com uma pequena alteração. Por exemplo, imagine que você queira somar 1/2 + 3/5 + 4/7:

1. **Comece multiplicando o *numerador* da primeira fração pelos *denominadores* de todas as outras frações.**

    $$\frac{\mathbf{1}}{2} + \frac{3}{\mathbf{5}} + \frac{4}{\mathbf{7}}$$
    (1 x 5 x 7) = 35

2. **Faça o mesmo com a segunda fração e some este valor à primeira fração.**

    $$\frac{1}{\mathbf{2}} + \frac{\mathbf{3}}{5} + \frac{4}{\mathbf{7}}$$
    35 + (3 x 2 x 7) = 35 + 42

3. **Faça o mesmo com a(s) fração(ões) remanescente(s):**

    $$\frac{1}{\mathbf{2}} + \frac{3}{\mathbf{5}} + \frac{\mathbf{4}}{7}$$
    35 + 42 + (4 x 2 x 5) = 35 + 42 + 40 = 117

    Quando tiver acabado, você terá o numerador da resposta.

4. **Para obter o denominador, apenas multiplique todos os denominadores:**

$$\frac{1}{2} + \frac{3}{5} + \frac{4}{7}$$

$$= \frac{35 + 42 + 40}{2 \times 5 \times 7} = \frac{117}{70}$$

Como de costume, você pode precisar reduzir ou mudar uma fração imprópria para um número misto. Neste exemplo, apenas precisa mudar para um número misto (veja o Capítulo 9 para mais detalhes):

$$\frac{117}{70} = 117 \div 70 = 1 \text{ e resto } 47 = 1\frac{47}{70}$$

Tentando um truque rápido

Na seção anterior, demonstro um caminho para somar frações com diferentes denominadores. Ele é fácil e sempre funciona. Então, por que eu quero lhe mostrar outro caminho? Sensação de déjà-vu.

Em alguns casos, você pode se poupar de muito esforço com um pouco de reflexão inteligente. Você não pode usar sempre este método, mas pode usá-lo quando um denominador for um múltiplo do outro (para mais detalhes sobre os múltiplos, veja o Capítulo 8). Observe o seguinte problema:

$$\frac{11}{12} + \frac{19}{24}$$

Primeiro, resolvo isso da forma mostrada na seção anterior:

$$\frac{11}{12} + \frac{19}{24} = \frac{(11 \times 24) + (19 \times 12)}{12 \times 24} = \frac{264 + 228}{288} = \frac{492}{288}$$

Esses são números grandes e eu ainda não terminei, porque o numerador é maior que o denominador. A resposta é uma fração imprópria. Pior ainda, o numerador e o denominador são pares, então a resposta ainda precisa ser reduzida.

Com alguns problemas de adição de fração, posso lhe oferecer um caminho mais inteligente para se trabalhar. O truque é transformar um problema com diferentes denominadores em um problema muito mais fácil com o mesmo denominador.

LEMBRE-SE

Antes de somar duas frações com diferentes denominadores, verifique os denominadores para ver se um é múltiplo do outro (para mais detalhes sobre os múltiplos, vá ao Capítulo 8). Se for o caso, você pode usar o truque rápido:

1. **Aumente os termos da fração com o denominador menor para que ela tenha o maior denominador.**

    Observe o problema anterior neste novo caminho:

    $$\frac{11}{12} + \frac{19}{24}$$

Como pode observar, 24 divide por 12 sem um resto. Nesse caso, você deve elevar os termos de 11/12 para que o denominador seja 24:

$$\frac{11}{12} + \frac{?}{24}$$

Mostro como resolver esse tipo de problema no Capítulo 9. Para preencher o ponto de interrogação, o truque é dividir 24 por 12 para descobrir como os denominadores se relacionam; depois multiplique o resultado por 11:

$$? = (24 \div 12) \times 11 = 22$$

Portanto 11/12 = 22/24.

2. **Reescreva o problema substituindo esta versão aumentada da fração e some conforme lhe foi apresentado antes, em "Encontrando a soma das frações com o mesmo denominador".**

Agora você pode reescrever o problema desta forma:

$$\frac{22}{24} + \frac{19}{24} = \frac{41}{24}$$

Como pode observar, os números nesse caso são muito menores e mais fáceis para se trabalhar. A resposta aqui é uma fração imprópria; mudá-la para um número misto é fácil:

$$\frac{41}{24} = 41 \div 24 = 1 \text{ e resto } 17 = 1\frac{17}{24}$$

Recorrendo ao caminho tradicional

Nas duas seções anteriores, apresento dois caminhos para somar frações com diferentes denominadores. Os dois funcionam muito bem, dependendo das circunstâncias. Portanto, por que eu ainda quero lhe mostrar um terceiro caminho? Nova sensação de déjà-vu.

A verdade é que não quero lhe mostrar este caminho. Mas eles estão me *forçando*. E você sabe quem são *eles*, não é? O homem — o sistema —, os poderes estabelecidos. Aqueles que querem mantê-lo em uma lama, rastejando aos seus pés. Tudo bem, eu estou exagerando um pouco. Mas deixe-me registrar que você não tem que somar frações através deste caminho a menos que realmente queira (ou a menos que seu professor insista nisso).

LEMBRE-SE

Aqui está o caminho tradicional para somar frações com dois denominadores diferentes:

1. **Descubra o mínimo múltiplo comum (MMC) dos dois denominadores. (Para mais detalhes sobre como descobrir o MMC de dois números, veja o Capítulo 8.)**

Imagine que você queira somar as frações ¾ + 7/10. Primeiro, descubra o MMC dos dois denominadores, 4 e 10. Aqui está como descobrir o MMC usando o método da tabuada:

- **Múltiplos de 10:** 10, 20, 30, 40
- **Múltiplos de 4:** 4, 8, 12, 16, 20

Portanto, o MMC de 4 e 10 é 20.

2. **Aumente os termos de cada fração para que o denominador de cada uma fique igual ao MMC (para mais detalhes sobre como fazer isso, veja o Capítulo 9).**

   Aumente cada fração para termos maiores, para que o denominador de cada uma delas seja 20:

   $$\frac{3}{4} = \frac{3 \times 5}{4 \times 5} = \frac{15}{20} \quad e \quad \frac{7}{10} = \frac{7 \times 2}{10 \times 2} = \frac{14}{20}$$

3. **Substitua essas duas novas frações pelas originais e some, conforme lhe foi apresentado antes, em "Encontrando a soma das frações com o mesmo denominador".**

   Neste ponto, você tem duas frações que têm o mesmo denominador:

   $$\frac{15}{20} + \frac{14}{20} = \frac{29}{20}$$

   Quando a resposta for uma fração imprópria, você ainda precisa mudá-la para um número misto:

   $$\frac{29}{20} = 29 \div 20 = 1 \text{ e resto } 9 = 1\frac{9}{20}$$

Como outro exemplo, imagine que você queira somar os números 5/6 + 3/10 + 2/15.

1. **Descubra o MMC de 6, 10 e 15.**

   Dessa vez, uso o método da fatoração prima (veja o Capítulo 8 para mais detalhes sobre como fazer isso). Comece a decompor os três denominadores em seus fatores primos:

   $6 = 2 \times 3$
   $10 = 2 \times 5$
   $15 = 3 \times 5$

   Esses denominadores têm um total de três fatores primos diferentes — 2, 3 e 5. Cada fator primo aparece apenas uma vez em qualquer decomposição, portanto, o MMC de 6, 10 e 15 é:

   $2 \times 3 \times 5 = 30$

2. **Você precisa aumentar os termos das três frações para que seus denominadores sejam 30:**

$$\frac{5}{6} = \frac{5 \times 5}{6 \times 5} = \frac{25}{30}$$

$$\frac{3}{10} = \frac{3 \times 3}{10 \times 3} = \frac{9}{30}$$

$$\frac{2}{15} = \frac{2 \times 2}{15 \times 2} = \frac{4}{30}$$

3. **Simplesmente, some as três novas frações:**

$$\frac{25}{30} + \frac{9}{30} + \frac{4}{30} = \frac{38}{30}$$

Novamente, você precisa mudar essa fração para um número misto:

$$\frac{38}{30} = 38 \div 30 = 1 \text{ de resto } 8 = 1\frac{8}{30}$$

Como os dois números são divisíveis por 2, você pode reduzir a fração:

$$1\frac{8}{30} = 1\frac{4}{15}$$

Escolha o seu truque: Escolhendo o melhor método

Como disse antes neste capítulo, penso que o caminho tradicional para somar frações é mais difícil que o caminho fácil ou o truque rápido. Seu professor pode pedir para que você use o caminho tradicional, mas depois que dominá-lo, ficará mais fácil. Mas, dada a escolha, aqui está minha recomendação:

» Use o caminho fácil quando os numeradores e os denominadores forem pequenos (digamos, 15 ou abaixo).

» Use o truque rápido com numeradores e denominadores maiores quando um denominador for múltiplo do outro.

» Use o caminho tradicional apenas quando não puder usar nenhum dos outros métodos (ou quando souber o MMC somente ao olhar para os denominadores).

Retire o Número: Subtraindo Frações

Subtrair frações não é, de fato, muito diferente de fazer a adição delas. Como na adição, quando os denominadores são iguais, a subtração é fácil. E quando os denominadores são diferentes, os métodos que lhe mostro para somar frações podem ser alterados para a sua subtração.

Portanto, para entender como subtrair frações, você pode ler a seção "Agora Tudo Junto: Somando Frações" e substituir cada sinal de mais (+) por um sinal de menos (-). Mas seria algo de mau gosto se eu esperasse que você fizesse isso. Portanto, nesta seção, apresento quatro caminhos para subtrair frações que refletem o que discuto antes neste capítulo sobre a sua adição.

Subtraindo frações com o mesmo denominador

Como na adição, subtrair frações com o mesmo denominador é sempre fácil. Quando os denominadores são iguais, você pode simplesmente pensar nas frações como pedaços de bolo.

Para subtrair uma fração de outra quando as duas têm o mesmo denominador (o número na parte inferior), subtraia o numerador (o número na parte superior) da segunda fração do numerador da primeira fração e mantenha o denominador igual. Por exemplo:

$$\frac{3}{5} - \frac{2}{5} = \frac{3-2}{5} = \frac{1}{5}$$

Às vezes, igual a quando você soma frações, você pode ter que reduzir:

$$\frac{3}{10} - \frac{1}{10} = \frac{3-1}{10} = \frac{2}{10}$$

Como o numerador e o denominador são pares, você pode reduzir esta fração por um fator de 2:

$$\frac{2}{10} = \frac{2 \div 2}{10 \div 2} = \frac{1}{5}$$

Diferentemente da adição, quando você subtrai uma fração própria de outra, nunca obtém uma fração imprópria.

Subtraindo frações com denominadores diferentes

Assim como na adição, você tem uma escolha de métodos ao subtrair frações. Estes três métodos são similares aos que lhe mostro para somar frações: o caminho fácil, o truque rápido e o caminho tradicional.

O caminho fácil sempre funciona e recomendo esse método para a maioria das suas necessidades de subtrair frações. O truque rápido é ótimo para poupar tempo, portanto, use-o quando puder. E com relação ao caminho tradicional — bem, embora eu não goste dele, seu professor e outros puristas de matemática provavelmente gostam.

Conhecendo o caminho fácil

Esse caminho de subtrair frações funciona em todos os casos e é fácil (na próxima seção, mostro a você um caminho rápido para subtrair frações quando um denominador é um múltiplo do outro). Aqui está o caminho fácil para subtrair frações que têm denominadores diferentes:

1. **Faça a multiplicação cruzada das duas frações e subtraia o segundo número do primeiro para obter o numerador da resposta:**

   Por exemplo, imagine que você queira subtrair 6/7 − 2/5. Para obter o numerador, faça a multiplicação cruzada das duas frações e, depois, subtraia o segundo número do primeiro número (veja o Capítulo 9 para informações sobre a multiplicação cruzada):

   $$\frac{6}{7} - \frac{2}{5}$$
   $$(6 \times 5) - (2 \times 7) = 30 - 14 = 16$$

   Depois de fazer a multiplicação cruzada, certifique-se de subtrair na ordem correta. (O primeiro número é o numerador da primeira fração vezes o denominador da segunda fração.)

2. **Multiplique os dois denominadores para obter o denominador da resposta:**

   $$7 \times 5 = 35$$

3. **Ao colocar o numerador sobre o denominador você tem a sua resposta:**

   $$\frac{16}{35}$$

Aqui está outro exemplo para trabalharmos:

$$\frac{9}{10} - \frac{5}{6}$$

Dessa vez, coloco todos os passos juntos:

$$\frac{9}{10} - \frac{5}{6} = \frac{(9 \times 6) - (5 \times 10)}{10 \times 6}$$

Com o problema montado dessa forma, você só tem que simplificar o resultado:

$$= \frac{54 - 50}{60} = \frac{4}{60}$$

Neste caso, você pode reduzir a fração:

$$\frac{4}{60} = \frac{1}{15}$$

Pegando um atalho com um truque rápido

O caminho fácil que apresento na seção anterior funciona melhor quando os numeradores e os denominadores são pequenos. Quando eles são maiores, você pode pegar um atalho.

Antes de subtrair frações com denominadores diferentes, verifique os denominadores para ver se um é múltiplo do outro (para mais detalhes sobre os múltiplos, veja o Capítulo 8). Se for o caso, você pode usar o truque rápido:

1. **Aumente os termos da fração com o menor denominador para que ela tenha o maior denominador.**

   Por exemplo, imagine que você queira calcular $17/20 - 31/80$. Se fizer a multiplicação cruzada dessas frações, seus resultados serão bem maiores do que os que deseja ter para trabalhar. Mas, felizmente, 80 é múltiplo de 20, então você pode usar o caminho rápido.

   Primeiramente, aumente os termos de $17/20$ para que o denominador seja 80. (Para mais detalhes sobre como aumentar os termos das frações, veja o Capítulo 9.)

   $$\frac{17}{20} = \frac{?}{80}$$
   $$? = 80 \div 20 \times 17 = 68$$

   Portanto, $17/20 = 68/80$.

2. **Reescreva o problema, substituindo essa versão aumentada da fração, e subtraia conforme mostro em "Subtraindo frações com o mesmo denominador".**

   Aqui está o problema como uma subtração de frações com o mesmo denominador, que é bem mais fácil para resolver:

   $$\frac{68}{80} - \frac{31}{80} = \frac{37}{80}$$

   Nesse caso, você não precisa reduzir os termos menores, embora em outros problemas você talvez tenha que fazê-lo. (Veja o Capítulo 9 para mais informações sobre como reduzir frações.)

Deixando o seu professor feliz com o caminho tradicional

Como descrevo antes neste capítulo, em "Agora Tudo Junto: Somando Frações", você deve usar o caminho tradicional apenas como último recurso. Recomendo que o use apenas quando o numerador e o denominador forem muito grandes para aplicar o caminho fácil e quando você não puder fazer o truque rápido.

Para usar o caminho tradicional para subtrair frações com dois denominadores diferentes, siga estes passos:

1. **Descubra o mínimo múltiplo comum (MMC) dos dois denominadores. (Para mais detalhes sobre como descobrir o MMC de dois números, veja o Capítulo 8.)**

   Por exemplo, imagine que você queira subtrair $7/8 - 11/14$. Aqui está como descobrir o MMC de 8 e 14 usando o método da fatoração prima:

   Múltiplos de 8: 8, 16, 24, 32, 40, 48, 56

   Múltiplos de 14: 14, 28, 42, 56

   Portanto, o MMC de 8 e 14 é 56.

2. **Aumente cada fração para termos maiores para que o denominador de cada uma seja igual ao MMC (para mais detalhes sobre como fazer isso, veja o Capítulo 9).**

   O denominador das duas é agora 56:

   $$\frac{7}{8} = \frac{7 \times 7}{8 \times 7} = \frac{49}{56}$$
   $$\frac{11}{14} = \frac{11 \times 4}{14 \times 4} = \frac{44}{56}$$

3. **Substitua as frações originais por essas duas novas frações e subtraia, conforme mostro em "Subtraindo frações com o mesmo denominador".**

   $$\frac{49}{56} - \frac{44}{56} = \frac{5}{56}$$

   Dessa vez você não precisa reduzir, porque 5 é um número primo e 56 não é divisível por 5. Em alguns casos, entretanto, tem que reduzir a resposta para termos menores.

Trabalhando Corretamente com Números Mistos

Todos os métodos que descrevi antes neste capítulo funcionam tanto para frações próprias como para frações impróprias. Infelizmente, os números mistos são pequenas criaturas intratáveis e você precisa entender como lidar com eles em seus próprios termos. (Para mais detalhes sobre números mistos, veja o Capítulo 9.)

Multiplicando e dividindo números mistos

Não posso lhe oferecer um método direto para a multiplicação e a divisão dos números mistos. O único caminho é convertê-los em frações impróprias e multiplicar ou dividir como de costume. Aqui está como multiplicar ou dividir números mistos:

1. Converta todos os números mistos em frações impróprias (veja o Capítulo 9 para mais detalhes).

Por exemplo, imagine que você queira multiplicar 1 3/5 x 2 1/3. Primeiro converta 1 3/5 e 2 1/3 em frações impróprias:

$$1\frac{3}{5} = \frac{5 \times 1 + 3}{5} = \frac{8}{5}$$
$$2\frac{1}{3} = \frac{3 \times 2 + 1}{3} = \frac{7}{3}$$

2. Multiplique essas frações impróprias (como apresento, neste capítulo, em "Multiplicando e Dividindo Frações").

$$\frac{8}{5} \times \frac{7}{3} = \frac{8 \times 7}{5 \times 3} = \frac{56}{15}$$

3. Se a resposta for uma fração imprópria, você tem que convertê-la novamente em um número misto (veja o Capítulo 9).

$$\frac{56}{15} = 56 \div 15 = 3 \text{ e resto } 11 = 3\frac{11}{15}$$

Nesse caso, a resposta já está nos termos inferiores, portanto, você não tem que reduzi-la.

Como um segundo exemplo, imagine que você queira dividir 3 2/3 por 1 4/7.

1. Converta 3 2/3 e 1 4/7 em frações impróprias:

$$3\frac{2}{3} = \frac{3 \times 3 + 2}{3} = \frac{11}{3}$$
$$1\frac{4}{7} = \frac{7 \times 1 + 4}{7} = \frac{11}{7}$$

2. Divida estas frações impróprias.

Divida as frações, multiplicando a primeira fração pela recíproca da segunda fração (veja a seção "Multiplicando e Dividindo Frações"):

$$\frac{11}{3} \div \frac{11}{7} = \frac{11}{3} \times \frac{7}{11}$$

Neste caso, antes de multiplicar, você pode cancelar os fatores de 11 no numerador e no denominador:

$$\frac{\cancel{11}}{3} \div \frac{7}{\cancel{11}} = \frac{1 \times 7}{3 \times 1} = \frac{7}{3}$$

3. Converta a resposta em um número misto.

$$\frac{7}{3} = 7 \div 3 = 2 \text{ e resto } 1 = 2\frac{1}{3}$$

Somando e subtraindo números mistos

Um modo de somar e subtrair números mistos é convertê-los em frações impróprias, o qual descrevo antes neste capítulo, em "Multiplicando e dividindo números mistos", e depois somá-los ou subtraí-los usando um método da seção "Agora Tudo Junto: Somando Frações" ou da seção "Retire o Número: Subtraindo Frações". Fazer isso é um caminho perfeitamente válido para obter a resposta correta sem aprender um novo método.

Infelizmente, os professores simplesmente amam que as pessoas somem e subtraiam números mistos pelo caminho especial e próprio deles. A boa notícia é que muitas pessoas acham este caminho mais fácil do que todo o material sobre conversão.

Em pares: Somando dois números mistos

Somar números mistos se parece muito com somar números inteiros: você os coloca um sobre o outro, desenha uma linha e soma. Por essa razão, alguns estudantes sentem-se mais confortáveis para somar números mistos do que frações. Aqui está como somar dois números mistos:

1. **Some as partes fracionárias usando qualquer método que você queira e, se necessário, mude essa soma para número misto e reduza-o.**

2. **Se a resposta que achou no Passo 1 for uma fração imprópria, mude-a para um número misto, escreva a parte fracionária e transporte a parte do número inteiro para a coluna do número inteiro.**

3. **Some as partes do número inteiro (incluindo qualquer número que tenha sido transportado).**

Sua resposta também pode precisar ser reduzida em termos menores (veja o Capítulo 9). Nos exemplos que seguem, mostro tudo o que você precisa saber.

SOMANDO NÚMEROS MISTOS QUANDO OS DENOMINADORES SÃO IGUAIS

Como em qualquer problema envolvendo frações, somar é sempre mais fácil quando os denominadores são iguais. Por exemplo, imagine que você queira somar $3\ 1/3 + 5\ 1/3$. Resolver problemas de número misto é, em geral, mais fácil se você colocar um número sobre o outro:

$$\begin{array}{r} 3\frac{1}{3} \\ + 5\frac{1}{3} \\ \hline \end{array}$$

Como pode observar, esse arranjo é similar a como você soma números inteiros, mas ele inclui uma coluna extra para frações. Aqui está como você soma estes dois números mistos, passo a passo:

1. **Some as frações:**

    $$\frac{1}{3} + \frac{1}{3} = \frac{2}{3}$$

2. **Substitua as frações impróprias por números mistos; escreva sua resposta.**

    Como 2/3 é uma fração própria, você não tem que mudá-la.

3. **Some as partes do número inteiro.**

    $$3 + 5 = 8$$

Aqui está como seu problema se parece em forma de coluna:

$$\begin{array}{r} 3\frac{1}{3} \\ + 5\frac{1}{2} \\ \hline 8\frac{2}{3} \end{array}$$

Esse problema é bem simples. Nesse caso, todos os três passos são muito fáceis. Mas, às vezes, o Passo 2 exige mais atenção. Por exemplo, imagine que você queira somar 8 3/5 + 6 4/5.

Aqui está como fazer isso:

1. **Some as frações.**

    $$\frac{3}{5} + \frac{4}{5} = \frac{7}{5}$$

2. **Substitua as frações impróprias por números mistos, escreva a parte fracionária e transporte o número inteiro.**

    Como a soma é uma fração imprópria, você tem que convertê-la no número misto 1 2/5 (vá ao Capítulo 9 para mais detalhes sobre conversão de frações impróprias em números mistos). Escreva 2/5 e transporte o 1 para a coluna de número inteiro.

3. **Some as partes do número inteiro, inclusive quaisquer números inteiros que tenham sido transportados quando você substituiu por um número misto.**

    $$1 + 8 + 6 = 15$$

Aqui está como o problema resolvido fica em forma de coluna. (Certifique-se de alinhar os números inteiros em uma coluna e as frações em outra.)

$$\begin{array}{r} 1 \\ 8^{3/5} \\ +\ 6^{4/5} \\ \hline 15^{2/5} \end{array}$$

Como em quaisquer outros problemas envolvendo frações, às vezes você precisa reduzir no final do Passo 1.

A mesma ideia básica funciona independente da quantidade de números mistos que você queira somar. Por exemplo, imagine que você queira somar:
$5\frac{4}{9} + 11\frac{7}{9} + 3\frac{8}{9} + 1\frac{5}{9}$

1. **Some as frações.**

    $$\frac{4}{9} + \frac{7}{9} + \frac{8}{9} + \frac{5}{9} = \frac{24}{9}$$

2. **Substitua as frações impróprias por números mistos, escreva a parte fracionária e transporte o número inteiro.**

    Como o resultado é uma fração imprópria, você tem que convertê-la no número misto 2 6/9 e, depois, reduzir para 2 2/3. (Para mais detalhes sobre conversão e redução de frações, veja o Capítulo 9.) Sugiro que faça esses cálculos em um pedaço de papel de rascunho.

    Escreva 2/3 e transporte o 2 para a coluna de número inteiro.

3. **Some os números inteiros.**

    $2 + 5 + 11 + 3 + 1 = 22$

Aqui está como o problema fica depois de você tê-lo resolvido:

$$\begin{array}{r} 2 \\ 5\frac{4}{9} \\ 11\frac{7}{9} \\ 3\frac{8}{9} \\ +\ 1\frac{5}{9} \\ \hline 22\frac{2}{3} \end{array} \text{ W}$$

SOMANDO NÚMEROS MISTOS QUANDO OS DENOMINADORES SÃO DIFERENTES

O tipo mais difícil de adição de número misto é quando os denominadores das frações são diferentes. Essa diferença não muda os Passos 2 ou 3, mas torna o Passo 1 mais difícil.

Por exemplo, imagine que você queira somar $16\frac{3}{5} + 7\frac{7}{9}$.

1. **Some as frações.**

   Some 3/5 e 7/9. Você pode usar qualquer método apresentado neste capítulo. Aqui eu uso o caminho fácil:

   $$\frac{3}{5} + \frac{7}{9} = \frac{(3 \times 9) + (7 \times 5)}{5 \times 9} = \frac{27 + 35}{45} = \frac{62}{45}$$

2. **Substitua as frações impróprias por números mistos, escreva a parte fracionária e transporte o número inteiro.**

   Essa fração é imprópria, portanto, mude-a para o número misto 1 17/45.

   Felizmente, a parte fracionária desse número misto não é redutível.

   Escreva a fração 17/45 e transporte o 1 para a coluna de número inteiro.

3. **Some os números inteiros.**

   1 + 16 + 7 = 24

Aqui está como fica o problema completo:

$$\begin{array}{r} 1 \phantom{\frac{3}{5}} \\ 16\frac{3}{5} \\ + 7\frac{7}{9} \\ \hline 24\frac{17}{45} \end{array}$$

Subtraindo números mistos

O caminho básico para subtrair números mistos é parecido com o caminho que você usa para somá-los. De novo, a subtração se parece mais com o que você está acostumado com os números inteiros. Aqui está como subtrair dois números mistos:

1. **Ache a diferença das partes fracionárias usando qualquer método que você queira.**

2. **Ache a diferença das duas partes dos números inteiros.**

No entanto, ao longo do caminho, você talvez encontre algumas reviravoltas. Eu o mantenho no caminho para que, ao final desta seção, você possa resolver qualquer problema de subtração de número misto.

RETIRANDO NÚMEROS MISTOS QUANDO OS DENOMINADORES SÃO IGUAIS

Como na adição, a subtração é muito mais fácil quando os denominadores são iguais. Por exemplo, imagine que você queira subtrair 7 3/5 - 3 1/5. Aqui está como fica o problema em forma de coluna:

$$7\tfrac{3}{5}$$
$$-3\tfrac{1}{5}$$
$$\overline{4\tfrac{2}{5}}$$

Nesse problema, subtraio 3/5 - 1/5 = 2/5. Depois subtraio 7 - 3 = 4. Não é tão ruim, você concorda?

Uma complicação surge quando você tenta subtrair uma parte fracionária maior de uma menor. Imagine que você queira calcular 11 1/6 - 2 5/6. Dessa vez, se tentar subtrair as frações, você obtém:

$$\frac{1}{6} - \frac{5}{6} = -\frac{4}{6}$$

Obviamente, você não quer terminar com um número negativo na sua resposta. É possível lidar com esse problema tomando emprestado da coluna da esquerda. Essa ideia é muito similar ao ato de pegar emprestado que você usa na subtração regular, mas com uma diferença-chave.

Ao tomar emprestado na subtração de um número misto:

1. **Pegue 1 emprestado da porção do número inteiro e some-o à porção fracionária, tornando a fração um número misto.**

Para calcular 11 1/6 - 2 5/6, pegue 1 emprestado de 11 e some-o à fração 1/6, tornando-a o número misto 1 1/6:

$$11\tfrac{1}{6} = 10 + 1\tfrac{1}{6}$$

2. **Mude esse novo número misto para uma fração imprópria.**

Aqui está o que você obtém quando muda 1 1/6 para uma fração imprópria:

$$10 + 1\tfrac{1}{6} = 10\tfrac{7}{6}$$

O resultado é 10 7/6. Essa resposta é uma combinação estranha entre um número misto e uma fração imprópria, mas é o que você precisa para resolver a questão.

3. **Use o resultado na sua subtração:**

$$10\frac{7}{6}$$
$$-2\frac{5}{6}$$
$$\overline{8\frac{2}{6}}$$

Nesse caso, você tem que reduzir a parte fracionária da resposta:

8 2/6 = 8 1/3

SUBTRAINDO NÚMEROS MISTOS QUANDO OS DENOMINADORES SÃO DIFERENTES

Subtrair números mistos quando os denominadores são diferentes é simplesmente a coisa mais cabeluda que terá que fazer em pré-álgebra. Felizmente, se superar os obstáculos deste capítulo, você terá todas as habilidades que precisa.

Imagine que você queira subtrair 15 4/11 − 12 3/7. Como os denominadores são diferentes, subtrair as frações torna-se mais difícil. Mas você tem outra questão na qual pensar: nesse problema, você precisa pegar emprestado? Se 4/11 for maior que 3/7, você não precisa pegar emprestado. Mas se 4/11 for menor que 3/7, você precisa. (Para mais detalhes sobre como pegar emprestado na subtração de número misto, veja a seção anterior.) No Capítulo 9, mostro a você como testar duas frações para ver qual é a maior pela multiplicação cruzada:

4 × 7 = 28

3 × 11 = 33

Como 28 é menor que 33, 4/11 é menor que 3/7, portanto, você tem que pegar emprestado. Eu elimino esta etapa de pegar emprestado primeiro:

$$15\frac{4}{11} = 14 + 1\frac{4}{11} = 14\frac{15}{11}$$

Agora o problema fica assim:

$$14\frac{15}{11} - 12\frac{3}{7}$$

O primeiro passo, subtrair as frações, deve ser o mais demorado, portanto, como mostro antes, em "Subtraindo frações com denominadores diferentes", você pode fazer isso adicionalmente assim:

$$\frac{15}{11} - \frac{3}{7} = \frac{(5 \times 7) - (3 \times 11)}{11 \times 7} = \frac{105 - 33}{77} = \frac{72}{77}$$

A boa notícia é que essa fração não pode ser reduzida (72 e 77 não têm fatores comuns: 72 = 2 × 2 × 2 × 3 × 3 e 77 = 7 × 11).

Portanto, a parte difícil do problema está resolvida e o resto segue facilmente:

$$14\tfrac{15}{11}$$
$$-12\tfrac{3}{7}$$
$$\overline{2\tfrac{72}{77}}$$

Esse problema representa o tipo de dificuldade que você encontrará em um problema de subtração de um número misto. Verifique-o passo a passo. Ou, melhor ainda, copie o problema e, depois, feche o livro e tente fazer os seus próprios passos. Se empacar, tudo bem. Melhor agora do que em uma prova!

> **NESTE CAPÍTULO**
>
> » Entendendo o básico sobre decimais
>
> » Aplicando os decimais às quatro operações fundamentais
>
> » Vendo as conversões de decimais e frações
>
> » Dando sentido às dízimas periódicas

Capítulo **11**

Flertando com os Decimais

Pelo fato de os primeiros seres humanos usarem seus dedos para contar, o sistema de números é fundamentado no número 10. Razão pela qual os números vêm em unidades, dezenas, centenas, milhares e assim por diante. Um *decimal* — com sua útil vírgula decimal — permite que as pessoas trabalhem com números menores do que um: décimos, centésimos, milésimos e assim por diante.

Aqui estão algumas notícias agradáveis: os decimais são mais fáceis de trabalhar do que as frações (as quais discuto nos Capítulos 9 e 10). Os decimais parecem mais com os números inteiros do que as frações, portanto, ao trabalhar com decimais, você não tem que se preocupar com a redução e o aumento dos termos, as frações impróprias, os números mistos e muitos outros assuntos.

Realizar as quatro operações fundamentais — adição, subtração, multiplicação e divisão — com os decimais é muito parecido com a forma como você faz com os números inteiros (sobre os quais eu falo na Parte 2 do livro). Os numerais de 0 a 9 funcionam da maneira habitual. Contanto que você tenha a vírgula decimal no lugar certo, está fora de perigo.

Neste capítulo, mostro a você tudo sobre como trabalhar com os decimais. Mostro também como converter frações em decimais e decimais em frações. Por fim, ofereço-lhe uma pequena espiada no mundo estranho das dízimas periódicas.

Entendendo o Básico de Decimal

A boa notícia sobre os decimais é que eles parecem muito mais com os números inteiros do que as frações. Portanto, muito do que você aprende sobre os números inteiros no Capítulo 2 aplica-se aos decimais também. Nesta seção, apresento a você os decimais, começando com o valor posicional.

Quando você entende o valor posicional dos decimais, muita coisa se encaixa. Depois, discuto zeros à direita e o que acontece quando você move a vírgula decimal para a esquerda ou para a direita.

Contando dólares e decimais

Você usa decimais o tempo todo quando conta dinheiro. E uma ótima maneira para começar a pensar sobre os decimais é com os dólares e os centavos. Por exemplo, você sabe que $0,50 é metade de um dólar (veja a Figura 11-1), portanto, essa informação lhe diz:

$$0,5 = \tfrac{1}{2}$$

FIGURA 11-1: Metade (0,5) de uma nota de um dólar.

© John Wiley & Sons, Inc.

Note que no decimal 0,5 eu não escrevo o zero no final. Essa é uma prática comum com decimais.

Você sabe também que $0,25 é um quarto — isso é, um quarto de um dólar (veja a Figura 11-2) —, portanto:

$$0,25 = \tfrac{1}{4}$$

FIGURA 11-2:
Um quarto (0,25) de uma nota de um dólar.

© John Wiley & Sons, Inc.

Do mesmo modo, você sabe que $0,75 é igual a três quartos, ou três quartos de um dólar (veja a Figura 11-3), portanto:

0,75 = 3/4

FIGURA 11-3:
Três quartos (0,75) de uma nota de um dólar.

© John Wiley & Sons, Inc.

Levando essa ideia mais adiante, você pode usar as outras denominações das moedas — *dime*, *nickel* e *penny* — para criar mais relações entre decimais e frações.

Um *dime* = $0,10 = 1/10 de um dólar, portanto, 1/10 = 0,1.

Um *nickel* = $0,05 = 1/20 de um dólar, portanto, 1/20 = 0,05.

Um *penny* = $0,01 = 1/100 de um dólar, portanto, 1/100 = 0,01.

LEMBRE-SE Note que eu novamente não escrevo o zero no decimal 0,1, mas mantenho os zeros nos decimais 0,05 e 0,01. Você pode não escrever os zeros do final de um decimal, mas não pode deixar de escrever os zeros que vêm entre a vírgula decimal e outro dígito.

CAPÍTULO 11 **Flertando com os Decimais**   151

Os decimais são tão bons para cortar um bolo quanto para dividir dinheiro. A Figura 11-4 oferece a você um olhar sobre os quatro cortes de bolos que mostro no Capítulo 9. Dessa vez, dou a você os decimais que lhe informam a quantidade de bolo que tem. As frações e os decimais realizam a mesma tarefa: permitem que você corte um objeto inteiro em pedaços e mostre quanto você tem.

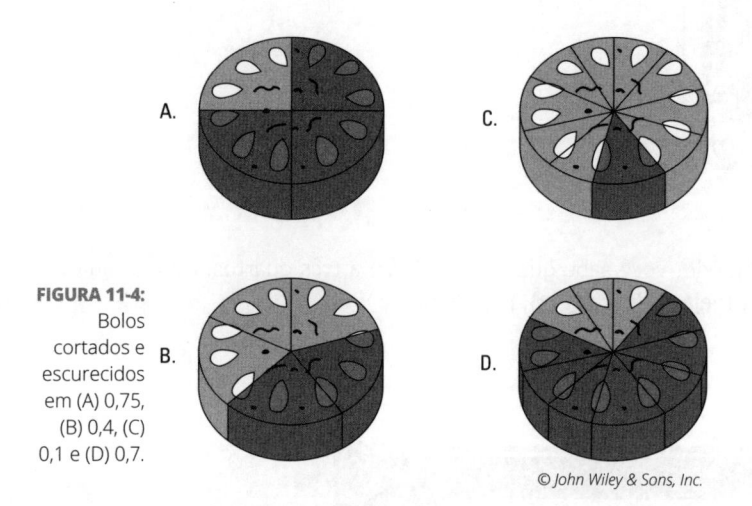

FIGURA 11-4: Bolos cortados e escurecidos em (A) 0,75, (B) 0,4, (C) 0,1 e (D) 0,7.

© John Wiley & Sons, Inc.

Identificando o valor posicional de decimais

No Capítulo 2, você descobre sobre o valor posicional de números inteiros. A Tabela 11-1 mostra como o número inteiro 4.672 é decomposto em termos de valor posicional.

TABELA 11-1 Decompor 4.672 em Termos de Valor Posicional

Milhares	Centenas	Dezenas	Unidades
4	6	7	2

Esse número significa 4.000 + 600 + 70 + 2.

Com os decimais, a ideia é estendida. Primeiro, uma vírgula decimal é colocada à direita do lugar das unidades em um número inteiro. Depois, mais números são acrescentados à direita da vírgula decimal.

Por exemplo, o decimal 4.672,389 é decomposto como mostrado na Tabela 11-2:

TABELA 11-2 Decompor o Decimal 4.672,389

Milhares	Centenas	Dezenas	Unidades	Vírgula Decimal	Décimos	Centésimos	Milésimos
4	6	7	2	,	3	8	9

Esse decimal significa 4.000 + 600 + 70 + 2 + 3/10 + 8/100 + 9/1.000.

A relação entre frações e decimais torna-se óbvia quando você observa o valor posicional. Os decimais são, de fato, uma notação de taquigrafia para as frações. Você pode representar qualquer fração com um decimal.

Conhecendo os fatos decimais da vida

Depois de entender como funciona o valor posicional nos decimais (conforme explico na seção anterior), muitos fatos sobre os decimais começam a fazer sentido. Duas ideias-chave são os zeros à direita e o que acontece quando você move um ponto decimal para a esquerda ou para a direita.

Entendendo os zeros à direita

Você provavelmente sabe que pode acrescentar zeros no início de um número inteiro sem mudar seu valor. Por exemplo, estes três números são todos iguais em valor:

    27   027   0.000.027

A razão disso se torna clara quando você conhece o valor posicional de números inteiros. Veja a Tabela 11-3:

TABELA 11-3 Exemplo de Acréscimo de Zeros à Esquerda

Milhões	Centenas de Milhares	Dezenas de Milhares	Milhares	Centenas	Dezenas	Unidades
0	0	0	0	0	2	7

Como você pode observar, 0.000.027 simplesmente significa 0 + 0 + 0 + 0 + 0 + 20 + 7. Independente da quantidade de zeros que você soma no começo de um número, o número 27 não muda.

Os zeros acrescentados no começo de um número dessa maneira são chamados de *zeros à esquerda*.

Nos decimais, essa ideia de zeros que não adicionam valor a um número pode ser estendida a zeros à esquerda.

LEMBRE-SE Um *zero à direita* é qualquer zero que aparece à direita da vírgula decimal e de qualquer dígito diferente de zero.

Por exemplo:

34,8   34,80   34,8000

Todos esses três números são iguais. A razão torna-se clara quando você entende como funciona o valor posicional nos decimais. Veja a Tabela 11-4:

TABELA 11-4 Exemplo de Acréscimo de Zeros à Direita

Dezenas	Unidades	Vírgula Decimal	Décimos	Centésimos	Milésimos	Décimos de Milésimos
3	4	.	8	0	0	0

Nesse exemplo, 34,8000 significa 30 + 4 + $8/10$ + $0/100$ + $0/1.000$ + $0/10.000$.

LEMBRE-SE Você pode acrescentar ou remover quantos zeros à direita quiser sem mudar o valor de um número.

Quando você entende os zeros à direita, pode ver que todo número inteiro pode ser facilmente mudado para um decimal. Apenas acrescente uma vírgula decimal e um zero no final dele. Por exemplo:

4 = 4,0
20 = 20,0
971 = 971,0

CUIDADO Certifique-se de que você não acrescente ou remova qualquer zero que não esteja à esquerda ou à direita — isso muda o valor do decimal.

Por exemplo, observe este número:

0450,0070

Nele, você pode remover os zeros à esquerda e à direita sem mudar o valor, como segue:

450,007

Entretanto, os zeros restantes precisam permanecer onde estão para *reservar os espaços* entre a vírgula decimal e os dígitos diferentes de zero. Veja a Tabela 11-5.

TABELA 11-5   Exemplo de Zeros como Espaços Reservados

Milhares	Centenas	Dezenas	Unidades	Vírgula Decimal	Décimos	Centésimos	Milésimos	Décimos de Milésimos
0	4	5	0	,	0	0	7	0

Continuo a discutir os zeros como espaços reservados na próxima seção.

Movendo a vírgula decimal

Quando você está trabalhando com números inteiros, pode multiplicar qualquer número por 10 apenas acrescentando um zero no final dele. Por exemplo:

45.971 × 10 = 459.710

Para ver por que a resposta é assim, pense novamente sobre o valor posicional dos dígitos e observe a Tabela 11-6:

TABELA 11-6   Exemplo de Vírgulas Decimais e Valor Posicional de Dígitos

Milhões	Centenas de Milhares	Dezenas de Milhares	Milhares	Centenas	Dezenas	Unidades
		4	5	9	7	1
	4	5	9	7	1	0

Aqui está o que esses dois números significam de fato:

45.971 = 40.000 + 5.000 + 900 + 70 + 1
459.710 = 400.000 + 50.000 + 9.000 + 700 + 10 + 0

Como você pode observar, aquele pequeno zero faz uma grande diferença, porque ele faz com que o restante dos números mude uma posição.

Este conceito faz até mais sentido quando você pensa sobre a vírgula decimal. Veja a Tabela 11-7:

TABELA 11-7   Exemplo de Números Mudando Uma Posição

Centenas de Milhares	Dezenas de Milhares	Milhares	Centenas	Dezenas	Unidades	Vírgula Decimal	Décimos	Centésimos
	4	5	9	7	1	,	0	0
4	5	9	7	1	0	,	0	0

Com efeito, adicionar um 0 no final de um número inteiro move a vírgula decimal uma posição à direita. Portanto, para qualquer decimal, quando move a vírgula decimal uma posição à direita, você multiplica o número por 10. Isso se torna claro quando você começa com um número simples, como 7:

7,0↱
70,0↱
700,0↱
7.000,0

Nesse caso, o efeito final é que você moveu a vírgula decimal três posições à direita, o que é o mesmo que multiplicar 7 por 1.000.

Do mesmo modo, para dividir qualquer número por 10, mova a vírgula decimal uma posição para a esquerda. Por exemplo:

7,0
0,7
0,07
0,007

Dessa vez, o efeito final é que você moveu o decimal três posições à esquerda, o que é o mesmo que dividir 7 por 1.000.

Arredondando decimais

Arredondar decimais é praticamente igual a arredondar números. Você vai usar essa habilidade quando for dividir decimais mais adiante neste capítulo.

Normalmente, você precisa arredondar um decimal para um número inteiro ou para uma ou duas casas decimais.

Para arredondar um decimal para um número inteiro, concentre-se no dígito das unidades e no dígito dos décimos. Arredonde o decimal para cima ou para baixo para o número inteiro *mais próximo* e retire a vírgula decimal:

7,1 –> 7   32,9 –> 33   184,3 –> 184

Quando o dígito dos décimos for 5, arredonde o decimal para *cima*:

83,5 –> 84   296,5 –> 297   1.788,5 –> 1.789

Se o decimal tiver outros dígitos decimais, apenas retire-os:

18,47 –> 18   21,618 –> 22   3,1415927 –> 3

Ocasionalmente, uma pequena mudança nos dígitos de unidades afeta os outros dígitos. (Isso pode fazer você se lembrar de quando o marcador de quilometragem do seu carro roda vários números 9 para vários números zero):

$$99,9 \rightarrow 100 \qquad 999,5 \rightarrow 1000 \qquad 99.999,712 \rightarrow 100.000$$

A mesma ideia básica é aplicada para arredondar um decimal para qualquer quantidade de posições. Por exemplo, para arredondar um decimal em uma casa decimal, concentre-se na primeira e na segunda casa decimal (isso é, os lugares dos décimos e dos centésimos):

$$76,543 \rightarrow 76,5 \qquad 100,6822 \rightarrow 100,7 \qquad 10,10101 \rightarrow 10,1$$

Para arredondar um decimal para duas casas decimais, concentre-se na segunda e na terceira casa decimal (isso é, os lugares dos centésimos e dos milésimos):

$$444,4444 \rightarrow 444,44 \qquad 26,55555 \rightarrow 26,56 \qquad 99,997 \rightarrow 100,00$$

Realizando as Quatro Operações Fundamentais com os Decimais

Tudo o que você já sabe sobre adição, subtração, multiplicação e divisão de números inteiros (veja o Capítulo 3) é transportado quando você trabalha com decimais. Na realidade, em cada caso, só existe realmente uma diferença principal: como lidar com a pequena e inoportuna vírgula decimal. Nesta seção, mostro a você como realizar as quatro operações fundamentais com decimais.

O uso mais comum para somar e subtrair decimais é quando você está lidando com dinheiro — por exemplo, fazendo o balanço dos seus gastos. Mais adiante neste livro, você descobre que multiplicar e dividir por decimais é útil para calcular porcentagens (veja o Capítulo 12), usar notação científica (veja o Capítulo 14) e medir com o sistema métrico (veja o Capítulo 15).

Somando decimais

Somar decimais é quase tão fácil quanto somar números inteiros. Contanto que monte corretamente o problema, você está em boas condições. Para somar decimais, siga estes passos:

1. **Coloque os números em uma coluna e alinhe as vírgulas decimais verticalmente.**
2. **Some normalmente, da direita para a esquerda, coluna por coluna.**

3. **Coloque a vírgula decimal na resposta, alinhada com as outras vírgulas decimais do problema.**

Por exemplo, imagine que você queira somar os números 14,5 e 1,89. Alinhe as vírgulas decimais de maneira ordenada, como a seguir:

```
  14,5
+ 1,89
```

Comece a somar a partir da coluna da direita. Considere o espaço em branco depois de 14,5 como zero — você pode escrever isso como um zero à direita (veja antes neste capítulo por que somar zeros no final de um decimal não muda seu valor). Ao somar esta coluna você obtém 0 + 9 = 9.

```
  14,50
+ 1,89
      9
```

Continue para a esquerda, 5 + 8 = 13, portanto, coloque o 3 para baixo e eleve o 1:

```
    1
  14,50
+ 1,89
     39
```

Complete o problema coluna por coluna e, no final, coloque a vírgula decimal diretamente embaixo das outras no problema:

```
    1
  14,50
+ 1,89
  16,39
```

Quando você soma mais de um decimal, as mesmas regras se aplicam. Por exemplo, imagine que você queira somar 15,1 + 0,005 + 800 + 1,2345. A ideia mais importante é alinhar as vírgulas decimais corretamente:

```
   15,1
    0,005
  800,0
+   1,2345
```

DICA Para evitar erros, seja especialmente organizado ao somar muitos decimais.

Como o número 800 não é um decimal, eu coloco uma vírgula decimal e um 0 no final dele para ficar claro como alinhá-lo. Se você quiser, pode fazer com que todos os números tenham o mesmo número de casas decimais (neste caso, quatro) ao somar zeros à direita. Depois de você montar corretamente o problema, a adição não é mais difícil do que qualquer outro problema de adição:

```
   15,1000
    0,0050
  800,0000
+   1,2345
  816,3395
```

Subtraindo decimais

Subtrair decimais usa o mesmo truque de sua adição (o qual discuto na seção anterior). Aqui está como você subtrai decimais:

1. **Organize os números em uma coluna e alinhe as vírgulas decimais.**

2. **Subtraia normalmente da direita para a esquerda, coluna por coluna.**

3. **Quando você tiver terminado, coloque a vírgula decimal na resposta alinhada com as outras vírgulas decimais do problema.**

Por exemplo, imagine que você queira calcular 144,87 - 0,321. Primeiro, alinhe as vírgulas decimais:

```
  144,870
-   0,321
```

Neste caso, eu adiciono um zero no final do primeiro decimal. Ele lembra que, na coluna da direita, você precisa pegar emprestado para obter a resposta de 0 - 1:

```
        6
  144,8710
-   0,32 1
        4 9
```

O restante do problema é muito simples. Apenas termine com a subtração e coloque a vírgula decimal alinhada:

```
        6
  144,8710
-   0,32 1
  144,54 9
```

Como na adição, a vírgula decimal da resposta fica diretamente embaixo de onde ela aparece no problema.

Multiplicando decimais

Multiplicar decimais é diferente de somar e subtraí-los, pois você não precisa se preocupar com o alinhamento das vírgulas decimais (veja as seções anteriores). Na realidade, a única diferença entre multiplicar números inteiros e decimais vem no final.

Aqui está como multiplicar decimais:

1. **Realize a multiplicação da mesma forma como faria com números inteiros.**

2. **Quando tiver terminado, conte o número de dígitos à direita da vírgula decimal em cada fator e adicione o resultado.**

3. **Coloque a vírgula decimal na sua resposta de forma que ela tenha o mesmo número de dígitos depois da vírgula decimal.**

Esse procedimento parece complicado, mas a multiplicação de decimais pode ser mais simples, de fato, do que somá-los ou subtraí-los. Imagine, por exemplo, que você queira multiplicar 23,5 por 0,16. O primeiro passo é fingir que está multiplicando números sem vírgulas decimais:

```
   23,5
 × 0,16
  1410
  2350
  3760
```

Entretanto, essa resposta não está completa, porque você ainda precisa descobrir onde a vírgula decimal será colocada. Para fazer isso, note que 23,5 tem um dígito depois da vírgula decimal e que 0,16 tem dois dígitos depois da vírgula decimal. Como 1 + 2 = 3, coloque a vírgula decimal na resposta de forma que ela tenha três dígitos depois. (Você pode colocar seu lápis no 0 no final de 3760 e mover a vírgula decimal três posições para a esquerda.)

```
   23,5        1 dígito depois da vírgula decimal
 × 0,16        2 dígitos depois da vírgula decimal
  1410
  2350
  3760        1+2 = 3 dígitos depois da vírgula decimal
```

Embora o último dígito na resposta seja um 0, você precisa ainda considerá-lo como um dígito ao colocar a vírgula decimal. Depois que ela estiver no seu lugar, você pode tirar os zeros à direita. (Veja "Entendendo o Básico de Decimal", antes neste capítulo, para ver por que os zeros no final de um decimal não mudam o valor do número.)

Portanto, a resposta é 3,760, que é igual a 3,76.

Dividindo decimais

Divisões longas nunca foram as favoritas da multidão. Dividir decimais é quase a mesma coisa que dividir números inteiros, razão pela qual muitas pessoas não gostam, particularmente, de dividir decimais também.

Mas, pelo menos, você pode se consolar com o fato de que, quando sabe fazer uma divisão longa (que discuto no Capítulo 3), entender como dividir decimais é fácil. A principal diferença vem no começo, antes de você começar a divisão.

Aqui está como dividir decimais:

1. **Transforme o *divisor* (o número pelo qual você está dividindo) em um número inteiro, movendo a vírgula decimal completamente para a direita; ao mesmo tempo, mova a vírgula decimal no *dividendo* (o número que você está dividindo) o mesmo número de posições para a direita.**

    Por exemplo, imagine que você queira dividir 10,274 por 0,11. Escreva o problema como de costume:

    ```
    10,274 | 0,11
           |‾‾‾‾
    ```

    Transforme 0,11 em um número inteiro, movendo a vírgula decimal em 0,11 duas posições para a direita, o que lhe dará 11. Ao mesmo tempo, mova a vírgula decimal em 10,274 duas posições para a direita, o que lhe dará 1.027,4:

    ```
    1027,4 | 11
           |‾‾‾
    ```

2. **Coloque uma vírgula decimal no *quociente* (a resposta) exatamente acima de onde a vírgula decimal agora aparece no dividendo.**

    Veja como fica este passo:

    ```
    1027,4 | 11
     - 99  |‾‾‾
    ‾‾‾‾‾‾ | 9
       37
    ```

3. **Divida normalmente, tomando cuidado para alinhar o quociente de forma apropriada para que a vírgula decimal fique no lugar.**

    Para começar, perceba que 11 é muito grande para caber no 1 ou no 10. Entretanto, 11 cabe no 102 (nove vezes). Portanto, escreva o primeiro dígito do quociente acima do 2 e continue:

    ```
    1027,4 | 11
     - 99  |‾‾‾
    ‾‾‾‾‾‾ | 9
       37
    ```

Eu pausei após abaixar o número 7. Dessa vez, 11 cabe no 37 três vezes. O importante é colocar o próximo dígito na resposta exatamente acima do 7:

```
1027,4 | 11
- 99   | 93
  37
  33
  44
```

Eu pausei após abaixar número 4. Agora 11 entra no 44 quatro vezes. De novo, seja cauteloso para colocar o próximo dígito no quociente acima do 4 e complete a divisão:

```
1027,4 | 11
- 99   | 93,4
  37
  33
  44
  44
   0
```

Portanto, a resposta é 93,4. Como pode observar, contanto que você tome cuidado ao colocar a vírgula decimal e os dígitos, a resposta correta aparecerá com a vírgula decimal na posição correta.

Lidando com mais zeros no dividendo

Às vezes, você tem que adicionar um ou mais zeros à direita no dividendo. Conforme discuto antes neste capítulo, você pode adicionar quantos zeros quiser à direita de um decimal, sem mudar seu valor. Por exemplo, imagine que você queira dividir 67,8 por 0,333:

```
67,8 | 0,333
```

Siga estes passos:

1. **Mude 0,333 para um número inteiro, movendo a vírgula decimal três posições para a direita; ao mesmo tempo, mova a vírgula decimal em 67,8 três posições para a direita:**

   ```
   67800 | 333
   ```

Nesse caso, quando move a vírgula decimal em 67,8, você fica sem espaço, portanto, deve adicionar alguns zeros no dividendo. Esse passo é perfeitamente válido e você precisa fazer isso sempre que o divisor tiver mais casas decimais que o dividendo.

2. **Divida como de costume e seja cauteloso ao alinhar os números do quociente corretamente. Dessa vez, 333 não cabe no 6 ou no 67, mas cabe no 678 (duas vezes). Portanto, coloque o primeiro dígito do quociente diretamente abaixo do 3:**

```
67800 | 333
-666  | 2
 120
```

Eu pulei direto para a parte da divisão em que abaixo o primeiro 0. Neste ponto, 333 não cabe em 120, portanto, você precisa colocar um 0 acima do primeiro 0 no 67.800 e descer o segundo 0. Agora, 333 cabe em 1.200, portanto, coloque o próximo dígito na resposta (3) sob o último 3:

```
67800 | 333
-666  | 203
 1200
  999
  201
```

Dessa vez, a divisão não acaba de forma uniforme. Se isso fosse um problema com números inteiros, você acabaria escrevendo um resto de 201 (para mais detalhes sobre restos da divisão, veja o Capítulo 1). Mas os decimais são outra história. A próxima seção explica por que com os decimais o show deve continuar.

Completando a divisão decimal

Quando você divide números inteiros, pode completar o problema simplesmente escrevendo o resto. Mas os restos *nunca* são permitidos na divisão decimal.

Um modo comum de completar um problema de divisão decimal é arredondar a resposta. Na maioria dos casos, você será instruído a arredondar sua resposta para o número inteiro mais próximo ou para uma ou duas casas decimais (veja antes, neste capítulo, como arredondar decimais).

Para completar um problema de divisão decimal ao arredondá-la, você precisa adicionar pelo menos um zero à direita no dividendo:

» Para arredondar um decimal para um número inteiro, adicione um zero à direita.

» Para arredondar um decimal para uma casa decimal, adicione dois zeros à direita.

» Para arredondar um decimal para duas casas decimais, adicione três zeros à direita.

Veja como fica o problema com a adição de um zero à direita:

```
67800 | 333
-666  | 203,
 1200
  999
 2010
```

Adicionar um zero à direita não muda um decimal, mas permite que você abaixe mais um número, mudando 201 para 2.010. Agora você pode dividir 2.010 por 333:

```
67800 | 333
-666  | 203,6
 1200
  999
 2010
 1998
   12
```

Nesse ponto, você pode arredondar a resposta para o número inteiro mais perto, 204. Ofereço a você mais exercícios para praticar a divisão de decimais, mais adiante neste capítulo.

Conversão entre Decimais e Frações

As frações (veja os Capítulos 9 e 10) e os decimais são similares, pois os dois permitem que você represente partes do todo — isso é, esses números se encaixam na reta numérica *entre* os números inteiros.

Na prática, no entanto, às vezes uma dessas opções pode ser mais desejável do que a outra. Por exemplo, as calculadoras amam os decimais, mas não gostam tanto das frações. Para usar a sua calculadora, você talvez tenha que mudar as frações para decimais.

Como outro exemplo, algumas unidades de medida (tais como polegadas) usam frações, enquanto outras (tais como metros) usam decimais. Para mudar as unidades, você talvez precise converter entre frações e decimais.

Nesta seção, mostro a você como converter entre frações e decimais. (Se você precisa de uma revisão sobre frações, reveja os Capítulos 9 e 10 antes de proceder.)

Fazendo conversões simples

Alguns decimais são tão comuns que você pode memorizar como representá-los como frações. Aqui está como converter uma casa de todos os decimais em frações:

0,1	0,2	0,3	0,4	0,5	0,6	0,7	0,8	0,9
1/10	1/5	3/10	2/5	1/2	3/5	7/10	4/5	9/10

E aqui estão mais alguns decimais comuns que se transformam facilmente em frações:

0,125	0,25	0,375	0,625	0,75	0,875
1/8	1/4	3/8	5/8	3/4	7/8

Convertendo decimais em frações

Converter um decimal em uma fração é muito simples. A única parte complicada é quando você tem que reduzir ou mudar a fração para um número misto.

Nesta seção, primeiro apresento o caso fácil, quando não é necessário fazer qualquer trabalho a mais. Depois, mostro o caso mais difícil, quando você precisa modificar a fração. E apresento também um ótimo truque para poupar tempo.

Fazendo uma conversão básica de decimais para frações

Aqui está como converter um decimal em uma fração:

1. **Desenhe uma linha (a barra de fração) embaixo do decimal e coloque 1 embaixo dela.**

Imagine que você queira transformar o decimal 0,3763 em uma fração. Desenhe uma linha embaixo de 0,3763 e coloque 1 embaixo dela.

$$\frac{0,3763}{1}$$

Esse número parece uma fração, mas, tecnicamente, ele não é uma fração, porque o número na parte superior (o numerador) é um decimal.

2. **Mova a vírgula decimal uma posição para a direita e adicione um 0 depois do 1.**

$$\frac{3,763}{10}$$

3. **Repita o passo 2 até que a vírgula decimal tenha se movido completamente para a direita e você possa eliminá-la totalmente.**

   Neste caso, ele é um procedimento de três passos:

   $$\frac{37{,}63}{100} = \frac{376{,}3}{1.000} = \frac{3{,}763}{10.000}$$

   Como você pode observar no último passo, a vírgula decimal no numerador move-se completamente até o final do número, portanto, não há problema em eliminá-la.

   Nota: Mover uma vírgula decimal uma posição para a direita o mesmo que multiplicar um número por 10. Quando você move a vírgula decimal quatro posições neste problema, está essencialmente multiplicando 0,3763 e 1 por 10.000. Note que o número de dígitos depois da vírgula decimal no decimal original é igual ao número de zeros que vem depois do 1.

Nas seções a seguir, mostro como converter os decimais em frações quando você precisa trabalhar com os números mistos e reduzir os termos.

Obtendo resultados mistos

Quando você converter um decimal maior do que 1 em uma fração, o resultado será um número misto. Felizmente, esse processo é fácil, porque a parte do número inteiro não é alterada pela conversão. Então, para focar apenas a parte decimal, siga os mesmos passos que mostrei na seção anterior.

Por exemplo, imagine que você queira mudar 4,51 para uma fração. O resultado será um número misto com uma parte de número inteiro de 4. Para encontrar a parte fracionária, siga estes passos:

1. **Desenhe uma linha (a barra de fração) embaixo do decimal e coloque um 1 embaixo dela:**

   $$\frac{0{,}51}{1}$$

2. **Mova a vírgula decimal uma posição para a direita e adicione um 0 depois do 1:**

   $$= \frac{5{,}1}{10}$$

3. **Repita o Passo 2 até que a vírgula decimal vá totalmente para a direita, para que possa retirá-la completamente:**

   Neste caso, você terá apenas um passo adicional:

   $$= \frac{51}{100}$$

Então, o número misto equivalente de 4,51 é 4 51/100.

Mudando frações para decimais

Converter frações em decimais não é difícil, mas, para fazer isso, você precisa conhecer a divisão decimal. Se precisa se atualizar sobre isso, verifique neste capítulo a seção "Dividindo decimais".

LEMBRE-SE

Para converter uma fração em um decimal:

1. **Monte a fração como uma divisão decimal, dividindo o numerador (número na parte superior) pelo denominador (número na parte inferior).**

2. **Acrescente o número suficiente de zeros à direita no numerador para que possa continuar a dividir, até você descobrir se a resposta é um *decimal finito* ou um *decimal repetitivo*.**

Não se preocupe, eu explico os *decimais finitos* e dízimas periódicas depois.

A última parada: Decimais finitos

Às vezes, quando você divide o numerador de uma fração pelo denominador, no final das contas, a divisão termina de forma uniforme. O resultado é um *decimal finito*.

Por exemplo, imagine que você queira mudar a fração 2/5 para um decimal. Aqui está o seu primeiro passo:

```
2 | 5
```

Ao dar uma primeira olhada nesse problema, parece que você está condenado desde o início, porque o 5 não cabe no 2. Mas observe o que acontece quando adiciono alguns zeros à direita. Note que eu também coloco outra vírgula decimal na resposta. Esse passo é importante — você pode ler mais sobre isso em "Dividindo decimais":

```
20 | 5
   | 0,
```

Agora você pode dividir, pois embora 5 não caiba em 2, cabe em 20 quatro vezes:

```
 20 | 5
-20 | 0,4
  0
```

Você terminou! Pelo que podemos constatar, precisou apenas de um zero à direita, portanto, pode considerar concluído:

$$\frac{2}{5} = 0,4$$

Como a divisão acabou uniforme, a resposta é um exemplo de um *decimal finito*.

Como outro exemplo, imagine que você queira descobrir como representar 7/16 como um decimal. Como antes, acrescento um zero à direita:

```
  70  |16
 -64  |0,4375
  60
  48
 120
 112
  80
  80
   0
```

A divisão termina uniforme, portanto, a resposta é novamente um decimal finito. Então, 7/16 = 0,4375.

O passeio sem fim: Dízimas periódicas

Às vezes, quando você tenta converter uma fração em um decimal, a divisão nunca termina uniforme. O resultado é uma dízima periódica – isso é, um decimal que repete o mesmo padrão de números infinitamente.

Você pode reconhecer essas pequenas criaturas inoportunas da sua calculadora quando um problema de divisão, aparentemente simples, produz uma série longa de números.

Por exemplo, para mudar 2/3 para um decimal, comece a dividir 2 por 3. Assim como na última seção, comece adicionando zeros à direita e veja aonde você chega:

```
 20  |3
-18  |0,666
 20
 18
 20
 18
  2
```

Nesse ponto, você ainda não achou uma resposta exata. Mas pode notar que um padrão repetitivo se desenvolveu na divisão. Independente da quantidade de zeros à direita que você adiciona ao número 2, o mesmo padrão continuará eternamente. Esta resposta 0,666... é exemplo de uma dízima periódica. Você pode escrever 2/3 como:

$$\frac{2}{3} = 0,\overline{6}$$

A barra sobre o 6 significa que, nesse decimal, o número 6 se repete infinitamente. Você pode representar muitas frações simples como dízimas periódicas. Na realidade, toda fração pode ser representada como uma dízima periódica ou como um decimal finito — isso é, como um decimal simples que termina.

Agora, imagine que você queira descobrir a representação decimal de 5/11. Aqui está como este problema é representado:

```
 50   |11
-44   |0,4545
 60
 55
 50
 44
 60
 55
  5
```

Dessa vez, o padrão se repete de forma intercalada — 4, depois 5, depois 4 de novo e depois 5 de novo, infinitamente. Acrescentar mais zeros à direita dos restos vai apenas prolongar esse padrão indefinidamente. Portanto, você pode escrever

$$\frac{5}{11} = 0,\overline{45}$$

Dessa vez, a barra está sobre o 4 e o 5, o que lhe diz que esses dois números se alternam infinitamente.

LEMBRE-SE

As dízimas periódicas são estranhas, mas não são difíceis de trabalhar. Na realidade, assim que você consegue mostrar que uma divisão decimal se repete, acha a sua resposta. Lembre-se apenas de colocar a barra sobre os números que se repetem infinitamente.

PAPO DE ESPECIALISTA

Alguns decimais nunca terminam e nunca se repetem. Você não pode escrevê-los como frações. Portanto, os matemáticos concordaram com alguns caminhos curtos para nomeá-los. Dessa forma, escrevê-los não leva tanto tempo.

> **NESTE CAPÍTULO**
>
> » Entendendo o que são as porcentagens
>
> » Convertendo as porcentagens em decimais e frações
>
> » Resolvendo problemas simples e difíceis de porcentagem
>
> » Usando equações para resolver três tipos diferentes de problemas de porcentagem

Capítulo **12**

Brincando com as Porcentagens

Como os números inteiros e os decimais, as porcentagens são um modo de falar sobre as partes de um todo. A palavra *porcento* significa "de 100". Portanto, se você tem 50% de alguma coisa, tem 50 de 100. Se você tem 25% dela, tem 25 de 100. Evidentemente, se você tem 100% de alguma coisa, tem tudo dela.

Neste capítulo, mostro como trabalhar com porcentagens. Pelo fato de as porcentagens se parecerem com os decimais, eu primeiro demonstro como converter números entre porcentagens e decimais. Não se preocupe — essa troca é muito fácil de fazer. Depois, mostro como converter entre porcentagens e frações — também não é muito ruim. Quando você entender como as conversões funcionam, apresento os três tipos básicos de problemas de porcentagem, mais um método que torna os problemas simples.

Dando Sentido às Porcentagens

A palavra *porcentagem* significa, literalmente, "por cem", mas, na prática, ela significa "de 100". Por exemplo, imagine que uma escola tenha exatamente 100 crianças — 50 meninas e 50 meninos. Você pode dizer que "50 crianças de 100" são meninas — ou pode abreviar para, simplesmente, "50 por cento". Para abreviar mais ainda, pode usar o símbolo %, que significa *por cento*.

Dizer que 50% dos estudantes são meninas é igual a dizer que ½ deles são meninas. Ou, se você preferir os decimais, é o mesmo que dizer que 0,5 de todos os estudantes são meninas. Esse exemplo mostra que as porcentagens, assim como as frações e os decimais, são apenas outro modo de falar sobre as partes do todo. Nesse caso, o todo é o número total de crianças na escola.

Você não tem que ter literalmente 100 de alguma coisa para usar uma porcentagem. Você provavelmente nunca cortará um bolo em 100 pedaços, mas isso não importa. Os valores são iguais. Independente de você estar falando sobre um bolo, um dólar ou um grupo de crianças, 50% ainda é a metade, 25% ainda é um quarto, 75% ainda é três quartos e assim por diante.

Qualquer porcentagem menor que 100% significa menos do que o todo — quanto menor a porcentagem, menos você tem. Você provavelmente conhece bem esse fato do sistema de notas da escola. Se você consegue 100%, obtém um resultado perfeito. E 90% geralmente é um trabalho A, 80% é um B, 70% é um C e, bem, você sabe o resto.

Evidentemente, 0% significa "0 de 100" — de qualquer maneira que você o divida, você não tem nada.

Lidando com Porcentagens Maiores que 100%

100% significa "100 de 100" — em outras palavras, tudo. Portanto, quando digo que tenho 100% de confiança em você, quero dizer que tenho completa confiança em você.

O que acontece com as porcentagens maiores que 100%? Bem, algumas vezes porcentagens como essas não fazem sentido. Por exemplo, você não pode gastar mais que 100% do seu tempo jogando basquete, independente do quanto ame o esporte; 100% é todo o tempo que você tem e não existe mais.

Mas, muitas vezes, as porcentagens maiores que 100% são perfeitamente razoáveis. Por exemplo, imagine que eu tenha um carrinho de cachorro-quente e venda o seguinte:

10 cachorros-quentes de manhã

30 cachorros-quentes à tarde

O número de cachorros-quentes que vendo à tarde é 300% do número que vendi de manhã. São três vezes mais.

Aqui está outra forma de ver isso: à tarde, eu vendo 20 cachorros-quentes a mais do que de manhã, portanto, isso é um *aumento de 200%* à tarde — 20 é duas vezes 10.

Despenda um pouco de tempo pensando sobre esse exemplo até ele fazer sentido. Você verá algumas dessas ideias de novo no Capítulo 13, quando mostro como resolver problemas com enunciados envolvendo porcentagens.

Convertendo entre Porcentagens, Decimais e Frações

Para resolver muitos problemas de porcentagem, você precisa mudar a porcentagem para decimal ou fração. Depois, pode aplicar o que sabe sobre resolver problemas de decimais e frações. Por isso, mostro como converter para e de porcentagens antes de mostrar como resolver problemas de porcentagem.

As porcentagens e os decimais são formas similares de expressar partes de um todo. Essa similaridade faz com que a conversão de porcentagens em decimais e vice-versa seja, na maioria das vezes, um caso de mover a vírgula decimal. É tão simples que você provavelmente pode fazer isso enquanto está dormindo (mas, de preferência, deve ficar acordado quando for ler sobre o conceito pela primeira vez).

As porcentagens e as frações expressam a mesma ideia — partes de um todo — de diferentes formas. Portanto, converter entre porcentagens e frações não é tão simples quanto ficar movendo a vírgula decimal. Nesta seção, discuto as maneiras de converter entre porcentagens, decimais e frações, começando com a conversão de porcentagens em decimais.

Indo de porcentagens para decimais

LEMBRE-SE

Para converter uma porcentagem em um decimal, retire o sinal de porcentagem (%) e mova a vírgula decimal duas posições para a esquerda. É simples. Lembre-se de que, em um número inteiro, a vírgula decimal aparece no final. Por exemplo:

2,5% = 0,025
4% = 0,04
36% = 0,36
111% = 1,11

Mudando decimais para porcentagens

LEMBRE-SE

Para converter um decimal em uma porcentagem, mova a vírgula decimal duas posições para a direita e acrescente o sinal de porcentagem (%):

0,07 = 7%
0,21 = 21%
0,375 = 37,5%

Trocando porcentagens por frações

Converter porcentagens em frações é bastante simples. Lembre-se de que a palavra *porcentagem* significa "de 100". Portanto, mudar porcentagens para frações naturalmente envolve o número 100.

LEMBRE-SE

Para converter uma porcentagem em fração, use o número da porcentagem como seu numerador (número na parte superior) e o número 100 como seu denominador (número na parte inferior):

$$39\% = \frac{39}{100} \qquad 86\% = \frac{86}{100} \qquad 217\% = \frac{217}{100}$$

Como de costume nas frações, você talvez precise reduzir para termos menores ou converter uma fração imprópria em um número misto (vá ao Capítulo 9 para mais detalhes sobre esses tópicos).

Nos três exemplos, a fração 39/100 não pode ser reduzida ou convertida em um número misto. Entretanto, a fração 86/100 pode ser reduzida, porque o numerador e o denominador são números pares:

$$\frac{86}{100} = \frac{43}{50}$$

E a fração 217/100 pode ser convertida em um número misto, porque o numerador (217) é maior que o denominador (100):

$$\frac{217}{100} = 2\frac{17}{100}$$

De vez em quando, você pode começar com uma porcentagem que é um decimal, tal como 99,9%. A regra ainda é a mesma, mas agora você tem um decimal no numerador (o número na parte superior), o qual a maioria das pessoas não gosta de ver. Para se livrar dele, mova a vírgula decimal uma posição para a direita tanto no numerador como no denominador:

99,9% = 99,9/100 = 999/1.000

Assim, 99,9% é convertido na fração 999/1.000.

Transformando frações em porcentagens

LEMBRE-SE

Converter uma fração em uma porcentagem é, na realidade, um processo de dois passos. Aqui está como converter uma fração em uma porcentagem:

1. Converta a fração em um decimal.

Por exemplo, imagine que você queira converter a fração 4/5 em uma porcentagem. Para converter 4/5 em um decimal, você pode dividir o numerador pelo denominador, como mostrado no Capítulo 11:

4/5 = 0,8

2. Converta esse decimal em uma porcentagem.

Converta 0,8 em uma porcentagem ao mover a vírgula decimal duas posições para a direita e acrescentar um sinal de porcentagem (como mostro antes em "Mudando decimais para porcentagens").

0,8 = 80%

Agora, imagine que você queira converter a fração 5/8 em uma porcentagem. Siga estes passos:

1. **Converta 5/8 em um decimal dividindo o numerador pelo denominador:**

```
 50  | 8
-48  | 0,625
 20
 16
 40
 40
  0
```

Portanto, 5/8 = 0,625.

2. **Converta 0,625 em uma porcentagem ao mover a vírgula decimal duas posições para a direita e acrescentar um sinal de porcentagem (%):**

0,625 = 62,5%

Resolvendo Problemas de Porcentagem

Quando você conhece a relação entre porcentagens e frações, a qual discuto antes em "Convertendo entre Porcentagens, Decimais e Frações", você pode resolver muitos problemas de porcentagem com alguns truques simples. Outros, entretanto, exigem um pouco mais de trabalho. Nesta seção, mostro como identificar se um problema de porcentagem é fácil ou difícil e lhe dou as ferramentas para resolver todos eles.

Resolvendo problemas simples de porcentagem

Muitos problemas de porcentagem se tornam fáceis quando você dá a eles um pouco de atenção. Em muitos casos, apenas lembre-se da relação entre porcentagens e frações e já estará com meio caminho andado:

» **Achando 100% de um número:** Lembre-se de que 100% significa tudo, portanto, 100% de qualquer número é, simplesmente, o próprio número:

100% de 5 é 5

100% de 91 é 91

100% de 732 é 732

» **Achando 50% de um número:** Lembre-se de que 50% significa a metade, portanto, para descobrir 50% de um número, apenas divida-o por 2:

50% de 20 é 10

50% de 88 é 44

50% de 7 é $\frac{7}{2}$ (ou $3\frac{1}{2}$ ou 3,5)

» **Achando 25% de um número:** Lembre-se de que 25% é igual a ¼, portanto, para descobrir 25% de um número, divida-o por 4:

25% de 40 = 10

25% de 88 = 22

25% de 15 é $\frac{15}{4}$ (ou $3\frac{3}{4}$ ou 3,75)

» **Achando 20% de um número:** Calcular 20% de um número é útil se você gosta do atendimento que teve em um restaurante, pois uma boa gorjeta é 20% da conta. Como 20% é igual a ⅕, você pode achar 20% de um número dividindo-o por 5. Mas eu posso lhe mostrar um caminho mais fácil:

Lembre-se de que 20% é 2 vezes 10%, então, para descobrir 20% de um número, mova a vírgula decimal uma posição para a esquerda e dobre o resultado:

20% de 80 = 8 × 2 = 16

20% de 300 = 30 × 2 = 60

20% de 41 = 4,1 × 2 = 8,2

» **Achando 10% de um número:** Achar 10% de qualquer número é igual a descobrir ¹/₁₀ do número. Para fazer isso, apenas mova a vírgula decimal uma posição para a esquerda:

10% de 30 é 3

10% de 41 é 4,1

10% de 7 é 0,7

» **Achando 200%, 300% e assim por diante de um número:** Trabalhar com porcentagens que são múltiplos de 100 é fácil. Apenas retire os dois zeros e multiplique pelo número que está à esquerda:

200% de 7 = 2 × 7 = 14

300% de 10 = 3 × 10 = 30

1.000% de 45 = 10 × 45 = 450

(Veja a seção "Lidando com Porcentagens Maiores que 100%" para mais detalhes sobre o que realmente significa ter mais de 100%.)

Invertendo o problema

Aqui está um truque que faz com que alguns problemas de porcentagem aparentemente difíceis fiquem tão fáceis que você possa resolvê-los até na sua cabeça. Simplesmente mova o sinal de porcentagem de um número para o outro e mude a ordem dos números.

Imagine que alguém queira que você calcule o seguinte:

88% de 50

Achar 88% de alguma coisa não é uma atividade que alguém esteja doido para fazer. Mas um caminho fácil para resolver o problema é invertê-lo:

88% de 50 = 50% de 88

Esse movimento é perfeitamente válido e faz com que o problema fique mais fácil. Ele funciona porque a palavra *de* significa, de fato, multiplicação, e você pode multiplicar para trás ou para frente e obter a mesma resposta. Como discuto na seção anterior, "Resolvendo problemas simples de porcentagem", 50% de 88 é simplesmente a metade de 88:

88% de 50 = 50% de 88 = 44

Como outro exemplo, imagine que você queira descobrir:

7% de 200

Novamente, achar 7% é complicado, mas descobrir 200% é simples, portanto, inverta o problema:

7% de 200 = 200% de 7

Na seção anterior, mostro que para descobrir 200% de qualquer número você apenas deve multiplicar o número por 2:

7% de 200 = 200% de 7 = 2 × 7 = 14

Decifrando problemas de porcentagem mais difíceis

Você pode resolver muitos problemas de porcentagem usando os truques que apresentei anteriormente neste capítulo. Para os problemas mais difíceis, talvez você queira usar uma calculadora. Se não tiver uma por perto, resolva os problemas de porcentagem transformando-os em multiplicação decimal, como a seguir:

1. **Mude a palavra *de* por um sinal de multiplicação e a porcentagem por um decimal (conforme mostrei antes neste capítulo).**

   Imagine que você queira achar 35% de 80. Aqui está como você começa:

   35% de 80 = 0,35 × 80

2. **Resolva o problema usando a multiplicação decimal (veja o Capítulo 11).**

   Aqui está como fica o exemplo:

   ```
     0,35
   x   80
     28,00
   ```

   Portanto, 35% de 80 é 28.

Colocando Todos os Problemas de Porcentagem Juntos

Na seção anterior, "Resolvendo Problemas de Porcentagem", ofereço alguns caminhos para achar qualquer porcentagem de qualquer número. Esse tipo de problema de porcentagem é o mais comum — razão pela qual ele fica em evidência.

Mas as porcentagens são normalmente usadas em larga escala nas aplicações de negócios, tais como atividades bancárias, imóveis, folhas de pagamento e impostos. (Mostro a você algumas aplicações no mundo real quando discuto problemas com enunciado no Capítulo 13.) E, dependendo da situação, dois outros tipos comuns de problemas de porcentagem podem aparecer.

Nesta seção, mostro a você estes dois tipos de problemas adicionais de porcentagem e como eles se relacionam ao tipo que você sabe como resolver agora. Forneço-lhe também uma ferramenta simples para fazer um trabalho rápido de todos os três tipos.

Identificando os três tipos de problemas de porcentagem

Mais cedo neste capítulo, mostro como resolver problemas que se parecem com este:

50% de 2 é ?

E a resposta, evidentemente, é 1. (Veja a seção "Resolvendo Problemas de Porcentagem" para mais detalhes sobre como obter esta resposta.)

Com as duas partes da informação — a porcentagem e o número com o qual começar — você pode descobrir o número com o qual termina.

Agora imagine que eu exclua a porcentagem e lhe dê os números inicial e final:

? % de 2 é 1

Você ainda pode preencher o espaço em branco sem muitos problemas. Do mesmo modo, imagine que eu exclua o número inicial e lhe dê a porcentagem e o número final:

50% de ? é 1

Novamente, pode preencher o espaço em branco.

Se você entender essa ideia básica, estará pronto para resolver problemas de porcentagem. Quando os simplifica, quase todos os problemas de porcentagem se enquadram em um dos três tipos que mostro na Tabela 12-1.

TABELA 12-1 **Os Três Principais Tipos de Problemas de Porcentagem**

Tipo de Problema	O que Achar	Exemplo
Tipo 1	O número final	50% de 2 é *o quê*?
Tipo 2	A porcentagem	*Qual* porcentagem de 2 é 1?
Tipo 3	O número inicial	50% do que é 1?

Em cada caso, o problema lhe dá duas das três informações e seu trabalho é achar a parte que restou. Na próxima seção, ofereço uma simples ferramenta para ajudá-lo a resolver todos esses três tipos de problemas de porcentagem.

Resolvendo problemas de porcentagem com equações

LEMBRE-SE

Aqui está como resolver qualquer problema de porcentagem:

1. **Mude a palavra *de* por um sinal de multiplicação e a porcentagem por um decimal (conforme mostrei antes neste capítulo).**

   Este passo é o mesmo que para os problemas mais simples de porcentagem. Por exemplo, considere este problema:

   60% do que é 75?

Comece fazendo as seguintes alterações:

60%	do que é	75
0,6	×	75

2. **Mude a palavra *é* para um sinal de igual e a palavra *que* para a letra X.**

   Aqui está como fica este passo:

60%	do	que	é	75
0,6	×	X	=	75

   Esta equação fica mais normal como a seguir:

   $0,6 \times X = 75$

3. **Encontre o valor de X.**

   Tecnicamente, o último passo envolve um pouco de álgebra, mas sei que você consegue resolvê-lo. (Para uma explicação completa sobre álgebra, veja a Parte 5 deste livro.) Na equação, X está sendo multiplicado por 0,6. Você precisa "desfazer" esta operação ao *dividir* por 0,6 nos dois lados da equação:

   $0,6 \times X \div 0,6 = 75 \div 0,6$

   Quase de forma mágica, o lado esquerdo da equação se torna muito mais fácil para ser trabalhado, porque a multiplicação e a divisão pelo mesmo número cancelam um ao outro:

   $X = 75 \div 0,6$

   Lembre-se de que X é a resposta ao problema. Caso seu professor deixe usar uma calculadora, este passo é fácil; se não, você pode fazer o cálculo usando uma divisão decimal, como mostro no Capítulo 11:

   $X = 125$

   De qualquer modo, a resposta é 125 — portanto, 60% de 125 é 75.

Como outro exemplo, imagine que você se depara com este problema de porcentagem:

Qual porcentagem de 250 é 375?

Para começar, mude a palavra *de* para um sinal de multiplicação e a palavra *porcentagem* para um decimal.

Qual	porcentagem	de	250	é	375
	× 0,01	×	250		375

Perceba aqui que, uma vez que não sei a porcentagem, mudo a palavra *porcentagem* para × 0,01. A seguir, mude *é* para um sinal de igual e *qual* para a letra X:

Qual	porcentagem	de	250	é	375
X	× 0,01	×	250	=	375

Consolide a equação e depois multiplique:

X × 2,5 = 375

Agora, divida os dois lados por 2,5:

X = 375 ÷ 2,5 = 150

Portanto, a resposta é 150 — então, 150% de 250 é 375.

Aqui está outro problema: 49 é qual porcentagem de 140? Comece, como sempre, traduzindo o problema em palavras:

49	é	qual	porcentagem	de	140
49	=	X	× 0,01	×	140

Simplifique a equação:

49 = X × 1,4

Agora, divida os dois lados por 1,4:

49 ÷ 1,4 = X × 1,4 ÷ 1,4

Novamente, a multiplicação e a divisão pelo mesmo número permitem que você cancele o lado esquerdo da equação e termine o problema:

49 ÷ 1,4 = X

35 = X

Portanto, a resposta é 35; então, 49 é 35% de 140.

> **NESTE CAPÍTULO**
>
> » Somando e subtraindo frações, decimais e porcentagens em equações com incógnitas verbais
>
> » Transformando a palavra *de* em multiplicação
>
> » Mudando porcentagens para decimais em problemas com enunciados
>
> » Abordando problemas de negócios que envolvem aumento e redução de porcentagem

Capítulo **13**

Problemas com Enunciados com Frações, Decimais e Porcentagens

No Capítulo 6, mostro a você como resolver problemas com enunciados (chamados também de problemas matemáticos) ao montar as equações com palavras que usam as quatro operações fundamentais (adição, subtração, multiplicação e divisão). Neste capítulo, mostro como estender essas habilidades para resolver problemas matemáticos com frações, decimais e porcentagens.

Primeiro, mostro como resolver problemas relativamente fáceis nos quais tudo que você precisa fazer é somar ou subtrair frações, decimais ou porcentagens. Depois, apresento como resolver problemas que exigem que você multiplique as frações. Tais problemas são fáceis de serem reconhecidos porque eles quase sempre contêm a palavra *de*. Depois disso, você descobre como resolver problemas de porcentagem ao montar uma equação com palavras e mudar a porcentagem para um decimal. Por fim, mostro como lidar com problemas de aumento e redução de porcentagem. Esses problemas são, em geral, problemas práticos de dinheiro nos quais você resolve questões sobre aumentos e salários, custos e descontos ou quantias antes e depois dos impostos.

Somando e Subtraindo Partes do Todo nos Problemas com Enunciados

Alguns problemas com enunciados envolvendo frações, decimais e porcentagens são, de fato, apenas problemas de adição e subtração. Você pode somar frações, decimais ou porcentagens em uma variedade de contextos do mundo real que dependem de pesos e medidas — tais como culinária e marcenaria (no Capítulo 15, discuto essas aplicações com profundidade).

Para resolver esses problemas, você pode usar as habilidades que aprendeu nos Capítulos 10 (para somar e subtrair frações), 11 (para somar e subtrair decimais) e 12 (para somar e subtrair porcentagens).

Compartilhando uma pizza: Frações

Você pode ter que somar ou subtrair frações em problemas que envolvam dividir partes de um todo. Por exemplo, considere o seguinte:

Joan comeu 1/6 de uma pizza. Tony comeu 1/4 e Sylvia comeu 1/3. Qual é a fração de pizza que sobrou quando eles acabaram de comer?

Neste problema, apenas escreva as informações dadas como equações com palavras:

$$\text{Joan} = \frac{1}{6} \quad \text{Tony} = \frac{1}{4} \quad \text{Sylvia} = \frac{1}{3}$$

Essas frações são partes de uma pizza inteira. Para resolver o problema, você precisa descobrir quanto todas as pessoas comeram, portanto, forme a seguinte equação com palavras:

Todos os três = Joan + Tony + Sylvia

Agora você pode substituir como a seguir:

$$\text{Todos os três} = \frac{1}{6} + \frac{1}{4} + \frac{1}{3}$$

O Capítulo 10 lhe dá vários caminhos para somar essas frações. Aqui está um deles:

$$\text{Todos os três} = \frac{2}{12} + \frac{3}{12} + \frac{4}{12} = \frac{9}{12} = \frac{3}{4}$$

Entretanto, a pergunta é qual é a fração de pizza que sobrou depois que eles terminaram de comer, portanto, você deve subtrair esta quantidade do todo:

$$1 - \frac{3}{4} = \frac{1}{4}$$

Dessa forma, as três pessoas deixaram de comer ¼ de uma pizza.

Comprando por quilo: Decimais

Frequentemente, você trabalha com decimais quando lida com dinheiro, medições métricas (veja o Capítulo 15) e alimentos vendidos por quilo. O seguinte problema exige que você some e subtraia decimais, conforme discuto no Capítulo 11. Embora os decimais pareçam intimidar, é muito simples montar este problema:

> Antônia comprou 4,53 quilos de carne de vaca e 3,1 quilos de carne de cordeiro. Lance comprou 5,24 quilos de carne de frango e 0,7 quilos de carne de porco. Qual deles comprou mais carne e quanto mais?

Para resolver este problema, você primeiro calcula quanto cada pessoa comprou:

> Antônia = 4,53 + 3,1 = 7,63
>
> Lance = 5,24 + 0,7 = 5,94

Você já pode observar que Antônia comprou mais que Lance. Para calcular quanto a mais ela comprou, subtraia:

> 7,63 - 5,94 = 1,69

Portanto, Antônia comprou 1,69 quilos a mais do que Lance.

Dividindo os votos: Porcentagens

Quando as porcentagens representam pesquisas de opinião, votos de uma eleição ou partes de um orçamento, o total geralmente tem que ser 100%. Na vida real, você pode observar tal informação organizada como um gráfico de setores (o qual discuto no Capítulo 17). Resolver problemas com esse tipo de informação frequentemente envolve apenas adição e subtração de porcentagens. Aqui está um exemplo:

> Em uma eleição recente para prefeito, cinco candidatos disputaram as eleições. Faber obteve 39% dos votos, Gustafson 31%, Ivanovich 18%, Dixon

7%, Obermayer 3% e o restante dos votos foi para outros candidatos. Qual é a porcentagem de eleitores que votou em outros candidatos?

Os candidatos participaram de uma eleição única, portanto, todos os votos devem somar 100%. O primeiro passo aqui é apenas somar as cinco porcentagens. Depois, subtraia este valor de 100%:

39% + 31% + 18% + 7% + 3% = 98%

100% − 98% = 2%

Como 98% dos eleitores votaram em um dos cinco candidatos, os 2% restantes votaram em outros candidatos.

Problemas sobre a Multiplicação de Frações

LEMBRE-SE

Em problemas com enunciado, a palavra *de* quase sempre significa multiplicação. Portanto, sempre que você vir a palavra *de* após uma fração, um decimal ou uma porcentagem, pode substituí-la por um sinal de vezes.

Quando pensa sobre isso, a palavra *de* significa multiplicação até mesmo quando você não está falando de frações. Por exemplo, quando você aponta para um item em uma loja e diz: "Eu levarei três desses", está querendo dizer: "Eu pegarei esse *multiplicado* por três".

Os exemplos seguintes lhe oferecem uma prática de transformar problemas com enunciados que incluem a palavra *de* em problemas de multiplicação que você pode resolver com multiplicação de fração.

Compras de mercearia renegadas: Comprando menos do que eles lhe dizem

Depois de entender que a palavra *de* significa multiplicação, você tem uma ferramenta poderosa para interpretar o enunciado dos problemas. Por exemplo, pode calcular quanto gastará se não comprar comida nas quantidades listadas nas placas. Aqui está um exemplo:

Se a carne bovina custa $4 o quilo, quanto custa 5/8 de um quilo?

Veja o que obtém se você simplesmente mudar a palavra *de* para um sinal de multiplicação:

$\frac{5}{8}$ × 1 quilo de carne bovina

Assim você sabe quanto de carne bovina está comprando. Entretanto, você quer saber o custo. Como o problema lhe diz que 1 quilo = $4, pode substituir 1 quilo de carne bovina por $4:

$$\frac{5}{8} \times \$4$$

Agora você tem uma expressão que pode avaliar. Use as regras de multiplicação de frações do Capítulo 10 e resolva:

$$= \frac{5 \times \$4}{8 \times 1} = \$\frac{20}{8}$$

Essa fração pode ser reduzida para $5/2$. Entretanto, a resposta parece estranha, porque o dinheiro é, em geral, expresso em decimais e não em frações. Portanto, converta esta fração em um decimal usando as regras que lhe mostro no Capítulo 11:

$$\$\frac{5}{2} = \$5 \div 2 = \$2,5$$

Neste ponto, entenda que $2,5 é mais comumente escrito como $2,50 e você tem a sua resposta.

Muito Fácil: Calculando o que sobrou no seu prato

Às vezes, quando você está compartilhando algo, como uma torta, as pessoas não pegam seus pedaços ao mesmo tempo. Por exemplo, os ávidos por torta pegam o primeiro pedaço e não se importam em dividir a torta em porções iguais, e as pessoas que foram mais lentas, mais pacientes ou apenas não estavam com tanta fome cortam suas próprias porções do que sobrou. Quando alguém pega uma parte dos restos, você pode fazer um pouco de multiplicação para ver quanto do total da torta aquela porção representa.

Considere o seguinte exemplo:

> Jerry comprou uma torta e comeu 1/5 dela. Depois sua esposa Doreen comeu 1/6 do que sobrou. Quanto sobrou da torta inteira?

Para resolver este problema, comece escrevendo o que a primeira frase lhe diz:

$$\text{Jerry} = \frac{1}{5}$$

Doreen comeu parte do que sobrou, portanto, escreva uma equação que lhe diga quanto sobrou da torta depois que Jerry terminou de comer. Ele começou com uma torta inteira, portanto, subtraia sua porção de 1:

$$\text{Bolo que sobrou depois de Jerry} = 1 - \frac{1}{5} = \frac{4}{5}$$

Depois, Doreen comeu 1/6 dessa quantidade. Reescreva a palavra *dessa* como um multiplicação e resolva, como a seguir. Esta resposta lhe informa quanto Doreen comeu da torta inteira:

$$\text{Doreen} = \frac{1}{6} \times \frac{4}{5} = \frac{4}{30}$$

Para tornar os números um pouco menores antes de continuar, note que pode reduzir a fração:

$$\text{Doreen} = \frac{2}{15}$$

Agora você sabe quanto Jerry e Doreen comeram, portanto, pode somar estas quantidades:

$$\text{Jerry} + \text{Doreen} = \frac{1}{5} + \frac{2}{15}$$

Resolva este problema conforme mostro no Capítulo 10:

$$= \frac{3}{15} + \frac{2}{15} = \frac{5}{15}$$

Essa fração pode ser reduzida para 1/3. Agora você sabe que Jerry e Doreen comeram 1/3 da torta, mas o problema quer saber quanto sobrou. Portanto, termine com uma subtração e escreva a resposta:

$$1 - \frac{1}{3} = \frac{2}{3}$$

A quantidade de torta que sobrou foi 2/3.

Multiplicando Decimais e Porcentagens em Problemas com Enunciado

Na seção anterior, "Problemas sobre a Multiplicação de Frações", mostro a você como a palavra *de* em um problema com enunciado envolvendo fração significa, em geral, multiplicação. Esta ideia também é verdadeira em problemas com enunciados que envolvem decimais e porcentagens. O método para resolver esses dois tipos de problemas é similar, portanto, eu os coloco juntos nesta seção.

DICA

Você pode resolver facilmente os problemas com enunciados que envolvem porcentagens ao mudar as porcentagens para decimais (veja o Capítulo 12 para mais detalhes). Aqui estão algumas porcentagens comuns e seus equivalentes decimais:

25% = 0,25   50% = 0,5   75% = 0,75   99% = 0,99

Até o final: Calculando quanto sobrou de dinheiro

Um tipo de problema comum lhe dá uma quantia inicial — e um punhado de outras informações — e, depois, pede que você calcule com quanto ficou. Aqui está um exemplo:

> Os avós de Maria deram a ela $125 pelo seu aniversário. Ela colocou 40% do dinheiro no banco, gastou 35% do que sobrou em um par de sapatos e depois gastou o resto com um vestido. Qual é o preço do vestido?

Comece do início, formando uma equação com palavras para calcular a quantia que Maria colocou no banco:

> Dinheiro no banco = 40% de $125

Para resolver esta equação com palavras, mude a porcentagem para decimal e a palavra *de* por um sinal de multiplicação; depois multiplique:

> Dinheiro no banco = 0,4 × $125 = $50

DICA

Preste muita atenção se você está calculando quanto de algo foi usado ou quanto sobrou de algo. Se você precisar trabalhar com a porção que restou, talvez tenha que subtrair a quantia utilizada da quantia inicial.

Como Maria começou com $125, ela tinha $75 sobrando para gastar:

> dinheiro que sobrou para gastar
>
> = dinheiro dos avós - dinheiro no banco:
>
> = $125 - $50
>
> = $75

O problema então diz que ela gastou 35% dessa quantia com um par de sapatos. De novo, mude a porcentagem para um decimal e a palavra *de* para um sinal de multiplicação:

Sapatos = 35% de $75 = 0,35 × $75 = $26,25

Ela gastou o resto do dinheiro com um vestido, portanto:

Vestido = $75 - $26,25 = $48,75

Portanto, Maria gastou $48,75 com o vestido.

Descobrindo com quanto você começou

Alguns problemas lhe dão a quantia que você tem no final e pedem para descobrir com quanto começou. Em geral, esses problemas são mais difíceis, porque você não tem o costume de pensar para trás. Aqui está um exemplo e é um tipo de problema difícil, portanto, apertem os cintos:

Maria recebeu algum dinheiro, pelo seu aniversário, da sua tia. Ela colocou seus habituais 40% no banco, gastou 75% do que sobrou com uma bolsa e, quando terminou, ela tinha $12 sobrando para gastar com um jantar. Quanto a tia dela lhe deu?

Esse problema é similar ao problema na seção anterior, mas você precisa começar no final e trabalhar para trás. Note que a única quantia no problema vem depois das duas quantias em porcentagem. O problema lhe diz que ela termina com $12 depois de duas transações — colocar dinheiro no banco e comprar uma bolsa — e pede que você descubra com quanto ela começou.

Para resolver esse problema, elabore duas equações para descrever as duas transações:

Dinheiro da tia - dinheiro no banco = dinheiro depois do banco

Dinheiro depois do banco - dinheiro para a bolsa = $12

Perceba o que essas incógnitas estão dizendo. A primeira lhe diz que Maria pegou o dinheiro de sua tia, subtraiu uma parte para colocar no banco e saiu do banco com uma nova quantia de dinheiro, a qual estou chamando de *dinheiro depois do banco*. A segunda equação começa de onde a primeira para. Ela lhe diz que Maria pegou o dinheiro que sobrou do banco, subtraiu uma quantia para uma bolsa e terminou com $12.

Essa segunda equação já tem uma quantia de dinheiro preenchida, portanto, comece aqui. Para resolver esse problema, note que Maria gastou 75% do seu dinheiro *naquele momento* com a bolsa — isso é, 75% do dinheiro que ela ainda tinha depois do banco:

Dinheiro depois do banco - 75% do dinheiro depois do banco = $12

Vou fazer uma pequena mudança nesta equação para que você possa ver o que ela está dizendo de fato:

100% de dinheiro depois do banco - 75% de dinheiro depois do banco = $12

Adicionar *100% de* não muda a equação porque apenas significa que você está multiplicando por 1. Na realidade, você pode colocar essas duas palavras em qualquer lugar sem mudar o que quer dizer, embora você possa parecer ridículo dizendo: "Noite passada, dirigi 100% do meu carro do trabalho até minha casa, levei 100% do meu cachorro para passear, depois peguei 100% de minha esposa para assistir 100% de um filme."

Entretanto, neste caso particular, essas palavras o ajudam a criar uma relação, porque 100% - 75% = 25%; aqui está uma forma ainda melhor para escrever esta equação:

25% de dinheiro após o banco = $12

Antes de continuar, certifique-se de que você entendeu os passos que o trouxeram até aqui.

Agora você sabe que 25% de dinheiro depois do banco é $12, então a quantia total depois do banco é 4 vezes essa quantia — isso é, $48. Portanto, você pode colocar esse número na primeira equação:

Dinheiro da tia - dinheiro para o banco = $48

Agora você pode usar o mesmo tipo de pensamento para resolver esta equação (e será muito mais rápido esta vez!). Primeiro, Maria colocou 40% do dinheiro de sua tia no banco:

Dinheiro da tia - 40% de dinheiro da tia = $48

De novo, reescreva esta equação para tornar o que está sendo dito mais claro:

100% do dinheiro da tia - 40% do dinheiro da tia = $48

Agora, como 100% - 40% = 60%, reescreva de novo:

60% de dinheiro da tia = $48

Sendo assim, $0,6 \times$ dinheiro da tia = $48. Divida os dois lados dessa equação por 0,6:

Dinheiro da tia = $48 ÷ 0,6 = $80

Portanto, a tia da Maria deu a ela $80 pelo seu aniversário.

Lidando com Aumentos e Reduções de Porcentagens em Problemas com Enunciados

Os problemas com enunciados que envolvem aumento ou redução de uma porcentagem acrescentam um giro final aos problemas de porcentagem. Problemas típicos de aumento de porcentagem envolvem calcular a quantia de um salário mais um aumento, o custo de uma mercadoria mais imposto ou uma quantia de dinheiro mais juros ou dividendos. Problemas típicos de redução de porcentagem envolvem a quantia de um salário menos impostos ou o custo de uma mercadoria menos um desconto.

Para dizer a verdade, você talvez já tenha resolvido problemas desse tipo antes, em "Multiplicando Decimais e Porcentagens em Problemas com Enunciado". Mas as pessoas, em geral, são derrubadas pela linguagem desses problemas — que, a propósito, é a linguagem dos negócios —, portanto, quero que você pratique como resolvê-los.

Recebendo muito dinheiro: Calculando aumentos salariais

Algumas pessoas espertas vão lhe dizer que as palavras *aumento de salário* significam mais dinheiro, portanto, esteja pronto para fazer adição. Aqui está um exemplo:

O salário de Alison era $40.000 no ano passado e no final do ano ela recebeu um aumento de 5%. Quanto ela ganhará este ano?

Para resolver esse problema, primeiramente note que Alison ganhou um aumento. Portanto, o que ela ganhará este ano será mais do que ela ganhou no ano passado. A chave para montar esse tipo de problema é pensar sobre o aumento da porcentagem como "100% do salário do ano passado mais 5% do salário do ano passado". Aqui está a equação:

O salário deste ano = 100% do salário do ano passado + 5% do salário do ano passado

Agora você pode simplesmente somar as porcentagens:

Salário deste ano = 105% do salário do ano passado

Mude a porcentagem para um decimal e a palavra *deste* para um sinal de multiplicação; depois, preencha a quantia do salário do ano passado:

Salário deste ano = 1,05 × $40.000

Agora você está pronto para multiplicar:

   Salário deste ano = $42.000

Portanto, o novo salário de Alison é $42.000.

Lucrando com juros sobre juros

A palavra *juros* significa mais dinheiro. Quando você recebe juros do banco, ganha mais dinheiro. E quando paga juros de um empréstimo, paga mais dinheiro. Às vezes, as pessoas ganham juros sobre os juros que elas ganharam antes, o que faz a quantia aumentar mais rapidamente. Aqui está um exemplo:

   Bethany aplicou $9.500 em um CDB de um ano que pagou 4% de juros. No ano seguinte, ela aplicou esse investimento em um título que pagou 6% ao ano. Quanto Bethany ganhou em seu investimento nesses três anos?

Esse problema envolve juros, portanto, é outro problema referente a aumento de porcentagem — só que dessa vez você tem que lidar com duas transações. Pegue uma de cada vez.

A primeira transação é um aumento de porcentagem de 4% sobre $9.500. A equação com palavras a seguir faz sentido:

   Dinheiro após o primeiro ano = 100% do depósito inicial + 4% do depósito inicial

   = 104% do depósito inicial

Agora substitua $9.500 pelo depósito inicial e calcule:

   = 104% de $9.500

   = 1,04 × $9.500

   = $9.880

Nesse ponto, você está pronto para a segunda transação. Ela é um aumento de porcentagem de 6% sobre $9.880:

   Quantia final = 106% de $9.880

   = 1,06 × $9.880

   = $10.472,80

Depois, subtraia o depósito inicial da quantia final:

Ganhos = quantia final − depósito inicial

= $10.472,80 − $9.500
= $972,80

Portanto, Bethany ganhou $972,80 no seu investimento.

Aproveitando as promoções: Calculando descontos

Ao ouvir as palavras *desconto* ou *preço de promoção*, pense em subtração. Aqui está um exemplo:

Greg está de olho em uma televisão com um preço tabelado de $2.100. O vendedor oferece um desconto de 30% se ele comprar a mercadoria hoje. Quanto custará a televisão com o desconto?

Nesse problema, você precisa perceber que o desconto abaixa o preço da televisão, portanto, tem que subtrair:

Preço de promoção = 100% do preço normal − 30% do preço normal

= 70% do preço normal

= 0,7 × $2.700 = $1.470

Assim, a televisão custará $1.470 com o desconto.

4 Representação e Mensuração — Gráficos, Medidas, Estatística e Conjuntos

NESTA PARTE . . .

Faça a representação de números muito grandes e muito pequenos com a notação científica.

Pese e mensure com o sistema de unidade inglesa e com o sistema métrico.

Entenda a geometria básica, incluindo pontos, linhas e ângulos, além das formas básicas e sólidos.

Faça apresentações de dados matemáticos usando gráficos de barras, de pizza, de linha e gráficos XY.

Resolva problemas com enunciados envolvendo medidas e geometria.

Responda questões do mundo real com estatística e probabilidade.

Fique familiarizado com a teoria básica de conjuntos, incluindo união e intersecção.

NESTE CAPÍTULO

» Sabendo como expressar potências de dez na forma exponencial

» Apreciando como e por que a notação científica funciona

» Entendendo ordem de magnitude

» Multiplicando números na notação científica

Capítulo **14**

Um Dez Perfeito: Condensando Números com Notação Científica

Frequentemente, cientistas trabalham com medições muito pequenas ou muito grandes — a distância até a próxima galáxia, o tamanho de um átomo, a massa da Terra ou o número de células bacterianas crescendo nos restos de comida da semana anterior de um restaurante chinês. Para poupar tempo e espaço — e para tornar os cálculos mais fáceis — as pessoas desenvolveram um tipo de taquigrafia chamada *notação científica*.

A notação científica usa uma sequência de números conhecida como potências de dez, as quais apresento no Capítulo 2:

1   10   100   1000   10.000   100.000   1.000.000   10.000.000 ...

Cada número na sequência é dez vezes maior do que o número anterior.

As potências de dez são fáceis para se trabalhar, especialmente quando está multiplicando ou dividindo, pois você pode simplesmente adicionar ou tirar zeros ou mover a vírgula decimal. Elas também são fáceis de representar na forma exponencial (conforme mostro no Capítulo 4):

$$10^0 \quad 10^1 \quad 10^2 \quad 10^3 \quad 10^4 \quad 10^5 \quad 10^6 \quad 10^7...$$

A notação científica é um sistema útil para escrever números muito pequenos ou muito grandes sem ter que escrever um punhado de zeros. Ela usa decimais e expoentes (portanto, se você precisa recordar um pouco de decimais, vá para o Capítulo 11).

Neste capítulo, apresento a você esse método poderoso de escrever números. Também explico a ordem de grandeza de um número. Por fim, mostro como multiplicar números escritos na notação científica.

As Primeiras Coisas Primeiro: Potências de Dez como Expoentes

A notação científica usa potências de dez expressas como expoentes, portanto, você precisa de um pouco de base antes de cair dentro. Nesta seção, refino seu conhecimento sobre expoentes, os quais apresentei no Capítulo 4.

Contando zeros e escrevendo expoentes

Os números começando com 1 e seguidos somente por zeros (como 10, 100, 1.000, 10.000 e assim por diante) são chamados de potências de dez e são facilmente representados como expoentes. As potências de dez são o resultado de multiplicar 10 por ele mesmo qualquer número de vezes.

DICA

Para representar um número que é uma potência de dez como um número exponencial, conte os zeros e eleve 10 ao expoente. Por exemplo, 1.000 tem três zeros, portanto, 1.000 = 10^3 (10^3 significa pegar o 10 e multiplicar por ele mesmo três vezes, portanto, ele é igual a 10 × 10 × 10). A Tabela 14-1 mostra uma lista de algumas potências de dez.

TABELA 14-1 Potências de Dez Expressas como Expoentes

Número	Expoente
1	10^0
10	10^1
100	10^2
1.000	10^3
10.000	10^4
100.000	10^5
1.000.000	10^6

Depois que você conhece esse truque, representar muitos números grandes como potências de dez é fácil — apenas conte os zeros! Por exemplo, o número 1 trilhão — 1.000.000.000.000 — é um 1 com doze zeros depois dele, portanto:

$$1.000.000.000.000 = 10^{12}$$

Esse truque pode não parecer grande coisa, mas, quanto maiores os números, mais espaço você poupa usando os expoentes. Por exemplo, um número realmente longo é um *googol*, que é um 1 seguido por uma centena de zeros. Você pode escrever o seguinte:

10.000.000.000.000.000.000.000.000.000.000.000.000.000.000.00
0.000.000.000.000.000.000.000.000.000.000.000.000.000.000

Como pode ver, um número desse tamanho é praticamente intratável. Você pode se poupar de problemas e escrever 10^{100}.

LEMBRE-SE Um 10 elevado a um número negativo é também uma potência de 10.

Você também pode representar decimais usando expoentes negativos. Por exemplo:

$10^{-1} = 0,1 \qquad 10^{-2} = 0,01 \qquad 10^{-3} = 0,001 \qquad 10^{-4} = 0,0001$

Embora a ideia de expoentes negativos possa parecer estranha, ela faz sentido quando você pensa nela junto com o que sabe sobre expoentes positivos. Por exemplo, para descobrir o valor de 10^7, comece com 1 e torne-o maior ao mover a vírgula decimal sete espaços para a direita:

$$10^7 = 10.000.000$$

Do mesmo modo, para descobrir o valor de 10^{-7}, comece com um 1 e torne-o menor movendo a vírgula decimal sete espaços para a esquerda:

$10^{-7} = 0,0000001$

CUIDADO

As potências negativas de 10 sempre têm menos um 0 entre o 1 e a vírgula decimal do que a potência indica. Nesse exemplo, note que 10^{-7} tem seis zeros entre eles.

Assim como nos números grandes, usar expoentes para representar decimais muito pequenos tem sentido prático. Por exemplo:

$10^{-23} = 0,00000000000000000000001$

Como pode observar, esse decimal é fácil de trabalhar na sua forma exponencial, mas é quase impossível lê-lo da outra forma.

Somando expoentes para multiplicar

LEMBRE-SE

Uma vantagem de usar a forma exponencial para representar potências de dez é que ela é muito fácil de multiplicar. Para multiplicar duas potências de dez na forma exponencial, some seus expoentes. Aqui estão alguns exemplos:

» $10^1 \times 10^2 = 10^{1+2} = 10^3$

   Aqui, eu simplesmente multiplico estes números: 10 x 100 = 1.000.

» $10^{14} \times 10^{15} = 10^{14+15} = 10^{29}$

   Aqui está o que eu estou multiplicando:

   100.000.000.000.000 x 1.000.000.000.000.000
   = 100.000.000.000.000.000.000.000.000.000

   Você pode verificar que essa multiplicação está correta ao contar os zeros.

» $10^{100} \times 10^0 = 10^{100+0} = 10^{100}$

   Aqui estou multiplicando um *googol* por 1 (qualquer número elevado a um expoente de 0 é igual a 1), portanto, o resultado é um *googol*.

Em cada um desses casos, você pode pensar na multiplicação das potências de dez como adicionar zeros extras ao número.

As regras para multiplicar potências de dez somando expoentes também se aplicam aos expoentes negativos. Por exemplo:

$10^3 \times 10^{-5} = 10^{(3-5)} = 10^{-2} = 0,01$

Trabalhando com Notação Científica

A *notação científica* é um sistema para escrever números muito pequenos ou muito grandes de modo que os torne mais fáceis para se trabalhar. Todo número pode ser escrito em notação científica como o produto de dois números (dois números multiplicados):

» Um decimal superior ou igual a 1 e inferior a 10 (veja o Capítulo 11 para mais detalhes sobre decimais).

» Uma potência de dez escrita como um expoente (veja a seção anterior).

Escrevendo em notação científica

LEMBRE-SE

Aqui está como escrever qualquer número em notação científica:

1. **Escreva o número como decimal (se ele não o for ainda).**

   Imagine que você queira mudar o número 360.000.000 para uma notação científica. Primeiro, escreva-o como decimal:

   360.000.000,0

2. **Mova a vírgula decimal apenas o número de posições suficientes para mudar este número para um novo número que fique entre 1 e 10.**

   Mova a vírgula decimal para a direita ou para a esquerda para que apenas um dígito, que não seja zero, venha antes da vírgula decimal. Retire quaisquer zeros à esquerda ou à direita conforme necessário.

   Ao usar 360.000.000,0 apenas o 3 deve vir antes da vírgula decimal. Portanto, mova a vírgula decimal oito posições para a esquerda, retire os zeros à direita e obtenha 3,6:

   360.000.000,0 vira 3,6

3. **Multiplique o novo número por 10 elevado ao número de posições que você moveu a vírgula decimal no Passo 2.**

   Você moveu a vírgula decimal oito lugares, portanto, multiplique o novo número por 10^8:

   $3,6 \times 10^8$

4. **Se você moveu a vírgula decimal para a direita no Passo 2, coloque um sinal de menos no expoente.**

   Você moveu a vírgula decimal para a esquerda, portanto, não tem que fazer nada aqui. Dessa forma, 360.000.000 em notação científica é $3,6 \times 10^8$.

Mudar um decimal para notação científica basicamente segue o mesmo procedimento. Por exemplo, imagine que você queira mudar o número 0,00006113 para uma notação científica:

1. **Escreva 0,00006113 como decimal (este passo é fácil porque ele já é um decimal):**

   0,00006113

2. **Para mudar 0,00006113 para um novo número entre 1 e 10, mova a vírgula decimal cinco posições para a direita e retire os zeros à esquerda:**

   6,113

3. **Como você moveu a vírgula decimal cinco posições, multiplique o novo número por 10^{-5}:**

   $6,113 \times 10^{-5}$

4. **Como você moveu a vírgula decimal para a direita, coloque um sinal de menos no expoente:**

   $6,113 \times 10^{-5}$

   Portanto, 0,00006113 na notação científica é $6,113 \times 10^{-5}$.

Depois que acostumar a escrever números em notação científica, você pode fazer tudo isso em um passo. Aqui estão alguns exemplos:

$17.400 = 1,74 \times 10^4$
$212,04 = 2,1204 \times 10^2$
$0,003002 = 3,002 \times 10^{-3}$

Entendendo por que a notação científica funciona

Depois de entender como a notação científica funciona, você está em uma posição melhor para entender por que ela funciona. Imagine que esteja trabalhando com o número 4.500. Em primeiro lugar, você pode multiplicar qualquer número por 1 sem modificá-lo, portanto, aqui está uma equação válida:

$4.500 = 4.500 \times 1$

Como 4.500 termina com 0, ele é divisível por 10 (veja o Capítulo 7 para mais informações sobre divisibilidade). Portanto, você pode fatorar um 10 como a seguir:

4.500 = 450 × 10

Também, como 4.500 termina com dois zeros, ele é divisível por 100, portanto, você pode fatorar 100:

4.500 = 45 × 100

Em cada caso, você retira outro zero depois do 45 e o coloca depois do 1. Neste ponto, não tem mais zeros para retirar, mas pode continuar o padrão movendo a vírgula decimal uma posição para a esquerda:

4.500 = 4,5 × 1.000
4.500 = 0,45 × 10.000
4.500 = 0,045 × 100.000

O que você vem fazendo desde o início é mover a vírgula decimal uma posição para a esquerda e multiplicar por 10. Mas também é possível facilmente mover a vírgula decimal uma posição para a direita e multiplicar por 0,1, duas posições para a direita e multiplicar por 0,01 e três posições e multiplicar por 0,001:

4.500 = 45.000 × 0,1
4.500 = 450.000 × 0,01
4.500 = 4.500.000 × 0,001

Como pode ver, você tem total flexibilidade para expressar 4.500 como um decimal multiplicado por uma potência de dez. De fato, na notação científica, o decimal deve estar entre 1 e 10, portanto, a seguinte forma é a equação de escolha:

4.500 = 4,5 × 1.000

O passo final é mudar 1.000 para a forma exponencial. Apenas conte os zeros em 1.000 e escreva o número como expoente sobre 10:

$4.500 = 4,5 \times 10^3$

O efeito final é que você moveu a vírgula decimal três posições para a esquerda e elevou 10 a um expoente de 3. É possível ver como essa ideia pode funcionar para qualquer número, independentemente do tamanho.

Entendendo a ordem de magnitude

Uma boa pergunta a se fazer é por que a notação científica sempre usa um decimal entre 1 e 10. A resposta tem a ver com a ordem de magnitude. A *ordem de magnitude* é um caminho simples para que você não perca de vista o quão grande é um número, para que assim possa comparar números com mais facilidade. A ordem de magnitude de um número é o seu expoente na notação científica. Por exemplo:

$703 = 7,03 \times 10^2$ (a ordem de magnitude é 2)
$600.000 = 6 \times 10^5$ (a ordem de magnitude é 5)
$0,00095 = 9,5 \times 10^{-4}$ (a ordem de magnitude é -4)

Todo número que começa com 10, mas que seja inferior a 100, tem uma ordem de magnitude de 1. Todo número que começa com 100, mas que seja inferior a 1.000, tem uma ordem de magnitude de 2.

Multiplicando com notação científica

Multiplicar números que estão em notação científica é bastante simples, porque multiplicar potências de dez é fácil, como você pôde observar antes neste capítulo, em "Somando expoentes para multiplicar". Aqui está como multiplicar dois números com notação científica:

1. **Multiplique as duas partes decimais dos números.**

Imagine que você queira multiplicar o seguinte:

$(4,3 \times 10^5)(2 \times 10^7)$

A multiplicação é comutativa (veja o Capítulo 4), portanto, você pode mudar a ordem dos números sem mudar o resultado. E, por causa da propriedade associativa, também pode mudar como agrupar os números. Portanto, é possível reescrever este problema assim:

$(4,3 \times 2)(10^5 \times 10^7)$

Multiplique o que está no primeiro conjunto de parênteses — $4,3 \times 2$ — para descobrir a parte decimal da solução:

$4,3 \times 2 = 8,6$

2. **Multiplique as duas partes exponenciais ao somar seus expoentes.**

Agora multiplique 10^5 por 10^7:

$10^5 \times 10^7 = 10^{5+7} = 10^{12}$

3. **Escreva a resposta como o produto dos números que você achou nos Passos 1 e 2.**

    $8,6 \times 10^{12}$

4. **Se a parte decimal da solução for igual ou maior que 10, mova a vírgula decimal uma posição para a esquerda e adicione 1 ao expoente.**

    Como 8,6 é menor que 10, você não tem que mover a vírgula decimal de novo, portanto, a resposta é $8,6 \times 10^{12}$.

    Nota: Este número é igual a 8.600.000.000.000.

Esse método funciona mesmo quando um ou os dois expoentes forem números negativos. Por exemplo, se você seguir os passos que acabamos de ver, vai descobrir que $(6,02 \times 10^{23})(9 \times 10^{-28}) = 5,418 \times 10^{-4}$. *Nota:* Na forma decimal, este número é igual a 0,0005418.

> » Medindo coisas que funcionam juntas
>
> » Descobrindo diferenças entre os sistemas métrico e inglês
>
> » Estimando e calculando conversões dos sistemas métrico e inglês

Capítulo 15
Quanto Você Tem? Pesos e Medidas

No Capítulo 4, apresento a você as *unidades*, que são coisas que podem ser contadas, tais como maçãs, moedas ou chapéus. Maçãs, moedas e chapéus são fáceis de ser contados porque são *distintos* — isso é, você pode ver facilmente onde um termina e o outro começa. Mas nem tudo é tão fácil. Por exemplo, como você conta a água — pela gota? Mesmo que tentasse, qual é exatamente o tamanho de uma gota?

É aí que as unidades de medida entram. Uma *unidade de medida* permite que você conte alguma coisa que não seja distinta: uma quantidade de um líquido ou sólido, a distância de um lugar ao outro, uma duração de tempo, a velocidade na qual você está viajando ou a temperatura do ar.

Neste capítulo, discuto dois sistemas de medida importantes: o métrico e o inglês. Você provavelmente já está familiarizado com o sistema métrico e talvez conheça mais do que pensa sobre o sistema inglês. Cada um desses sistemas de medida fornece um modo diferente para medir distância, volume, peso (ou massa), tempo e velocidade. Depois, apresento como estimar quantidades métricas em unidades inglesas. Por fim, mostro como converter unidades métricas em unidades inglesas e vice-versa.

Examinando Diferenças entre os Sistemas Métrico e Inglês

Atualmente, os dois sistemas de medida mais comuns são o *sistema métrico* e o *sistema inglês*.

A maioria dos americanos aprende as unidades do sistema inglês — por exemplo, libras e onças, pés e polegadas e assim por diante — e as usa todos os dias. Infelizmente, o sistema inglês é estranho para ser usado em matemática. As unidades inglesas, tais como polegadas e onças líquidas, são, muitas vezes, medidas em frações, que (como você já conhece dos Capítulos 9 e 10) podem ser difíceis de trabalhar.

O *sistema métrico* foi inventado para simplificar a aplicação da matemática na mensuração. As unidades métricas são baseadas no número dez, o que as torna muito mais fáceis para se trabalhar. As partes das unidades são expressas como decimais, que (como o Capítulo 11 lhe mostra) são muito mais amigáveis do que as frações.

Apesar dessas vantagens, o sistema métrico está demorando para pegar nos Estados Unidos. Muitos americanos sentem-se confortáveis com as unidades inglesas e ficam relutantes em se separar delas. Já no Brasil, o sistema inglês é muito pouco difundido, sendo o sistema métrico o método usual. Assim, por exemplo, se eu pedir para você carregar um saco de 20 libras por ¼ de uma milha, você pode não ter tanta certeza do que o espera. Entretanto, se eu pedir para você carregar um saco pesando 10 quilos por meio quilômetro, você certamente saberá o que esperar.

Nesta seção, apresento as unidades de medida básicas para ambos os sistemas, métrico e inglês.

Se quiser um exemplo da importância de converter cuidadosamente, você deve se voltar para a NASA — eles meio que perderam um satélite na órbita de Marte no final da década de 1990 porque uma equipe de engenheiros usou unidades inglesas e a NASA usou o sistema métrico para navegar!

Dando uma olhada no sistema inglês

O *sistema inglês de medida* é mais comumente usado nos Estados Unidos (mas, ironicamente, não o é na Inglaterra). Para familiarizá-lo um pouco com algumas das unidades inglesas de medida, na lista a seguir, certifico-me de que você conheça as mais importantes. Apresento também alguns valores equivalentes que podem ajudá-lo a fazer conversões de um tipo de unidade para outra.

» **Unidades de distância:** A distância — também chamada de *comprimento* — é medida em polegadas (in.), pés (ft.), jardas (yd.) e milhas (mi.):

12 polegadas = 1 pé
3 pés = 1 jarda
5.280 pés = 1 milha

» **Unidades de volume líquido:** O volume líquido (também chamado de *capacidade*) é a quantidade de espaço ocupado por um líquido, tal como água, leite ou vinho. Discuto sobre o volume quando falo da geometria, no Capítulo 16. O volume é medido em onças líquidas (fl. oz.), xícaras (c.), quartilhos (pt.), quartos (qt.) e galões (gal.):

8 onças líquidas = 1 xícara
2 xícaras = 1 quartilho
2 quartilhos = 1 quarto
4 quartos = 1 galão

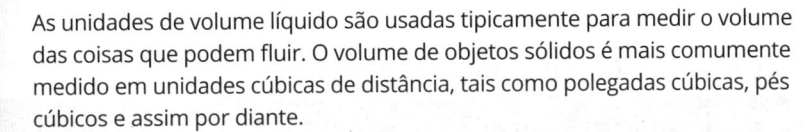

As unidades de volume líquido são usadas tipicamente para medir o volume das coisas que podem fluir. O volume de objetos sólidos é mais comumente medido em unidades cúbicas de distância, tais como polegadas cúbicas, pés cúbicos e assim por diante.

» **Unidades de peso:** O peso é a medida do quão fortemente a gravidade puxa um objeto para a Terra. O peso é medido em onças (oz.), libras (lb) e toneladas.

16 onças = 1 libra
2.000 libras = 1 tonelada

Não confunda *onças líquidas*, que medem volume, com *onças*, que medem peso. Essas unidades são dois tipos de medidas completamente diferentes!

» **Unidades de tempo:** O tempo é difícil de ser definido, mas todo mundo sabe o que é. O tempo é medido em segundos, minutos, horas, dias, semanas e anos:

60 segundos = 1 minuto
60 minutos = 1 hora
24 horas = 1 dia
7 dias = 1 semana
365 dias = 1 ano

A conversão de dias em anos é aproximada, porque a rotação diária da Terra em seu eixo e sua translação anual em volta do Sol não são exatamente sincronizadas. Um ano é perto de 365,25 dias, o que explica a existência de anos bissextos.

Excluí os meses da explicação porque a definição de um mês é imprecisa — ele pode variar de 28 a 31 dias.

» **Unidade de velocidade:** A velocidade é a medida de quanto tempo um objeto leva para se mover em uma determinada distância. A unidade de velocidade mais comum é milhas por hora (mph).

> **Unidade de temperatura:** A temperatura mede a quantidade de calor contida em um objeto. Este objeto pode ser um copo de água, um peru no forno ou o ar ambiente de sua casa. A temperatura é medida em graus Fahrenheit (°F).

Dando uma olhada no sistema métrico

Assim como o sistema inglês, o sistema métrico fornece unidades de medida para distância, volume e assim por diante. Diferente do sistema inglês, entretanto, o sistema métrico configura estas unidades usando uma *unidade básica* e um conjunto de *prefixos*.

A Tabela 15-1 mostra cinco unidades básicas importantes no sistema métrico.

TABELA 15-1 Cinco Unidades Métricas Básicas

Medida de	Unidade Métrica Básica
Distância	Metro
Volume (capacidade)	Litro
Massa (peso)	Grama
Tempo	Segundo
Temperatura	Graus Celsius (°C)

PAPO DE ESPECIALISTA

Para objetivos científicos, o sistema métrico foi atualizado para um *Sistema de Unidades Internacionais (SI)* definido com mais rigor. Cada unidade SI básica está correlacionada diretamente a um processo científico mensurável que a define. No SI, o quilograma (não o grama) é a unidade básica de massa, o Kelvin é a unidade básica de temperatura e o litro não é considerado uma unidade básica. Por razões técnicas, os cientistas tendem a usar o rigidamente mais definido SI, mas a maioria das outras pessoas usa o sistema métrico menos rígido. Na prática diária, você pode pensar nas unidades listadas na Tabela 15-1 como sendo as unidades básicas.

A Tabela 15-2 apresenta dez prefixos métricos, com os três mais comumente usados em negrito (veja o Capítulo 14 para mais informações sobre potências de dez).

TABELA 15-2   Dez Prefixos Métricos

Prefixo	Significado	Número	Potência de Dez
Giga	Um bilhão	1.000.000.000	10^9
Mega	Um milhão	1.000.000	10^6
Quilo	**Mil**	**1.000**	$\mathbf{10^3}$
Hecta	Cem	100	10^2
Deca	Dez	10	10^1
(nada)	Um	1	10^0
Deci	Um décimo	0,1	10^{-1}
Centi	**Um centésimo**	**0,01**	$\mathbf{10^{-2}}$
Mil	**Um milésimo**	**0,001**	$\mathbf{10^{-3}}$
Micro	Um milionésimo	0,000001	10^{-6}
Nano	Um bilionésimo	0,000000001	10^{-9}

As unidades métricas grandes e pequenas são formadas ao vincular uma unidade básica com um prefixo. Por exemplo, vincular o prefixo *quilo* à unidade básica *metro* dá a você o *quilômetro*, que equivale a 1.000 metros. Do mesmo modo, vincular o prefixo *mil* à unidade básica *litro* dá a você o *mililitro*, que equivale a 0,001 (um milésimo) de um litro.

Aqui está uma lista que lhe dá as unidades básicas:

» **Unidades de distância:** A unidade métrica básica de distância é o metro (m). As outras unidades comuns são os milímetros (mm), os centímetros (cm) e os quilômetros (km):

1 quilômetro = 1.000 metros
1 metro = 100 centímetros
1 metro = 1.000 milímetros

» **Unidades de volume líquido:** A unidade métrica básica de volume líquido (chamada também de capacidade) é o litro (L). Outra unidade comum é o mililitro (mL):

1 litro = 1.000 milímetros

Nota: Um mililitro é igual a 1 centímetro cúbico (cc).

» **Unidades de massa:** Tecnicamente falando, o sistema métrico não mede o peso, mas a massa. O *peso* é a medida do quão forte a gravidade puxa um objeto para a Terra. A *massa*, entretanto, é a medida da quantidade de matéria que um objeto tem. Se você viajasse para a lua, seu peso mudaria, portanto, você se sentiria mais leve. Mas a sua massa ficaria igual, então você ainda estaria lá por inteiro. A menos que esteja planejando uma viagem para o espaço ou realizando um experimento científico, você provavelmente não precisa saber a diferença entre peso e massa. Neste capítulo, pode pensar neles como equivalentes e eu uso a palavra *peso* quando me refiro à massa métrica.

A unidade básica de peso no sistema métrico é o grama (g). Entretanto, o quilograma (kg) é ainda mais comumente usado:

1 quilograma = 1.000 gramas

Nota: 1 quilograma de água tem um volume de 1 litro.

» **Unidades de tempo:** Assim como no sistema inglês, a unidade métrica básica de tempo é o segundo (s). Para a maioria das coisas, as pessoas também usam outras unidades inglesas, tais como minutos e horas.

Para muitos propósitos científicos, o segundo é a única unidade usada para medir tempo. Os números grandes de segundos e as frações pequenas de seções são representados com *notação científica*, assunto discutido no Capítulo 14.

» **Unidades de velocidade:** Para a maioria dos objetivos, a unidade métrica mais comum de velocidade são os quilômetros por hora (km/h). Outra unidade comum são os metros por segundo (m/s).

» **Unidades de temperatura (graus Celsius ou Centígrado):** A unidade métrica básica de temperatura é o grau Celsius (°C), chamado também de grau *Centígrado*. A escala Celsius é estabelecida para que, no nível do mar, a água congele a 0°C e ferva a 100°C.

PAPO DE ESPECIALISTA

Frequentemente, os cientistas usam outra unidade — o Kelvin (K) — para falar de temperatura. Os graus têm a mesma proporção que em Celsius, mas 0K é estabelecido como *zero absoluto*, a temperatura na qual os átomos não se movem de forma alguma. O zero absoluto é aproximadamente igual a -273,15°C.

Estimando e Convertendo entre os Sistemas Inglês e Métrico

A maioria dos americanos usa o sistema inglês de medida o tempo todo, mas possui apenas um conhecimento superficial do sistema métrico. Mas as unidades métricas estão sendo usadas cada vez mais como unidades para ferramentas, corridas a pé, bebidas e para muitas outras coisas. E também, se você viajar para os Estados Unidos, precisará saber o quão longe são 100 milhas ou quanto você pode dirigir com 10 galões de gasolina.

Nesta seção, ensino a você como fazer estimativas aproximadas de unidades inglesas em termos de unidades métricas, o que pode ajudá-lo a se sentir mais confortável com as unidades inglesas.

Mostro também como converter entre unidades métricas e inglesas, que é um tipo comum de problema matemático.

PAPO DE ESPECIALISTA

Quando eu falo de *estimativas*, quero dizer caminhos bastante flexíveis para medir quantidades inglesas usando as unidades métricas, com as quais você está familiarizado. Em contraste, quando falo de *conversão*, quero dizer usar uma equação para mudar de um sistema de unidades para o outro. Nenhum desses métodos é exato, mas a conversão fornece uma aproximação muito maior (e leva mais tempo) do que a estimativa.

Fazendo estimativas no sistema inglês

Uma razão pela qual, às vezes, as pessoas sentem-se desconfortáveis usando o sistema inglês é que, quando você não está familiarizado com ele, estimar quantidades em termos práticos é difícil. Por exemplo, se eu lhe disser que iremos à praia que fica a 1 quilômetro, você se prepara para um passeio curto. E se eu lhe disser que ela fica a 13 quilômetros, você vai em direção ao seu carro. Mas o que você faz com a informação de que a praia fica a 3 milhas?

Do mesmo modo, se eu lhe disser que a temperatura é de 40 graus Celsius, você provavelmente vestirá um traje de banho ou shorts. E se eu lhe disser que está 14 graus Celsius, você provavelmente vestirá um casaco. Mas o que você vestirá se eu lhe disser que a temperatura é de 77 graus Fahrenheit?

Nesta seção, forneço alguns princípios básicos para estimar quantidades no sistema inglês. Em cada caso, mostro como uma unidade inglesa comum se compara a uma unidade métrica com a qual você já se sente confortável.

Aproximando distâncias curtas: 1 metro é cerca de 1 jarda (3 pés)

DICA

Aqui está como converter pés em metros: 1 metro $\cong$ 3,28 pés. Mas para a estimativa, use a regra simples de que 1 metro é cerca de 1 jarda (isso é, em torno de 3 pés).

Por essa estimativa, um homem de 6 pés de altura tem em torno de 2 metros. Um quarto de 15 pés tem 5 metros de largura. E um campo de futebol de 100 jardas de comprimento tem cerca de 100 metros de comprimento. Do mesmo modo, um rio com uma profundidade de 4 metros tem cerca de 12 pés de profundidade. Uma montanha de 3.000 metros de altura tem cerca de 9.000 pés de altura. E uma criança com apenas meio metro de altura tem uma altura em torno de 1 pé e meio.

Estimando distâncias mais longas e velocidade

DICA

Aqui está como converter milhas em quilômetros: 1 quilômetro ≅ 0,62 milhas. Para uma estimativa aproximada, você pode se lembrar de que 1 quilômetro é cerca de ½ milha. De forma similar, 1 quilômetro por hora fica em torno de ½ milha por hora.

Essa diretriz lhe diz que, se você mora a 2 milhas do supermercado mais próximo, então mora em torno de 4 quilômetros dele. Uma maratona de 26 milhas fica em torno de 52 quilômetros. Se você correr em uma esteira a 6 milhas por hora, então você pode correr em torno de 12 quilômetros por hora. De forma similar, uma corrida de 10 quilômetros fica cerca de 5 milhas. Se o Tour de France fica em torno de 4.000 quilômetros, então ele está cerca de 2.000 milhas. E se a velocidade da luz é aproximadamente 300.000 quilômetros por segundo, então ela fica em torno de 150.000 milhas por segundo.

Aproximando volumes: 1 litro é cerca de 1 quarto (¼ de galão)

DICA

Aqui está como converter galões em litros: 1 litro ≅ 0,26 galões. Uma boa estimativa aqui é que 1 litro é cerca de 1 quarto (isso é, há cerca de 4 litros para o galão).

Usando essa estimativa, um galão de leite tem 4 quartos, portanto, tem cerca de 4 litros. Se você coloca 10 galões de gasolina no seu tanque, isto fica em torno de 40 litros. Na outra direção, se comprar uma garrafa de refrigerante de 2 litros, você tem cerca de 2 quartos. Se comprar um aquário com uma capacidade de 100 litros, ele armazena em torno de 25 galões de água. E se uma piscina armazena 8.000 litros de água, ela tem 2.000 galões.

Estimando peso: 1 quilograma é cerca de 2 libras

DICA

Aqui está como converter libras em quilogramas: 1 quilograma ≅ 2,20 libras. Para estimativa, calcule que 1 quilograma é igual a 2 libras.

Por essa estimativa, um saco de 5 quilos de batatas pesa em torno de 10 libras. Se você puder levantar um supino de 70 quilogramas, então pode levantar um supino em torno de 140 libras. E como um litro de água pesa exatamente 1 quilograma, você sabe que um quarto de água pesa em torno de 2 libras. Do mesmo modo, se um bebê pesa 8 libras ao nascer, ele ou ela pesa em torno de 4 quilogramas. Se você pesa 150 libras, então pesa em torno de 75 quilogramas. E se resolver perder 20 libras no próximo ano, então quer perder em torno de 10 quilogramas.

Estimando temperatura

O motivo mais comum para estimar temperatura em Celsius é em relação ao clima. A fórmula para converter Celsius em Fahrenheit é meio confusa:

Fahrenheit = Celsius × 9/5 + 32

Em substituição, use a útil Tabela 15-3.

TABELA 15-3 Comparando Temperaturas em Celsius e Fahrenheit

Celsius (Centígrado)	Descrição	Fahrenheit
0 graus	Frio	32 graus
10 graus	Não muito frio	50 graus
20 graus	Não muito quente	68 graus
30 graus	Quente	86 graus

Qualquer temperatura abaixo de 32°F é frio e qualquer temperatura acima de 86°F é quente. Na maior parte do tempo, a temperatura fica dentro dessa extensão. Portanto, agora você sabe que, quando a temperatura está 45°F, precisa vestir um casaco. Quando ela está 58°F, você tem que vestir um suéter ou, pelo menos, manga longa. E quando ela está 90°F, vá à praia!

Convertendo unidades de medida

Muitos livros lhe dão uma fórmula para converter do sistema inglês para o sistema métrico e uma outra fórmula para converter do sistema métrico para o sistema inglês. Frequentemente, as pessoas acham esse método de conversão confuso, porque elas não conseguem lembrar qual usar em qual direção.

Nesta seção, mostro a você um caminho simples para converter entre unidades inglesas e métricas que usa apenas uma fórmula para cada tipo de conversão.

DICA Aqui está uma dupla que é fácil de lembrar: 16°C é aproximadamente 61°F.

Entendendo fatores de conversão

Quando você multiplica qualquer número por 1, o número permanece o mesmo. Por exemplo, 36 x 1 = 36. E quando uma fração tem o mesmo numerador (o número na parte superior) e denominador (o número na parte inferior), ela é igual a 1 (veja o Capítulo 10 para mais detalhes). Portanto, quando você multiplica um número por uma fração igual a 1, o número permanece o mesmo. Por exemplo:

$$36 \times \frac{5}{5} = 36$$

Se multiplicar uma medida por uma fração especial igual a 1, pode trocar de uma unidade de medida para outra sem mudar o valor. As pessoas chamam tais frações de *fatores de conversão*.

Dê uma olhada em algumas equações que mostram como as unidades inglesas e métricas se relacionam (todas as conversões entre unidades inglesas e métricas são aproximadas):

- » 1 metro ≅ 3,26 pés
- » 1 quilômetro ≅ 0,62 milhas
- » 1 litro ≅ 0,26 galões
- » 1 quilograma ≅ 2,20 libras

Como os valores de cada lado das equações são iguais, você pode criar frações que sejam iguais a 1, tais como:

- » $\dfrac{1 \text{ metro}}{3,26 \text{ pés}}$ ou $\dfrac{3,26 \text{ pés}}{1 \text{ metro}}$
- » $\dfrac{1 \text{ quilômetro}}{0,62 \text{ milhas}}$ ou $\dfrac{0,62 \text{ milhas}}{1 \text{ quilômetro}}$
- » $\dfrac{1 \text{ litro}}{0,26 \text{ galões}}$ ou $\dfrac{0,26 \text{ galões}}{1 \text{ litro}}$
- » $\dfrac{1 \text{ quilograma}}{2,2 \text{ libras}}$ ou $\dfrac{2,2 \text{ libras}}{1 \text{ quilograma}}$

Depois de entender como as unidades de medida se cancelam (o que discuto na próxima seção), você pode escolher facilmente quais frações usar para converter unidades de medida.

Cancelando unidades de medida

Quando você está multiplicando frações, pode cancelar qualquer fator que apareça tanto no numerador como no denominador (veja o Capítulo 9 para mais detalhes). Assim como nos números, também pode cancelar unidades de medida em frações. Por exemplo, imagine que queira avaliar esta fração:

$$\dfrac{6 \text{ galões}}{2 \text{ galões}}$$

Você já sabe que pode cancelar um fator de 2 tanto no numerador como no denominador. Mas também pode cancelar a unidade *galões* tanto no numerador como no denominador:

$$\dfrac{\overset{3}{\cancel{6 \text{ galões}}}}{\cancel{2 \text{ galões}}}$$

Portanto, esta fração fica simplificada como a seguir:

= 3

Convertendo unidades

Depois de entender como cancelar unidades em frações e como montar frações iguais a 1 (veja as seções anteriores), você tem um sistema infalível para converter unidades de medida.

Imagine que você queira converter 7 metros em pés. Ao usar a equação 1 metro = 3,26 pés, pode criar uma fração de dois valores, como a seguir:

$$\frac{1 \text{ metro}}{3,26 \text{ pés}} \quad \text{ou} \quad \frac{3,26 \text{ pés}}{1 \text{ metro}} = 1$$

As duas frações são iguais a 1, porque o numerador e o denominador são iguais. Portanto, você pode multiplicar a quantidade que está tentando converter (7 metros) por uma dessas frações sem mudá-la. Lembre-se de que quer cancelar as unidades de metros. Você já tem a palavra *metros* no numerador (para tornar isso mais claro, coloque 1 no denominador), portanto, use a fração que coloca *1 metro* no denominador:

$$\frac{7 \text{ metros}}{1} \times \frac{3,26 \text{ pés}}{1 \text{ metro}} = 1$$

Agora, cancele a unidade que aparece tanto no numerador como no denominador:

$$\frac{7 \cancel{\text{ metros}}}{1} \times \frac{3,26 \text{ pés}}{1 \cancel{\text{ metro}}} = 1$$

Nesse ponto, o único valor no denominador é 1, portanto, você pode ignorá-lo. E a única unidade deixada é *pés*, portanto, coloque-a no final da expressão:

= 7 × 3,26 pés

Agora, faça a multiplicação (o Capítulo 11 mostra como multiplicar decimais):

= 22,82 pés

Pode parecer estranho que a resposta apareça com as unidades já incluídas, mas esta é a beleza deste método: quando monta a expressão correta, a resposta simplesmente aparece.

Você pode obter mais prática na conversão de unidades de medida no Capítulo 18, em que mostro como montar cadeias de conversão e abordo os problemas com enunciados envolvendo medidas.

218 PARTE 4 Representação e Mensuração — Gráficos, Medidas, Estatística...

> » Conhecendo os componentes básicos de geometria: pontos, retas, ângulos e formas
>
> » Examinando formas bidimensionais
>
> » Dando uma olhada na geometria sólida
>
> » Descobrindo como medir uma variedade de formas

Capítulo **16**

Represente Isto: Geometria Básica

A geometria é a matemática de figuras, tais como quadrados, círculos, triângulos e linhas. Como a geometria é a matemática de espaço físico, ela é uma das áreas mais úteis da matemática. A geometria entra em jogo na medição de quartos ou de paredes em sua casa, da área de um jardim circular, do volume de água em uma piscina ou da distância mais curta através de um campo retangular.

Embora a geometria seja, normalmente, um curso com um ano de duração no ensino médio, você pode ficar surpreso com a rapidez com que pode captar aquilo que precisa saber a respeito da geometria básica. Muito do que você descobre em um curso de geometria é como escrever evidências de geometria, o que você não precisa para a álgebra — ou para a trigonometria, ou até mesmo para o cálculo.

Neste capítulo, forneço uma visão geral rápida e prática da geometria. Primeiro, mostro a você quatro conceitos importantes da geometria plana: pontos, retas, ângulos e formas. Depois, falo sobre o básico das formas geométricas, de círculos planos a cúbicos sólidos. Por fim, discuto como medir formas geométricas descobrindo a área e o perímetro de formas bidimensionais e o volume e a área da superfície de alguns sólidos geométricos.

Evidentemente, se quiser saber mais sobre geometria, o lugar ideal para ir além deste capítulo é o livro *Geometria Para Leigos* (Alta Books).

Progredindo no Plano: Pontos, Retas, Ângulos e Formas

A *geometria plana* é o estudo de figuras sobre uma superfície bidimensional — isso é, sobre um *plano*. Você pode pensar sobre o plano como um pedaço de papel sem espessura nenhuma. Tecnicamente, um plano não termina no limite do papel — ele continua infinitamente.

Nesta seção, apresento a você quatro conceitos importantes na geometria plana: pontos, retas, ângulos e formas (tais como quadrados, círculos, triângulos e assim por diante).

Criando alguns pontos

Um *ponto* é uma posição sobre um plano. Ele não tem dimensão nem forma. Embora, na realidade, um ponto seja muito pequeno para ser visto, você pode representá-lo visualmente em um desenho usando uma bolinha.

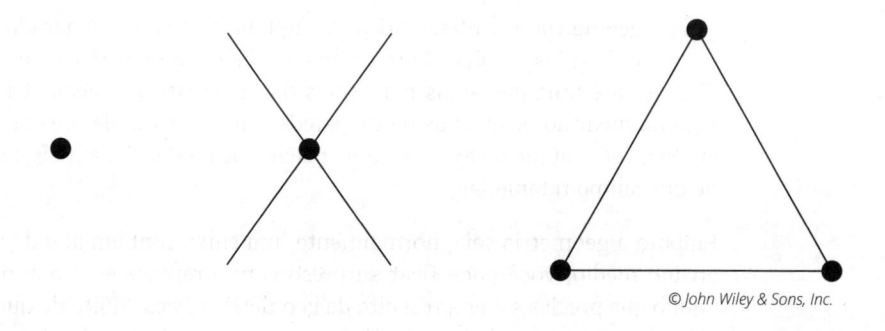

© John Wiley & Sons, Inc.

Quando duas retas se cruzam, como mostrado acima, elas dividem um ponto único. Além disso, cada ângulo de um polígono é um ponto (continue lendo para saber mais sobre retas e polígonos).

Conhecendo suas retas

Uma *reta* — também chamada de *linha reta* — é basicamente o que parece ser; ela marca a distância mais curta entre dois pontos, mas se estende infinitamente nas duas direções. Ela tem comprimento, mas não tem largura, fazendo dela uma figura unidimensional (1-D).

Dados quaisquer dois pontos, você pode desenhar uma reta que passa exatamente pelos dois. Isso é, dois pontos *determinam* uma reta.

© John Wiley & Sons, Inc.

Duas retas que se cruzam dividem um ponto único. Duas retas que não se cruzam, são *paralelas*, o que significa que elas permanecem a uma mesma distância umas das outras em todos os lugares. Um bom recurso visual para retas paralelas é um trilho de estrada de ferro. Na geometria, você desenha uma reta com setas nas extremidades. As setas em cada extremidade de uma reta significam que a reta continua infinitamente (como você pode ver no Capítulo 1, em que eu discuto a reta numérica).

Um *segmento de reta* é um pedaço de uma linha que tem extremidades, como mostrado aqui.

© John Wiley & Sons, Inc.

Uma *semirreta* é um pedaço de uma linha que começa em um ponto e se estende infinitamente em uma direção, como um laser. Ela tem uma extremidade e uma seta.

© John Wiley & Sons, Inc.

Calculando ângulos

Um *ângulo* é formado quando duas semirretas se estendem a partir do mesmo ponto.

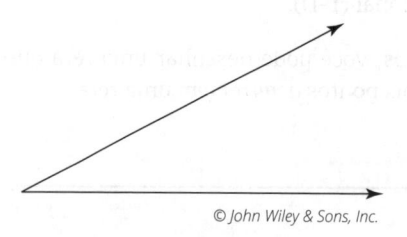

© John Wiley & Sons, Inc.

Os ângulos são usados tipicamente na marcenaria para medir os cantos dos objetos. Eles são usados também na navegação para indicar uma mudança repentina na direção. Por exemplo, quando você está dirigindo, é comum distinguir quando o ângulo de uma curva é "acentuado" ou "não tão acentuado".

A exatidão de um ângulo geralmente é medida em *graus*. O ângulo mais comum é o *ângulo reto* — o ângulo no canto de um quadrado — que é um ângulo de 90° (90 graus):

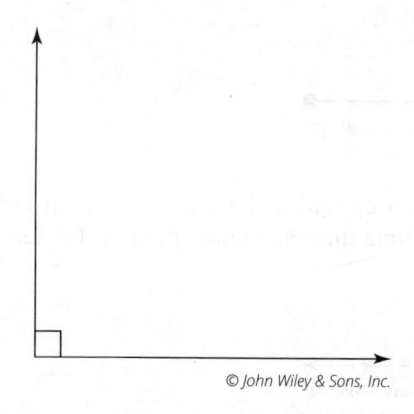

© John Wiley & Sons, Inc.

Os ângulos que têm menos de 90° — isso é, os ângulos que são mais acentuados que um ângulo reto — são chamados de *ângulos agudos*, como esse:

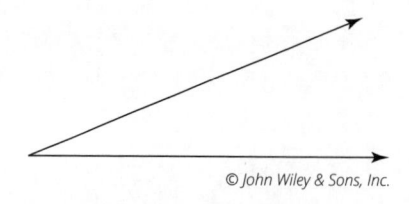

© John Wiley & Sons, Inc.

Os ângulos que medem mais que 90° — isso é, os ângulos que não são tão acentuados como um ângulo reto — são chamados de *ângulos obtusos*, como visto aqui:

© John Wiley & Sons, Inc.

Quando um ângulo tem exatamente 180°, ele forma uma linha reta e é chamado de *ângulo reto*.

© John Wiley & Sons, Inc.

Dando forma às coisas

Uma forma é qualquer figura geométrica fechada que tem uma parte interna e outra externa. Círculos, quadrados, triângulos e polígonos maiores são exemplos de formas.

Muito da geometria plana foca diferentes tipos de formas. Na próxima seção, mostro a você como identificar uma variedade de formas. Depois, ainda neste capítulo, mostro como medir estas formas.

Encontros Fechados: Desenvolvendo Sua Compreensão de Formas 2-D

LEMBRE-SE

Uma *forma* é qualquer figura geométrica bidimensional (2-D) fechada que tem uma parte interna e uma *externa*, separada pelo *perímetro* (limite) da forma. A *área* de uma forma é a medida da dimensão dentro dessa forma.

Algumas formas com as quais você provavelmente está familiarizado incluem o quadrado, o retângulo e o triângulo. Entretanto, muitas formas não têm nomes, conforme você pode observar na Figura 16-1.

FIGURA 16-1: Figuras sem nomes.

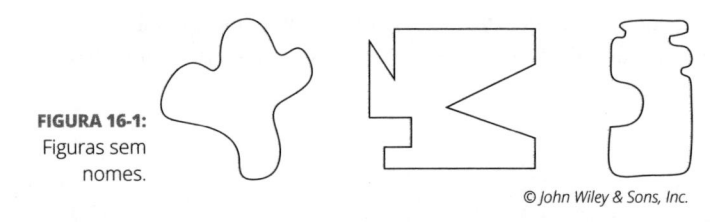

© John Wiley & Sons, Inc.

Medir o perímetro e a área das formas é útil para uma variedade de aplicações, desde topografia (para obter informações sobre uma parte de terra que você esteja medindo) até a costura (calcular quanto de material você precisa para um projeto). Nesta seção, apresento a você uma variedade de formas geométricas. Mais adiante neste capítulo, mostro como achar o perímetro e a área de cada uma, mas, por ora, eu o apenas deixo familiarizado com elas.

Polígonos

Um *polígono* é qualquer forma cujos lados são todos retos. Todo polígono tem três ou mais lados (se ele tivesse menos de três, não seria, de fato, uma forma). A seguir, alguns dos polígonos mais comuns.

Triângulos

A forma mais básica com lados retos é o *triângulo*, um polígono de três lados. Você descobre tudo sobre triângulos quando estuda trigonometria (e qual é o melhor lugar para começar se não em *Trigonometria Para Leigos*, da Alta Books?). Os triângulos são classificados com base em seus lados e ângulos. Observe as diferenças (e veja a Figura 16-2):

>> **Equilátero:** Um *triângulo equilátero* tem três lados iguais e os três ângulos medem 60°.

>> **Isósceles:** Um *triângulo isósceles* tem dois lados iguais e dois ângulos iguais.

>> **Escaleno:** Os *triângulos escalenos* têm três lados diferentes e três ângulos desiguais.

>> **Retângulo:** Um *triângulo retângulo* tem um ângulo reto. Ele pode ser isósceles ou escaleno.

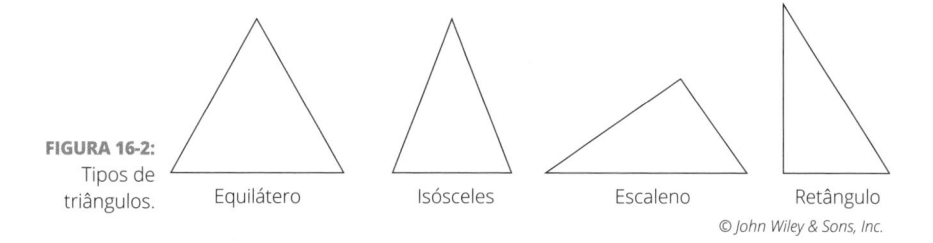

FIGURA 16-2: Tipos de triângulos.   Equilátero   Isósceles   Escaleno   Retângulo

© John Wiley & Sons, Inc.

Quadriláteros

Um *quadrilátero* é qualquer forma que tenha quatro lados retos. Os quadriláteros são uma das formas mais comuns que vemos no dia a dia. Se você duvida disso, olhe em volta e note que a maioria dos aposentos, das portas, das janelas e dos tampos de mesas são quadriláteros. Aqui eu apresento a você alguns quadriláteros comuns (a Figura 16-3 mostra como eles se parecem):

» **Quadrado:** Um *quadrado* tem quatro ângulos retos e quatro lados iguais; os dois pares de lados opostos (lados diretamente de frente um para o outro) são paralelos.

» **Retângulo:** Como um quadrado, um *retângulo* tem quatro ângulos retos e dois pares de lados opostos paralelos. Diferentemente do quadrado, entretanto, embora os lados opostos sejam iguais no comprimento, os lados que dividem um ângulo — lados *adjacentes* — podem ter comprimentos diferentes.

» **Losango:** Imagine que você pegue um quadrado e o puxe como se seus cantos fossem dobradiças. Essa forma é chamada de *losango*. Todos os quatro lados são iguais e os dois pares de lados opostos são paralelos.

» **Paralelogramo:** Imagine que você pegue um retângulo e o puxe como se os seus cantos fossem dobradiças. Essa forma é chamada de *paralelogramo* — os dois pares de lados opostos são iguais no comprimento e os dois pares de lados opostos são paralelos.

» **Trapézio:** A única característica importante do *trapézio* é que pelo menos dois lados opostos são paralelos.

» **Pipa:** Uma *pipa* é um quadrilátero com dois pares de lados adjacentes que têm o mesmo comprimento.

FIGURA 16-3: Quadriláteros comuns.

Quadrado   Retângulo   Losango

Paralelogramo   Pipa   Trapézio

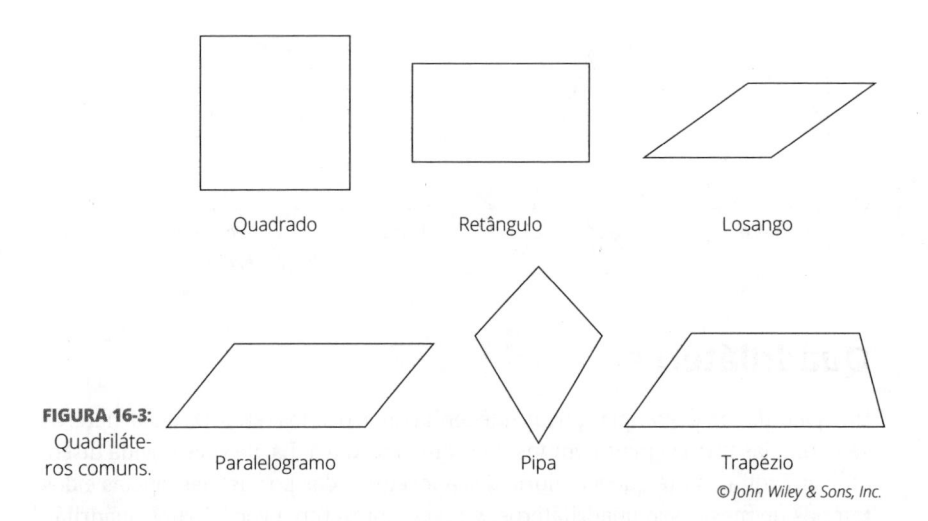

© John Wiley & Sons, Inc.

PAPO DE ESPECIALISTA

Um quadrilátero pode se enquadrar em mais de uma dessas categorias. Por exemplo, todo paralelogramo (com dois conjuntos de lados paralelos) é, também, um trapézio (com pelo menos um conjunto de lados paralelos). Todo retângulo e todo losango é, também, um paralelogramo e um trapézio. E todo quadrado é, também, todos os outros cinco tipos de quadriláteros. Na prática, entretanto, é comum identificar um quadrilátero o mais descritivamente possível — isso é, use a *primeira* palavra da lista acima que o descreva com precisão.

Polígonos em esteroides — polígonos maiores

Um polígono pode ter qualquer número de lados. Os polígonos com mais de quatro lados não são tão comuns quanto os triângulos e os quadriláteros, mas ainda valem a pena ser conhecidos. Os polígonos maiores vêm em duas variedades básicas: regular e irregular.

Um *polígono regular* tem lados iguais e ângulos iguais. Os mais comuns são os pentágonos regulares (cinco lados), os hexágonos regulares (seis lados) e os octógonos regulares (oito lados). Veja a Figura 16-4.

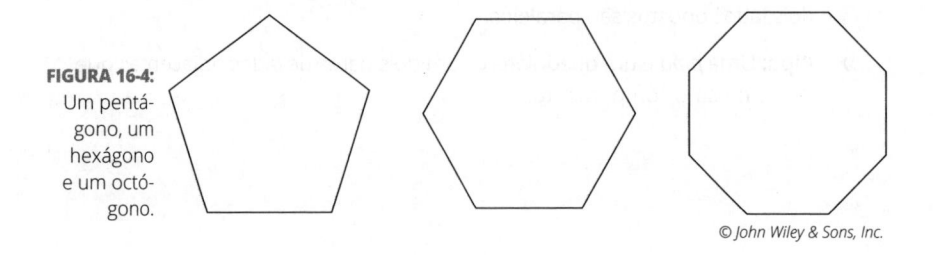

FIGURA 16-4: Um pentágono, um hexágono e um octógono.

© John Wiley & Sons, Inc.

Alguns outros são *polígonos irregulares* (veja Figura 16-5).

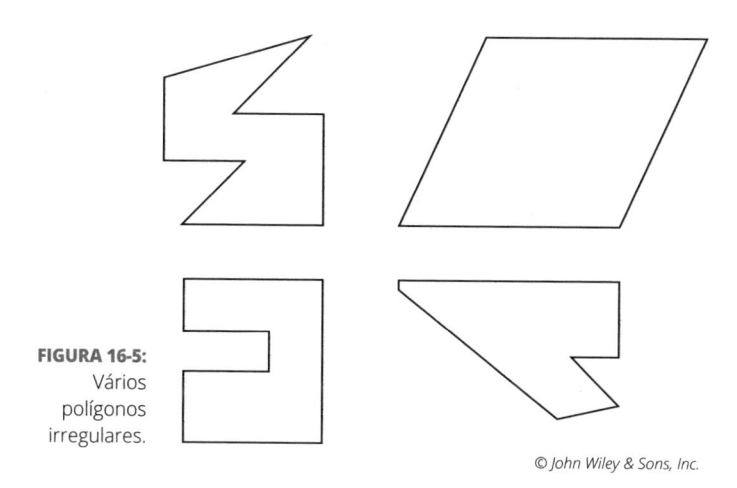

FIGURA 16-5: Vários polígonos irregulares.

© John Wiley & Sons, Inc.

Círculos

Um círculo é um conjunto de todos os pontos que ficam a uma distância constante do centro do círculo. A distância de qualquer ponto no círculo ao seu centro é chamada de *raio* do círculo. A distância de qualquer ponto no círculo diretamente através do centro ao outro lado do círculo é chamada de *diâmetro* do círculo.

Diferentemente dos polígonos, um círculo não tem limites retos. Os antigos gregos — que inventaram muito da geometria que conhecemos hoje — pensavam que o círculo era a forma geométrica mais perfeita.

Viajando para uma Outra Dimensão: Geometria Sólida

A geometria sólida é o estudo de formas no *espaço* — isso é, o estudo de formas em três dimensões. Um *sólido* é o equivalente espacial (tridimensional ou 3-D) de uma forma. Todo sólido tem um lado *interno* e um lado *externo*, separados pela superfície do sólido. Aqui, apresento a você uma variedade de sólidos.

As várias faces dos poliedros

Um *poliedro* é o equivalente tridimensional de um polígono. Como você deve se lembrar deste capítulo, um polígono é uma forma que tem apenas lados retos. Do mesmo modo, um poliedro é um sólido que tem apenas limites retos e faces planas (isso é, faces que são polígonos).

O poliedro mais comum é o *cubo* (veja Figura 16-6). Como você pode ver, um cubo tem seis faces planas que são polígonos — nesse caso, todas as faces são quadradas — e doze limites retos. Além disso, um cubo tem oito *vértices* (ângulos). Mais adiante neste capítulo, mostro como medir a área da superfície e o volume de um cubo.

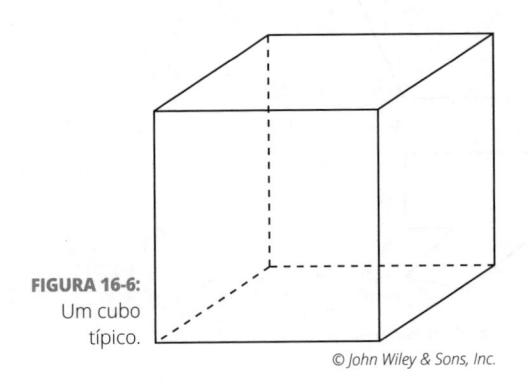

FIGURA 16-6: Um cubo típico.

© John Wiley & Sons, Inc.

A Figura 16-7 mostra alguns poliedros comuns.

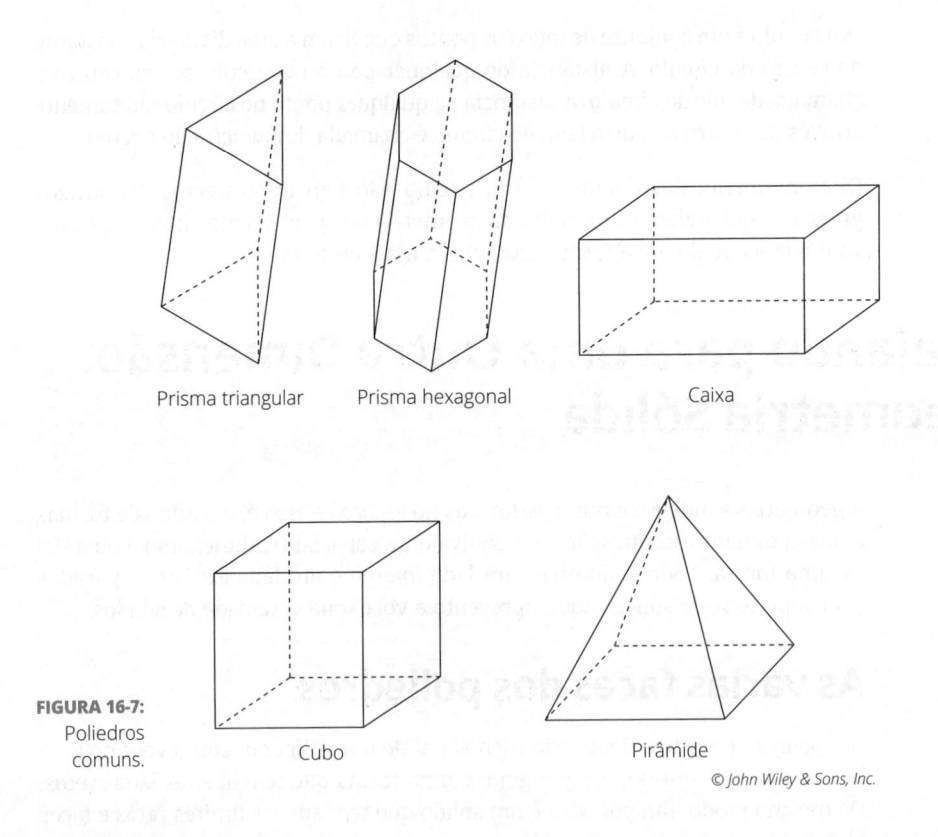

Prisma triangular   Prisma hexagonal   Caixa

FIGURA 16-7: Poliedros comuns.   Cubo   Pirâmide

© John Wiley & Sons, Inc.

Mais adiante neste capítulo, mostro como medir cada um desses poliedros para determinar seu volume — isso é, a quantidade de espaço contida dentro de sua superfície.

Um conjunto especial de poliedros é chamado de *cinco sólidos regulares* (veja a Figura 16-8). Cada sólido regular tem faces idênticas que são polígonos regulares. Note que um cubo é um tipo de sólido regular. Do mesmo modo, o tetraedro é uma pirâmide com quatro faces que são triângulos equiláteros.

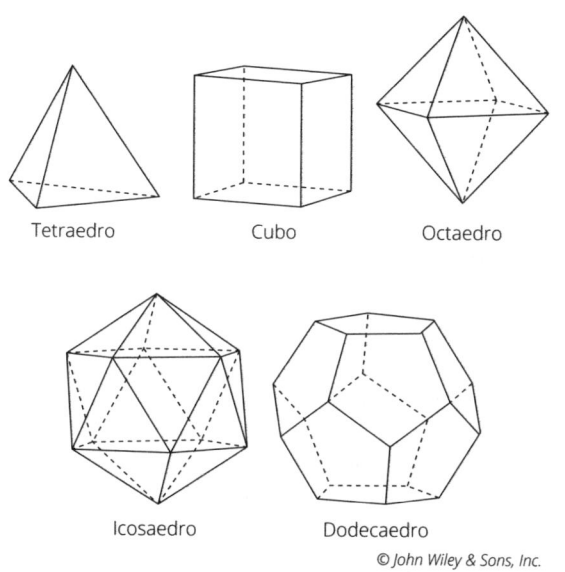

FIGURA 16-8: Os cinco sólidos regulares.

Tetraedro   Cubo   Octaedro

Icosaedro   Dodecaedro

© John Wiley & Sons, Inc.

Formas 3-D com curvas

Muitos sólidos não são poliedros, porque contêm pelo menos uma superfície curvada. Aqui estão alguns dos tipos de sólidos mais comuns (veja também a Figura 16-9):

- **Esfera:** Uma *esfera* é o sólido, ou o tridimensional equivalente a um círculo. Uma bola é um recurso visual perfeito para uma esfera.

- **Cilindro:** Um *cilindro* tem uma base circular e se estende verticalmente a partir do plano. Um bom recurso visual para um cilindro é uma lata de refrigerante.

- **Cone:** Um *cone* é um sólido com uma base redonda que se estende verticalmente a um único ponto. Um bom recurso visual para um cone é uma casquinha de sorvete.

Na próxima seção, mostro como medir uma esfera e um cilindro para determinar seus volumes — isso é, a quantidade de espaço contida internamente.

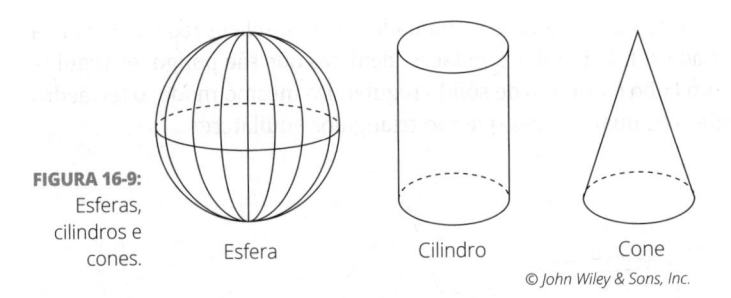

FIGURA 16-9: Esferas, cilindros e cones.

Esfera   Cilindro   Cone

© John Wiley & Sons, Inc.

Medindo Formas: Perímetro, Área, Área da Superfície e Volume

Nesta seção, apresento algumas fórmulas importantes para medir formas no plano e sólidos no espaço. Estas fórmulas usam letras que correspondem a números que você pode colocar para fazer medidas específicas. Usar letras no lugar de números é uma característica que observará mais na Parte 5, quando eu discuto álgebra.

2-D: Medindo no plano

Duas habilidades importantes na geometria — e na vida real — são achar o *perímetro* e a área das formas. O *perímetro* de uma forma é uma medida do comprimento de seus lados. Você usa o perímetro para medir a distância ao redor dos limites de um quarto, de um prédio ou de uma trilha circular. A *área* de uma forma é uma medida do quão grande ela é por dentro. Você usa a área quando mede a dimensão de uma parede, de uma mesa ou de um pneu.

Por exemplo, na Figura 16-10, forneço os comprimentos dos lados de cada forma.

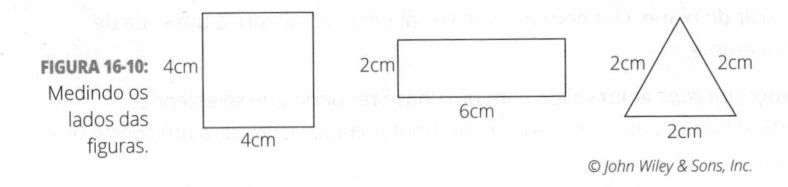

FIGURA 16-10: Medindo os lados das figuras.

4cm / 4cm   2cm / 6cm   2cm / 2cm / 2cm

© John Wiley & Sons, Inc.

230 PARTE 4 Representação e Mensuração — Gráficos, Medidas, Estatística...

LEMBRE-SE

Quando todos os lados de uma forma são retos, você pode medir seu perímetro somando os comprimentos de todos os seus lados.

Do mesmo modo, na Figura 16-11, forneço a área de cada forma.

FIGURA 16-11: As áreas das figuras.

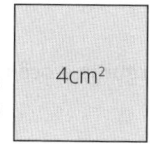

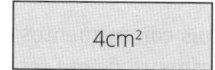

4cm²   4cm²   1,73cm²

© John Wiley & Sons, Inc.

LEMBRE-SE

A área de uma forma é sempre medida em *unidades ao quadrado*: centímetros quadrados (cm²), metros quadrados (m²), quilômetros quadrados (km²) e assim por diante — mesmo se você estiver falando sobre a área de um círculo! (Para mais detalhes sobre medidas, veja o Capítulo 15.)

Discuto esses tipos de cálculos nesta seção (para mais informações sobre os nomes das formas, consulte a seção "Encontros fechados: Desenvolvendo Sua Compreensão de Formas 2-D").

Medindo quadrados

A letra L representa o comprimento do lado de um quadrado. Por exemplo, se o lado de um quadrado for 6 centímetros, então você diz L = 6 cm. Descobrir o perímetro (P) de um quadrado é simples: apenas multiplique o comprimento do lado por 4. Aqui está a fórmula para o perímetro de um quadrado:

$P = 4 \times L$

Por exemplo, se o comprimento do lado for 6 centímetros, substitua 6 centímetros por L na fórmula:

$P = 4 \times 6cm = 24cm$

Descobrir a área (A) de um quadrado também é fácil: apenas multiplique o comprimento do lado por ele mesmo — isso é, ache o *quadrado* do lado. Aqui estão duas formas para escrever a fórmula da área de um quadrado (L^2 é pronunciado "L ao quadrado"):

$A = L^2$ ou $A = L \times L$

Por exemplo, se o comprimento do lado for 3 centímetros, então você obtém o seguinte:

$A = (3cm)^2 = 3cm \times 3cm = 9cm^2$

Trabalhando com retângulos

O lado longo de um retângulo é chamado de *comprimento* ou c, para abreviação. O lado curto é chamado *largura* ou L, para abreviação. Por exemplo, em um retângulo cujos lados têm 5 e 4 centímetros de comprimento:

c = 5cm e L = 4cm

Como um retângulo tem dois comprimentos e duas larguras, você pode usar a seguinte fórmula para o perímetro de um retângulo:

P = 2 × (c + L)

Calcule o perímetro de um retângulo cujo comprimento é 5 metros e cuja largura é 4 metros, como segue:

P = 2 × (5m + 4m) = 2 × 9m = 18m

A fórmula para a área de um retângulo é:

A = c × L

Portanto, aqui está como você calcula a área desse retângulo:

A = c × L = 5m × 4m = 20m^2

Calculando com losangos

Assim como no quadrado, use L para representar o comprimento do lado de um losango. Mas uma outra medida-chave para um losango é a sua altura. A *altura* de um losango (h, para abreviação) é a distância mais curta de um lado até o lado oposto. Na Figura 16-12, L = 4cm e h = 2cm.

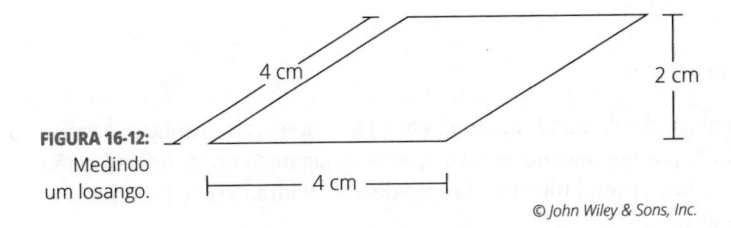

FIGURA 16-12: Medindo um losango.

© John Wiley & Sons, Inc.

A fórmula para o perímetro de um losango é a mesma do quadrado:

P = 4 × L

Aqui está como você calcula o perímetro de um losango cujo lado é 4 centímetros:

P = 4 × 4cm = 16cm

Para medir a área de um losango, você precisa do comprimento do lado e da altura. Aqui está a fórmula:

$$A = L \times h$$

Portanto, aqui está como determina a área de um losango com um lado de 4cm e uma altura de 2cm:

$$A = 4cm \times 2cm = 8cm^2$$

Você pode ler 8cm² como "8 centímetros quadrados".

Medindo paralelogramos

Os lados superior e inferior de um paralelogramo são chamados de *bases* (b, para abreviação) e os restantes dos dois lados são seus *lados* (L). E, como nos losangos, outra medida importante de um paralelogramo é a sua *altura* (h), a distância mais curta entre as bases. Portanto, o paralelogramo na Figura 16-13 tem estas medidas: b = 6cm, L = 3cm e h = 2cm.

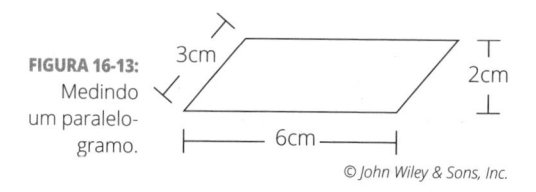

FIGURA 16-13: Medindo um paralelogramo.

© John Wiley & Sons, Inc.

Cada paralelogramo tem duas bases iguais e dois lados iguais. Dessa forma, aqui está a fórmula para o perímetro de um paralelogramo:

$$P = 2 \times (b + L)$$

Para calcular o perímetro do paralelogramo nesta seção, apenas substitua as medidas para as bases e os lados:

$$P = 2 \times (6cm + 3cm) = 2 \times 9cm = 18cm$$

E aqui está a fórmula para a área de um paralelogramo:

$$A = b \times h$$

Aqui está como você calcula a área do mesmo paralelogramo:

$$A = 6cm \times 2cm = 12cm^2$$

Medindo trapézios

Os lados paralelos de um trapézio são chamados de *bases*. Como essas bases têm comprimentos diferentes, você pode chamá-las de b_1 e b_2. A altura (h) de um trapézio é a distância mais curta entre as bases. Portanto, o trapézio na Figura 16-14 tem estas medidas:

b_1 = 2cm, b_2 = 3cm e h = 2cm

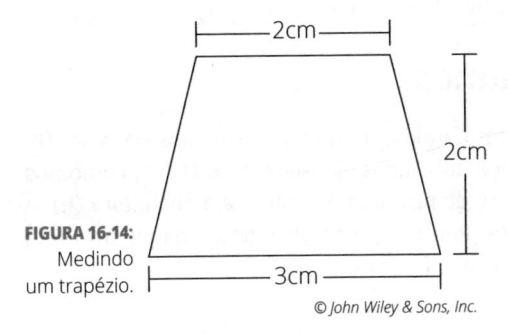

FIGURA 16-14: Medindo um trapézio.

© John Wiley & Sons, Inc.

Como um trapézio pode ter lados com quatro comprimentos diferentes, você realmente não tem uma fórmula especial para achar o perímetro de um trapézio. Apenas some os comprimentos de seus lados e você terá sua resposta.

Aqui está a fórmula para a área de um trapézio:

$$A = \frac{1}{2} \times (b_1 + b_2) \times h$$

Portanto, aqui está como descobrir a área do trapézio representado:

$$A = \frac{1}{2} \times (2cm + 3cm) \times 2cm$$

$$= \frac{1}{2} \times 5cm \times 2cm$$

$$= \frac{1}{2} \times 10cm^2 = 5cm^2$$

Medindo triângulos

Nesta seção, discuto como medir o perímetro e a área de todos os triângulos. Depois, mostro uma característica especial dos triângulos retângulos que o permite medi-los mais facilmente.

DESCOBRINDO O PERÍMETRO E A ÁREA DE UM TRIÂNGULO

Os matemáticos não têm uma fórmula especial para descobrir o perímetro de um triângulo — eles apenas somam os comprimentos dos lados.

Para descobrir a área de um triângulo, você precisa saber o comprimento de um lado — a base (b, para abreviação) — e a altura (h). Note que a altura forma um ângulo reto com a base. A Figura 16-15 mostra um triângulo com uma base de 5cm e uma altura de 2cm:

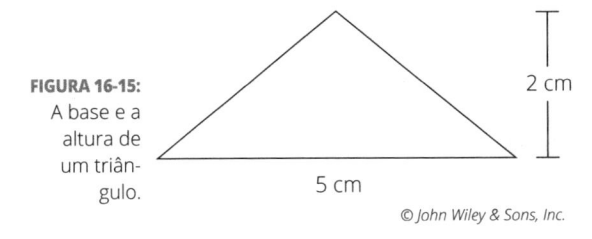

FIGURA 16-15: A base e a altura de um triângulo.

© John Wiley & Sons, Inc.

Aqui está a fórmula para a área de um triângulo:

$$A = \frac{1}{2}(b \times h)$$

Portanto, aqui está como calcular a área de um triângulo com uma base de 5cm e uma altura de 2cm:

$$A = \frac{1}{2}(5cm \times 2cm) = \frac{1}{2}(10cm^2) = 5cm^2$$

LIÇÕES DE PITÁGORAS: ACHANDO O TERCEIRO LADO DE UM TRIÂNGULO RETÂNGULO

O lado longo de um triângulo retângulo (c) é chamado de *hipotenusa* e os dois lados curtos (a e b) são chamados de *catetos* (veja a Figura 16-16). A fórmula mais importante do triângulo retângulo é o *Teorema de Pitágoras*:

$$a^2 + b^2 = c^2$$

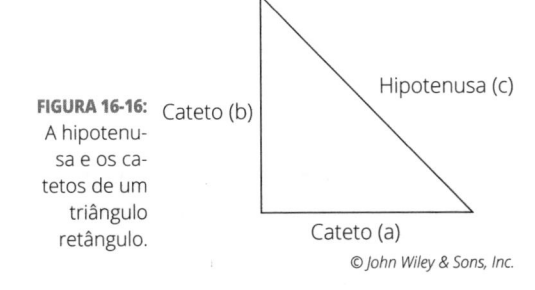

FIGURA 16-16: A hipotenusa e os catetos de um triângulo retângulo.

© John Wiley & Sons, Inc.

Essa fórmula permite que você descubra a hipotenusa de um triângulo com apenas os comprimentos dos catetos. Por exemplo, imagine que os catetos de um triângulo sejam 3 e 4 unidades. Aqui está como usar o Teorema de Pitágoras para descobrir o comprimento da hipotenusa:

$$3^2 + 4^2 = c^2$$
$$9 + 16 = c^2$$
$$25 = c^2$$

Portanto, quando você multiplica c por ele mesmo, o resultado é 25. Assim:

$$c = 5$$

O comprimento da hipotenusa é 5 unidades.

Rodando em círculos

O *centro* de um círculo é um ponto que tem a mesma distância de qualquer outro ponto do próprio círculo. Essa distância é chamada de *raio* do círculo ou r, para abreviação. E qualquer segmento de linha de um ponto do círculo através do centro para um outro ponto do círculo é chamado de *diâmetro* ou d, para abreviação. Veja a Figura 16-17.

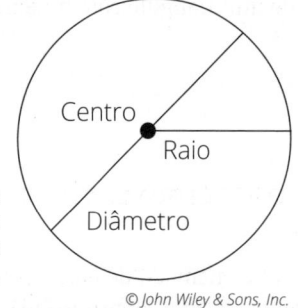

FIGURA 16-17: Decifrando as partes de um círculo.

© John Wiley & Sons, Inc.

Como você pode observar, o diâmetro de qualquer círculo é constituído de um raio mais outro raio — isso é, dois *raios*. Esse conceito lhe dá a seguinte fórmula útil:

$$d = 2 \times r$$

Por exemplo, dado um círculo com um raio de 5 milímetros, você pode calcular o diâmetro como a seguir:

$$d = 2 \times 5mm = 10mm$$

Como o círculo é uma forma extraespecial, seu perímetro (o comprimento de seus "lados") tem um nome extraespecial: *circunferência* (C, para abreviação).

Os matemáticos tiveram muitos problemas para descobrir como medir a circunferência de um círculo. Aqui está a fórmula a que eles chegaram:

$C = 2 \times \pi \times r$

Nota: Como $2 \times r$ é o mesmo que o diâmetro, também pode escrever a fórmula como $C = \pi \times d$

LEMBRE-SE

O símbolo π é chamado de *pi*. É apenas um número cujo valor aproximado é como a seguir (a parte decimal de pi continua infinitamente, portanto, você não consegue um valor exato para pi):

$\pi \cong 3,14$

Portanto, dado um círculo com um raio de 5mm, você pode calcular a circunferência aproximada:

$C \cong 2 \times 3,14 \times 5mm = 31,4mm$

A fórmula para a área (A) de um círculo também usa π:

$A = \pi \times r^2$

Aqui está como usar essa fórmula para descobrir a área aproximada de um círculo com um raio de 5mm:

$A = 3,14 \times (5mm)^2 = 3,14 \times 25mm^2 = 78,5mm^2$

Espaçando: Medindo em três dimensões

Em três dimensões, os conceitos de perímetro e de área devem ser um pouco ajustados. Lembre-se de que, na forma 2-D, a área de uma forma é a medida do que está dentro da forma. Na forma 3-D, o que está dentro de um sólido é chamado de *volume*.

LEMBRE-SE

O *volume (V)* de um sólido é uma medida do espaço que ele ocupa, conforme medido em unidades cúbicas, tais como milímetros cúbicos (mm^3), centímetros cúbicos (cm^3), metros cúbicos (m^3) e assim por diante (para mais informações sobre medida, vá para o Capítulo 15). Descobrir o volume de sólidos, entretanto, é algo que os matemáticos gostam que você conheça. Nas próximas seções, eu lhe dou as fórmulas para descobrir os volumes de uma variedade de sólidos.

Cubos

A medida principal de um cubo é o comprimento de seu lado (L). Usando essa medida, você pode descobrir o volume de um cubo usando a seguinte fórmula:

$V = L^3$

Portanto, se o lado de um cubo for 5 metros, aqui está como você calcular o seu volume:

$$V = (5m)^3 = 125m^3$$

Você pode ler 125m³ como "125 metros cúbicos".

Caixas (retângulos sólidos)

As três medidas de uma caixa (ou retângulo sólido) são: comprimento (c), largura (L) e altura (h). A caixa representada na Figura 16-18 tem as seguintes medidas: c = 4m, L = 3m e h = 2m.

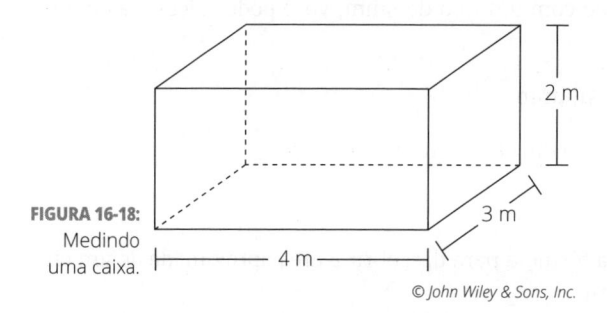

FIGURA 16-18: Medindo uma caixa.

© John Wiley & Sons, Inc.

Você pode descobrir o volume de uma caixa usando a seguinte fórmula:

$$V = c \times L \times h$$

Portanto, aqui está como descobrir o volume da caixa representada nesta seção:

$$V = 4m \times 3m \times 2m = 24m^3$$

Prismas

Descobrir o volume de um prisma (veja prismas na Figura 16-7) é fácil se você tiver duas medidas. Uma medida é a *altura* (h) do prisma. A segunda é a *área da base* (A_b). A *base* é o polígono que se estende verticalmente do plano (na seção "2-D: Medindo no plano", mostro a você como descobrir a área de uma variedade de formas).

Aqui está a fórmula para descobrir o volume de um prisma:

$$V = A_b \times h$$

Por exemplo, imagine que um prisma tem uma base com uma área de 5 centímetros quadrados e uma altura de 3 centímetros. Aqui está como achar seu volume:

$$V = 5cm^2 \times 3cm = 15cm^3$$

Note que as unidades de medida (cm^2 e cm) também são multiplicadas, dando a você um resultado de cm^3.

Cilindros

Você acha o volume de cilindros da mesma maneira que acha a área de prismas — multiplicando a área da base (A_b) pela altura do cilindro (h):

$$V = A_b \times h$$

Imagine que você queira descobrir o volume de uma lata cilíndrica cuja altura é 4 centímetros e a base é um círculo com um raio de 2 centímetros. Primeiro, descubra a área da base usando a fórmula para a área de um círculo:

$$\begin{aligned} A_b &= \pi \times r^2 \\ &\cong 3{,}14\,(2cm)^2 \\ &= 3{,}14 \times 4cm \\ &= 12{,}56cm \end{aligned}$$

Essa área é aproximada, porque uso 3,14 como um valor aproximado para o π. (**Nota:** No problema anterior, uso sinais de igual quando um valor é igual ao que vem antes dele e sinais de aproximadamente igual ($\cong$) quando arredondo um valor.)

Agora, use esta área para descobrir o volume de um cilindro:

$$V \cong 12{,}56cm^2 \times 4cm = 50{,}24cm^3$$

Note como multiplicar centímetros quadrados (cm^2) por centímetros dá um resultado em centímetros cúbicos (cm^3).

> » Fazendo comparações com um gráfico de barras
>
> » Dividindo as coisas com um gráfico pizza
>
> » Registrando a mudança ao longo do tempo com um gráfico de linhas
>
> » Traçando pontos e linhas em um gráfico *XY*

Capítulo **17**

Ver para Crer: Criando Gráficos como uma Ferramenta Visual

Um *gráfico* é uma ferramenta visual para organizar e apresentar informações sobre números. A maioria dos estudantes acha os gráficos relativamente fáceis, porque fornecem uma figura para se trabalhar em vez de apenas um punhado de números. A sua simplicidade faz com que os gráficos apareçam em jornais, revistas, relatórios financeiros e em qualquer lugar em que uma comunicação visual clara seja importante.

Neste capítulo, apresento a você quatro estilos de gráficos comuns: o gráfico de barras, o gráfico pizza, o gráfico de linhas e o gráfico XY. Mostro como ler cada um desses estilos de gráficos para obter informações. Também mostro como responder aos tipos de perguntas que as pessoas podem fazer para verificar sua compreensão.

Dando uma Olhada em Três Estilos Importantes de Gráfico

Nesta seção, mostro como ler e entender três estilos de gráficos:

» **O gráfico de barras** é melhor para representar números que sejam independentes uns dos outros.

» **O gráfico pizza** permite que você mostre como um todo é cortado em partes.

» **O gráfico de linhas** lhe dá uma noção sobre como os números mudam ao longo do tempo.

Gráfico de barras

Um gráfico de barras proporciona uma forma fácil para comparar números e valores. Por exemplo, a Figura 17-1 mostra um gráfico de barras comparando o desempenho de cinco treinadores em uma academia de ginástica.

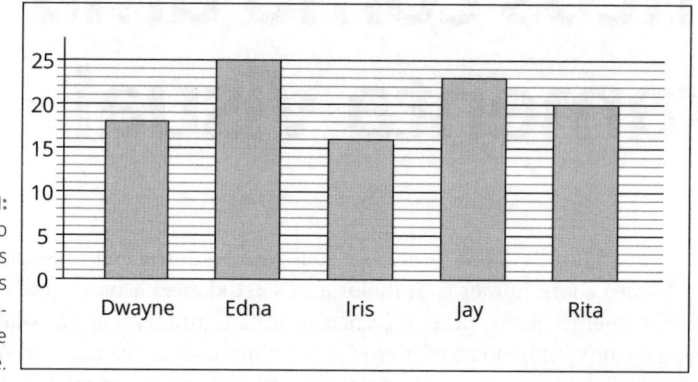

FIGURA 17-1: O número de novos clientes registrados neste trimestre.

© John Wiley & Sons, Inc.

Como pode observar a partir da legenda, o gráfico mostra quantos novos clientes cada treinador matriculou neste trimestre. A vantagem de tal gráfico é que com apenas uma rápida olhada você pode ver, por exemplo, que Edna tem a maioria dos novos clientes e Iris tem o menor número de clientes. O gráfico de barras é uma boa forma de representar números que sejam independentes uns dos outros. Por exemplo, se Iris conseguir mais um cliente novo, isso não afeta necessariamente o desempenho de qualquer outro treinador.

Ler um gráfico de barras é fácil depois que você se acostuma com ele. Aqui estão alguns tipos de perguntas que alguém poderia fazer sobre o gráfico de barras da Figura 17-1:

» **Valores individuais:** *Quantos clientes novos Jay tem?* Encontre a barra que representa Jay e note que ele tem 23 novos clientes.

» **Diferenças no valor:** *Quantos clientes a mais Rita tem em comparação a Dwayne?* Note que Rita tem 20 novos clientes e Dwayne tem 18, portanto ela tem dois clientes a mais do que ele.

» **Total:** *Juntas, quantos clientes as três mulheres têm?* Note que as três mulheres — Edna, Iris e Rita — têm 25, 16 e 20 novos clientes, respectivamente, portanto, elas têm 61 novos clientes no total.

Gráfico pizza

Um *gráfico pizza*, que se parece com um círculo dividido, mostra como um objeto inteiro é cortado em partes. Os gráficos pizza são mais comumente usados para representar porcentagens. Por exemplo, a Figura 17-2 é um gráfico pizza representando as despesas mensais de Eileen.

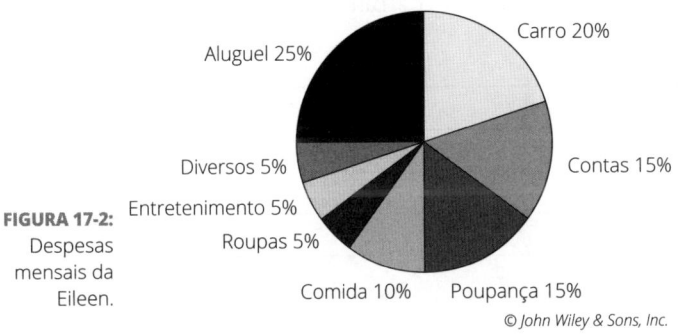

FIGURA 17-2: Despesas mensais da Eileen.

© *John Wiley & Sons, Inc.*

Você pode dizer, com uma rápida olhada, que a maior despesa de Eileen é o aluguel e a segunda é o carro. Diferentemente do gráfico de barras, o gráfico pizza mostra números que são dependentes uns dos outros. Por exemplo, se o aluguel de Eileen aumentar para 30% da sua renda mensal, ela terá que reduzir sua despesa em, pelo menos, uma área.

Aqui estão algumas perguntas típicas que podem lhe fazer sobre um gráfico de setores:

» **Porcentagens individuais:** *Qual é a porcentagem de suas despesas mensais que Eileen gasta com comida?* Ache o pedaço que representa o que Eileen gasta com comida e note que ela gasta 10% de sua renda nessa área.

» **Diferenças em porcentagens:** *Qual é a porcentagem a mais que ela gasta em seu carro do que em entretenimento?* Eileen gasta 20% em seu carro, mas apenas 5% em entretenimento, portanto, a diferença entre estas porcentagens é 15%.

» **Quanto uma porcentagem representa em termos de dinheiro:** *Se Eileen trouxer para casa $2.000 por mês, quanto ela poupa por mês?* Primeiro, note que Eileen coloca 15% todo mês na poupança. Portanto, você precisa calcular 15% de $2.000. Usando suas habilidades do Capítulo 12, resolva este problema transformando 15% em um decimal e multiplique:

$2.000 x 0,15 = $300

Portanto, Eileen poupa $300 todo mês.

Gráfico de linhas

O uso mais comum de um *gráfico de linhas* é traçar como os números mudam ao longo do tempo. Por exemplo, a Figura 17-3 é um gráfico de linhas mostrando os cálculos das vendas do ano passado da Tami's Interiors.

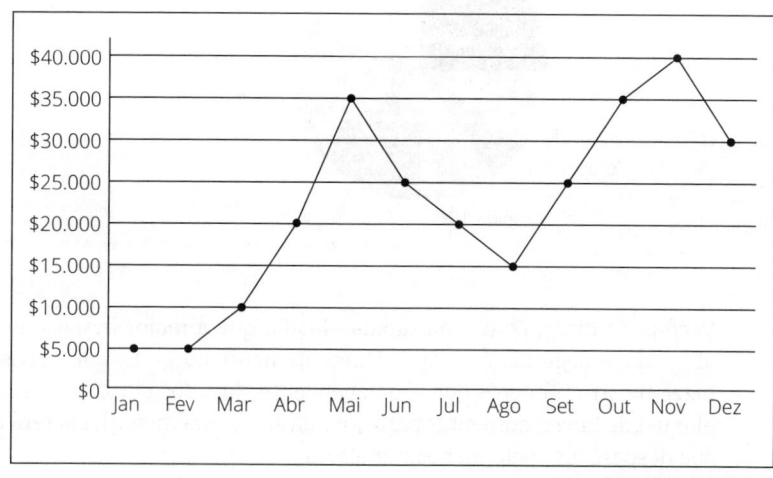

FIGURA 17-3: Receitas brutas da Tami's Interiors.

© John Wiley & Sons, Inc.

O gráfico de linhas mostra uma progressão no tempo. Com uma olhada rápida, você pode dizer que o negócio da Tami's tendeu a crescer fortemente no início do ano, diminuiu durante o verão, cresceu de novo no outono e, depois, diminuiu novamente em dezembro.

Aqui estão algumas perguntas típicas que podem ser feitas para verificar se você sabe ler um gráfico de linhas.

» **Pontos baixos e altos e cronologia:** *Em que mês a Tami's teve mais receita e quanto ela faturou?* Note que o ponto mais alto no gráfico é novembro, quando a receita da Tami's alcançou $40.000.

» **Total sobre um período de tempo:** *Quanto ela faturou, no total, no último trimestre do ano?* Um trimestre de um ano são três meses, portanto, o último trimestre são os três últimos meses do ano. A Tami's faturou $35.000 em outubro, $40.000 em novembro e $30.000 em dezembro, portanto, suas receitas totais para o último trimestre foram $105.000.

» **Maior mudança:** *Em que mês o negócio mostrou o maior ganho em receita em comparação com o mês anterior?* Você tem que achar o segmento de linha no gráfico que tenha a inclinação ascendente mais alta. Essa mudança ocorre entre abril e maio, quando a receita da Tami's aumentou em $15.000, portanto, seu negócio mostrou o maior ganho em maio.

Usando o Gráfico *XY*

Quando o pessoal da matemática fala em usar um gráfico, em geral, eles estão se referindo ao gráfico XY (também chamado de *sistema de coordenadas cartesianas*), como mostrado na Figura 17-4. No Capítulo 25, digo por que acredito que este gráfico é uma das dez invenções matemáticas mais importantes de todos os tempos. Você vê muito deste gráfico ao estudar álgebra, portanto, familiarizar-se com isso agora é uma boa ideia.

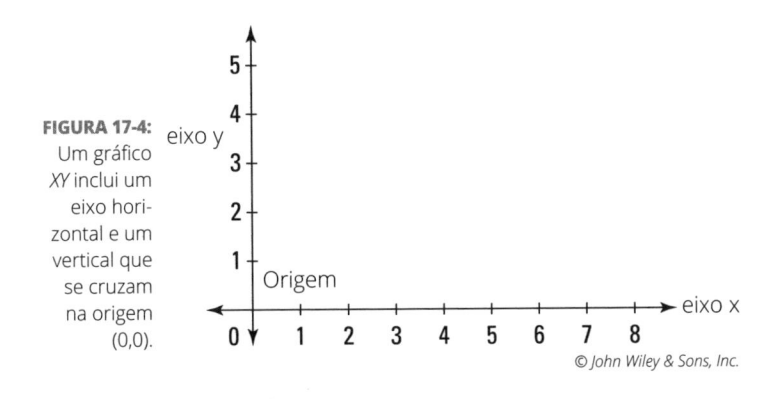

FIGURA 17-4: Um gráfico *XY* inclui um eixo horizontal e um vertical que se cruzam na origem (0,0).

© John Wiley & Sons, Inc.

LEMBRE-SE

Na realidade, um gráfico cartesiano é apenas duas retas numéricas que se cruzam em zero. Essas retas numéricas são chamadas de *eixo horizontal* (também chamado de *eixo x* ou *eixo das abcissas*) e *eixo vertical* (também chamado de *eixo y* ou *eixo das ordenadas*). O lugar em que esses dois eixos se cruzam é chamado de *origem*.

Traçando pontos em um gráfico *XY*

Traçar um ponto (achando e marcando sua localização) em um gráfico não é muito mais difícil do que achar um ponto em uma reta numérica — afinal de contas, um gráfico nada mais é que duas retas numéricas colocadas juntas (vá ao Capítulo 1 para mais detalhes sobre a reta numérica).

LEMBRE-SE

Todo ponto em um gráfico *XY* é representado por dois números entre parênteses, separados por uma vírgula, chamados de conjunto de *coordenadas*. Para traçar qualquer ponto, comece na origem, onde os dois eixos se cruzam. O primeiro número lhe diz o quanto você deve ir para a direita (se for positivo) ou para a esquerda (se for negativo) ao longo do eixo horizontal. O segundo número lhe diz o quanto você sobe (se for positivo) ou desce (se for negativo) ao longo do eixo vertical.

Por exemplo, aqui estão as coordenadas de quatro pontos chamados A, B, C e D:

$$A = (2, 3) \qquad B = (-4, 1) \qquad C = (0, -5) \qquad D = (6, 0)$$

A Figura 17-5 demonstra um gráfico com esses quatro pontos traçados. Comece na origem (0, 0). Para traçar o ponto A, conte 2 espaços para a direita e 3 espaços para cima. Para traçar o ponto B, conte 4 espaços para esquerda (a direção negativa) e, depois, 1 espaço para cima. Para traçar o ponto C, conte 0 espaço para esquerda ou direita e, depois, conte 5 espaços para baixo (direção negativa). E para traçar o ponto D, conte 6 espaços para a direita e, depois, 0 espaço para cima ou para baixo.

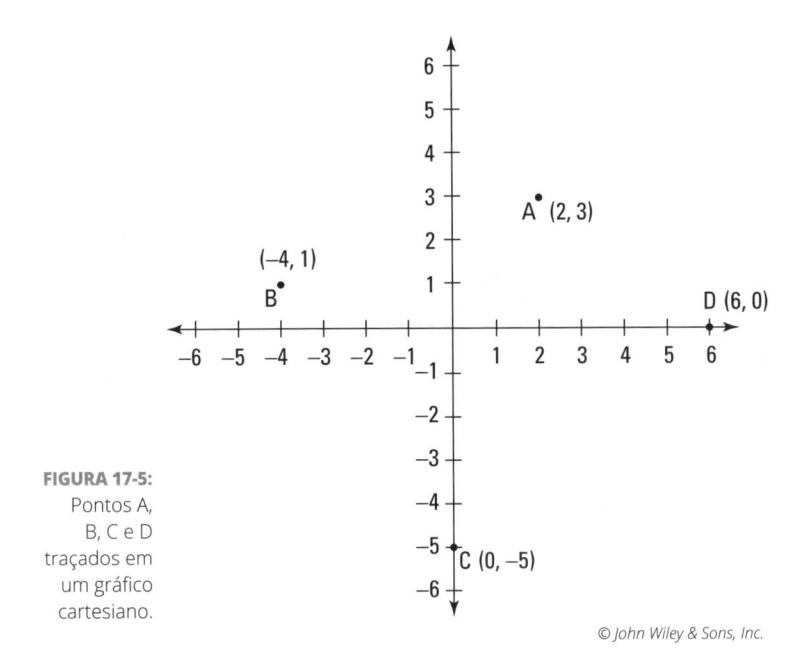

FIGURA 17-5: Pontos A, B, C e D traçados em um gráfico cartesiano.

© John Wiley & Sons, Inc.

Desenhando linhas em um gráfico *XY*

Depois de entender como traçar pontos em um gráfico (veja a seção anterior), você pode começar a traçar linhas e usá-las para mostrar relações matemáticas.

Os exemplos nesta seção focam a quantidade de dólares que duas pessoas, Xenia e Yanni, estão carregando. O eixo horizontal representa o dinheiro de Xenia e o eixo vertical representa o dinheiro de Yanni. Por exemplo, imagine que você queira desenhar uma linha representando esta expressão:

Xenia tem $1 a mais que Yanni.

Xenia	1	2	3	4	5
Yanni	0	1	2	3	4

Agora, você tem cinco pares de ponto que pode traçar no seu gráfico como (Xenia, Yanni): (1, 0), (2, 1), (3, 2), (4, 3) e (5, 4). Depois, desenhe uma linha reta através destes pontos, conforme mostrado na Figura 17-6.

Esta linha no gráfico representa todos os pares de quantias possíveis para Xenia e Yanni. Por exemplo, note como o ponto (6, 5) está na linha. Este ponto representa a possibilidade de que Xenia tenha $6 e Yanni $5.

FIGURA 17-6: Todos os valores possíveis de dinheiro de Xenia e de Yanni se Xenia tiver $1 mais que Yanni.

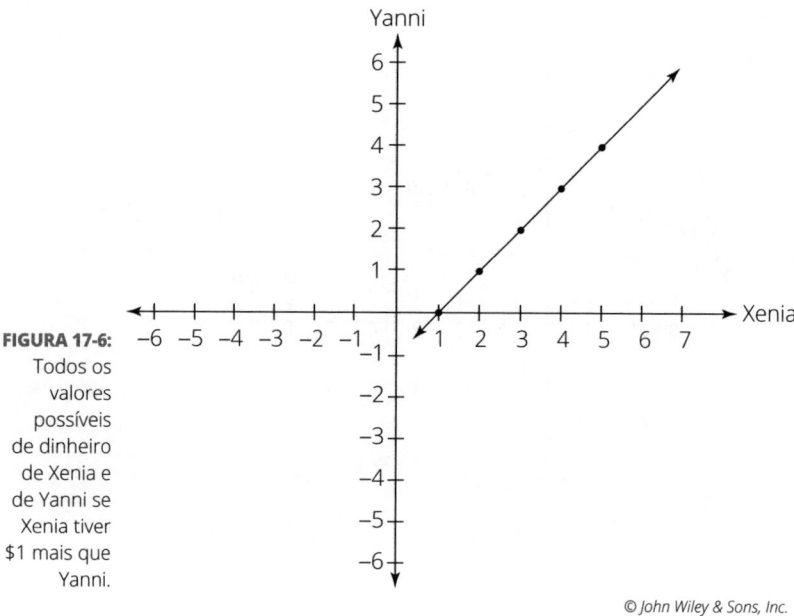

© John Wiley & Sons, Inc.

Aqui está um exemplo um pouco mais complicado:

Yanni tem $3 mais duas vezes a quantia que Xenia tem.

De novo, comece criando o gráfico comum. Mas, desta vez, se Xenia tiver $1, então duas vezes essa quantia é $2, portanto, Yanni tem $3 mais essa quantia, ou seja, $5. Continue dessa forma para preencher o gráfico como a seguir:

Xenia	1	2	3	4	5
Yanni	5	7	9	11	13

Agora, trace esses cinco pontos no gráfico e desenhe uma linha através deles, como na Figura 17-7.

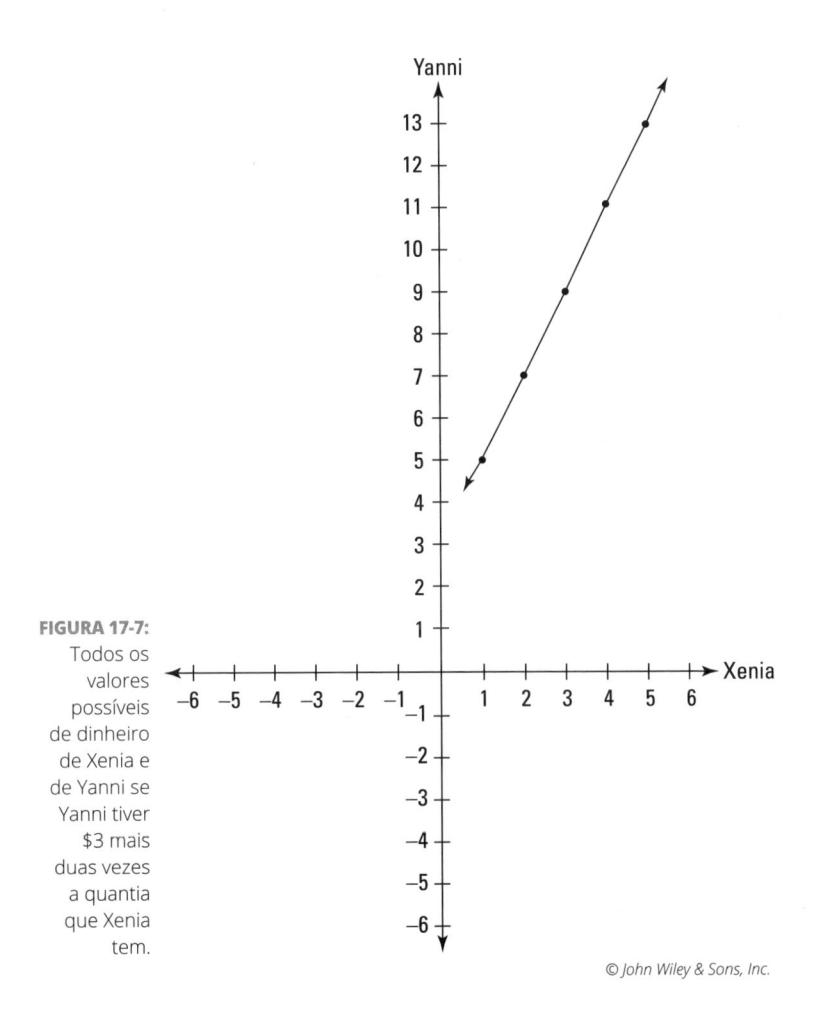

FIGURA 17-7: Todos os valores possíveis de dinheiro de Xenia e de Yanni se Yanni tiver $3 mais duas vezes a quantia que Xenia tem.

© John Wiley & Sons, Inc.

Como nos outros exemplos, este gráfico representa todos os valores possíveis que Xenia e Yanni poderiam ter. Por exemplo, se Xenia tiver $7, Yanni terá $17.

NESTE CAPÍTULO

» Resolvendo problemas de medidas usando cadeias de conversão

» Usando uma figura para resolver problemas de geometria

Capítulo **18**

Resolvendo Problemas com Enunciados Envolvendo Geometria e Medidas

Neste capítulo, concentro-me em dois tipos importantes de problemas com enunciados: de medidas e de geometria. Em um problema envolvendo medidas, muitas vezes é necessário realizar uma conversão de um tipo de unidade para outro. Às vezes, você não tem uma equação de conversão para resolver esse tipo de problema diretamente, portanto, precisa estabelecer uma *cadeia de conversão*, a qual discuto em detalhes no capítulo.

Outro tipo comum de problema verbal requer as fórmulas geométricas que forneço no Capítulo 16. Às vezes, um problema de geometria lhe dá uma figura para trabalhar. Em outros casos, você mesmo tem que desenhar a figura enquanto lê o problema cuidadosamente. Aqui, ofereço a prática de fazer os dois tipos de problemas.

A Turma da Cadeia: Resolvendo Problemas de Medidas com Cadeias de Conversão

No Capítulo 15, apresento um conjunto de equações de conversão básicas para converter unidades de medida. Também mostro como transformar essas equações em fatores de conversão — frações que você pode usar para converter unidades. Até certo ponto, essa informação é útil, mas você pode não ter sempre uma equação para a exata conversão que queira realizar. Por exemplo, como converter anos em segundos?

Para problemas de conversão mais complexos, uma boa ferramenta é a cadeia de conversão. Uma *cadeia de conversão* une uma sequência de conversões de unidades.

Estabelecendo uma cadeia curta

Aqui está um problema que lhe mostra como estabelecer uma cadeia de conversão curta para fazer uma conversão para a qual você não ache uma equação específica:

> Os vendedores no Festival de Morangos em Fragola County venderam 7 toneladas de morangos em um único fim de semana. Quantas unidades de 1 onça isso representa?

Você não tem uma equação para converter toneladas diretamente em onças. Mas tem uma para converter toneladas em libras e outra para converter libras em onças. Você pode usar essas equações para construir uma ponte de uma unidade à outra. Portanto, aqui estão as duas equações que vai usar:

1 tonelada = 2.000 libras

1 libra = 16 onças

Para converter toneladas em libras, note que estas frações são iguais a 1, pois o numerador (o número na parte superior) é igual ao denominador (o número na parte inferior):

$$\frac{1 \text{ tonelada}}{2.000 \text{ libras}} \quad \text{ou} \quad \frac{2.000 \text{ libras}}{1 \text{ tonelada}}$$

Para converter libras em onças, note que estas frações são iguais a 1:

$$\frac{1 \text{ libra}}{16 \text{ onças}} \quad \text{ou} \quad \frac{16 \text{ onças}}{1 \text{ libra}}$$

Você poderia fazer esta conversão em dois passos. Mas quando conhece a ideia básica, pode, então, estabelecer uma cadeia de conversão para ir de toneladas à onças:

toneladas → libras → onças

Portanto, aqui está como estabelecer uma cadeia de conversão para transformar 7 toneladas em libras e, depois, em onças. Como você já tem toneladas na parte superior, quer a fração com toneladas e libras que coloca *tonelada* na parte inferior. E como a fração que você quer coloca *libras* na parte superior, utilize a fração com libras e que tem *libra* embaixo.

$$\frac{7 \text{ toneladas}}{1} \times \frac{2.000 \text{ libras}}{1 \text{ tonelada}} \times \frac{16 \text{ onças}}{1 \text{ libra}}$$

O efeito final aqui é pegar a expressão 7 *toneladas* e multiplicá-la duas vezes por 1, o que não muda o valor da expressão. Mas agora você pode cancelar todas as unidades de medida que aparecem no numerador de uma fração e no denominador de outra:

$$\frac{7 \; \cancel{\text{toneladas}}}{1} \times \frac{2.000 \; \cancel{\text{libras}}}{1 \; \cancel{\text{tonelada}}} \times \frac{16 \text{ onças}}{1 \; \cancel{\text{libra}}}$$

DICA Se as unidades não se cancelarem completamente, provavelmente você cometeu algum erro quando estabeleceu a cadeia. Inverta o numerador e o denominador de uma ou mais frações até que as unidades se cancelem do modo que você quiser.

Agora você pode simplificar a expressão:

= 7 × 2.000 × 16 onças = 224.000 onças

LEMBRE-SE Uma cadeia de conversão não muda o *valor* da expressão — apenas as unidades de medida.

Trabalhando com mais conexões

Depois de entender a ideia básica de uma cadeia de conversão, você pode criar uma cadeia, contanto que goste de resolver facilmente problemas mais longos. Aqui está outro exemplo de problema que usa uma cadeia de conversão relacionada a tempo:

> Jane faz 12 anos hoje. Você esqueceu de comprar um presente para ela, mas decidiu que oferecer suas habilidades matemáticas seria o maior presente de todos — você vai recalcular a idade dela. Supondo que um ano tenha exatamente 365 dias, quantos segundos de vida ela tem?

Aqui estão as equações de conversão com as quais você deve trabalhar:

1 ano = 365 dias
1 dia = 24 horas
1 hora = 60 minutos
1 minuto = 60 segundos

Para resolver este problema, você precisa construir uma ponte de anos para segundos, como a seguir:

anos → dias → horas → minutos → segundos

Portanto, estabeleça uma cadeia de conversão longa, como a seguir:

$$\frac{12 \text{ anos}}{1} \times \frac{365 \text{ dias}}{1 \text{ ano}} \times \frac{24 \text{ horas}}{1 \text{ dia}} \times \frac{60 \text{ minutos}}{1 \text{ hora}} \times \frac{60 \text{ segundos}}{1 \text{ minuto}}$$

Cancele todas as unidades que aparecerem tanto em um numerador como em um denominador:

$$\frac{12 \cancel{\text{ anos}}}{1} \times \frac{365 \cancel{\text{ dias}}}{1 \cancel{\text{ ano}}} \times \frac{24 \cancel{\text{ horas}}}{1 \cancel{\text{ dia}}} \times \frac{60 \cancel{\text{ minutos}}}{1 \cancel{\text{ hora}}} \times \frac{60 \text{ segundos}}{1 \cancel{\text{ minuto}}}$$

DICA Conforme cancela unidades, note que existe um padrão *diagonal*: o numerador (o número da parte superior) de uma fração se cancela com o denominador (o número da parte inferior) da fração seguinte e assim por diante:

Quando a fumaça acaba, aqui está o que sobra:

$$= 12 \times 365 \times 24 \times 60 \times 60 \text{s}$$

Este problema exige um pouco de multiplicação, mas o trabalho não é mais confuso:

$$= 378.432.000 \text{s}$$

A cadeia de conversão de 12 anos para 378.432.000 segundos não muda o valor da expressão — apenas a unidade de medida.

Extraindo equações do texto

Em alguns problemas com enunciados, o próprio problema lhe dá algumas equações de conversão necessárias para resolvê-lo. Pegue, por exemplo, este problema:

Um furlong é 1/8 de milha e uma braça é igual a 2 jardas. Se eu montasse meu cavalo hoje por 24 furlongs, por quantas braças eu montaria meu cavalo?

Esse problema lhe dá duas novas equações de conversão com as quais trabalhar:

» 1 furlong = 1/8 de milha
» 1 braça = 2 jardas

É útil remover frações das equações antes de começar, portanto, aqui está uma versão mais útil da primeira equação:

8 furlongs = 1 milha

Você também deve se lembrar das duas outras conversões:

1 milha = 5.280 pés
3 pés = 1 jarda

Depois, construa uma ponte de furlongs para milhas usando as conversões que estão disponíveis a partir destas equações:

furlongs → milhas → pés → jardas → braças

Agora você pode formar a sua cadeia de conversão. Toda unidade que quiser cancelar tem que aparecer uma vez no numerador e uma vez no denominador:

$$\frac{24 \text{ furlongs}}{1} \times \frac{1 \text{ milha}}{8 \text{ furlongs}} \times \frac{5.280 \text{ pés}}{1 \text{ milha}} \times \frac{1 \text{ jarda}}{3 \text{ pés}} \times \frac{1 \text{ braça}}{2 \text{ jardas}}$$

Depois, você pode cancelar todas as unidades, exceto as braças:

$$\frac{24 \cancel{\text{ furlongs}}}{1} \times \frac{1 \cancel{\text{ milha}}}{8 \cancel{\text{ furlongs}}} \times \frac{5.280 \cancel{\text{ pés}}}{1 \cancel{\text{ milha}}} \times \frac{1 \cancel{\text{ jarda}}}{3 \cancel{\text{ pés}}} \times \frac{1 \text{ braça}}{2 \cancel{\text{ jardas}}}$$

Outra forma de tornar este problema mais fácil é notar que o número 24 está no numerador e o 3 e o 8 estão no denominador. Evidentemente, 3 × 8 = 24, portanto, você pode cancelar todos estes três números:

$$= \frac{\cancel{24} \cancel{\text{ furlongs}}}{1} \times \frac{1 \cancel{\text{ milha}}}{\cancel{8} \cancel{\text{ furlongs}}} \times \frac{5.280 \cancel{\text{ pés}}}{1 \cancel{\text{ milha}}} \times \frac{1 \cancel{\text{ jarda}}}{\cancel{3} \cancel{\text{ pés}}} \times \frac{1 \text{ braça}}{2 \cancel{\text{ jardas}}}$$

Nesse ponto, a expressão tem apenas dois números restantes além dos números 1 e é fácil simplificar a fração:

$$= \frac{5.280}{2} \text{ braças} = 2.640 \text{ braças}$$

Como sempre, a cadeia de conversão de 24 furlongs para 2.640 braças não muda o valor da expressão, apenas as unidades de medida.

Arredondando: Indo para a resposta curta

Às vezes, as medidas do mundo real não são muito precisas. Afinal de contas, se você medir o comprimento de um campo de futebol com sua régua confiável, é provável que erre por um ou dois (ou mais) centímetros. Quando você realiza cálculos com tais medidas, achar a resposta para um punhado de casas decimais não faz sentido, pois a resposta já é aproximada. Em vez disso, você deve arredondar a sua resposta para os números que são provavelmente corretos. Aqui está um problema que lhe pede para fazer apenas isso:

> Heather pesou seu novo hamster de estimação, Binky, e descobriu que ele pesa 4 onças. Quantos gramas Binky pesa, ao grama inteiro mais próximo?

Esse problema lhe pede para converter de unidades inglesas para unidades métricas, portanto, você precisa desta equação de conversão:

1 quilograma $\cong$ 2,20 libras

Note que essa equação de conversão inclui apenas quilogramas e libras, mas o problema inclui onças e gramas. Portanto, para converter de onças para libras e de quilograma para gramas, aqui estão algumas equações para ajudar a construir uma ponte entre onças e gramas:

1 libra = 16 onças
1 quilograma = 1.000 gramas

Sua cadeia realizará as seguintes conversões:

onças → libras → quilogramas → gramas

Portanto, coloque sua expressão como a seguir:

$$= \frac{4 \text{ onças}}{1} \times \frac{1 \text{ libra}}{16 \text{ onças}} \times \frac{1 \text{ kg}}{2,2 \text{ libra}} \times \frac{1.000 \text{ g}}{1 \text{ kg}}$$

Como sempre, depois de estabelecer a expressão, você pode cancelar todas as unidades, com exceção daquela para a qual está convertendo:

$$= \frac{4 \cancel{\text{onças}}}{1} \times \frac{1 \cancel{\text{libra}}}{16 \cancel{\text{onças}}} \times \frac{1 \cancel{\text{kg}}}{2,2 \cancel{\text{libra}}} \times \frac{1.000 \text{ g}}{1 \cancel{\text{kg}}}$$

DICA Quando você está multiplicando uma série de frações, pode criar uma fração de todos os números. Os números que estavam originalmente nos numeradores das frações permanecem no numerador. Do mesmo modo, os números que estavam nos denominadores permanecem no denominador. Depois, apenas coloque um sinal de multiplicação entre cada par de números.

$$= \frac{4 \times 1.000}{16 \times 2,2} g$$

Nesse ponto, pode começar o cálculo. Mas, para poupar esforço, recomendo o cancelamento dos fatores comuns. Nesse caso, você cancela um 4 no numerador e no denominador, mudando o 16 no denominador para 4:

$$= \frac{4 \times 1.000}{4\cancel{16} \times 2,2} g$$

Agora você pode cancelar outro 4 no numerador e no denominador, mudando o 1.000 no numerador para 250:

$$= \frac{\cancel{4} \times \cancel{1.000}^{250}}{\cancel{4}\cancel{16} \times 2,2} g$$

Neste ponto, aqui está o que sobrou:

$$= \frac{250}{2,2} g$$

Divida 250 por 2,2 para obter a sua resposta:

$$\cong 113,6g$$

Note que coloquei a divisão em uma casa decimal. Como o número depois da vírgula decimal é 6, preciso arredondar a minha resposta até o próximo grama (veja o Capítulo 11 para mais detalhes sobre decimais arredondados).

Portanto, para o grama mais próximo, Binky pesa 114 gramas. Como é comum, a cadeia de conversão não muda o valor da expressão, apenas a unidade de medida.

Resolvendo Problemas de Geometria com Enunciados

Alguns problemas de geometria com enunciados apresentam-lhe uma figura. Em outros casos, você mesmo deve desenhar uma figura. Fazer um esboço é sempre uma boa ideia, pois pode lhe dar, em geral, uma ideia de como proceder. As seções seguintes apresentam esses dois tipos de problemas (para resolver estes problemas com enunciados, você precisa de algumas fórmulas de geometria, as quais discuto no Capítulo 16).

Trabalhando a partir de palavras e imagens

Às vezes, você tem que interpretar uma figura para resolver um problema com enunciado. Leia o problema cuidadosamente, reconheça as formas no desenho, preste atenção às legendas e use quaisquer fórmulas que lhe ajudem a responder à pergunta. Neste problema, você vai trabalhar com uma figura.

O Sr. Dennis é um fazendeiro com dois filhos adolescentes. Ele deu a eles um pedaço de terra com um riacho correndo através dele na diagonal, como mostrado na Figura 18-1. O filho mais velho ficou com a área maior e o mais novo com a menor. Qual é a área de terra de cada filho em metros quadrados?

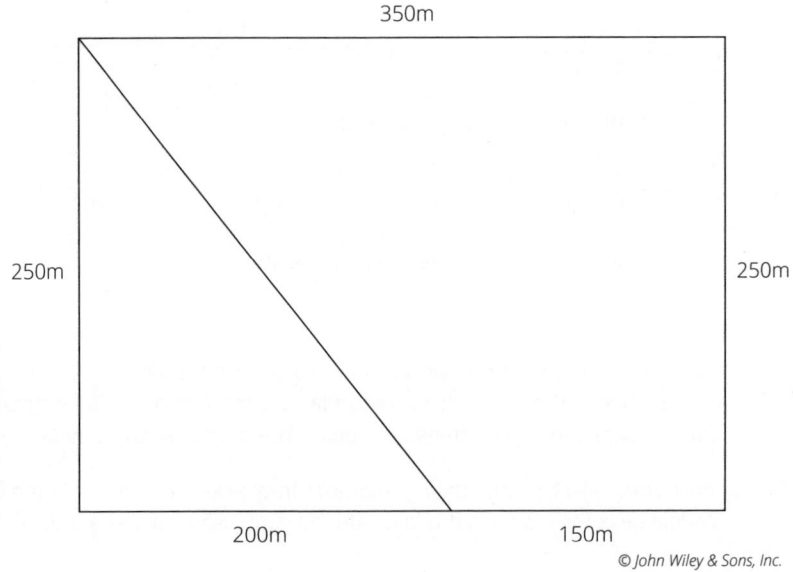

FIGURA 18-1: Dois filhos obtêm duas porções não retangulares de um campo retangular.

© John Wiley & Sons, Inc.

Para descobrir a área menor, a área triangular, use a fórmula para a área de um triângulo, onde A é a área, b é a base e h é a altura:

$$A = \frac{1}{2}(b \times h)$$

O pedaço inteiro de terra é um retângulo, portanto, você sabe que o canto que o triângulo divide com o retângulo é um ângulo reto. Assim, sabe que os lados com a legenda de 200 metros e 250 metros são a base e a altura. Descubra a área desse pedaço de terra colocando a base e a altura dentro da fórmula:

$$A = \frac{200\text{m} \times 250\text{m}}{2}$$

Para tornar este cálculo um pouco mais fácil, note que pode cancelar um fator de 2 do numerador e do denominador:

$$A = \frac{\overset{100}{\cancel{200}}\text{m} \times 250\text{m}}{\cancel{2}} = 25.000 \text{ metros quadrados}$$

A forma da outra área é um trapézio. Você pode achar a sua área usando a fórmula para um trapézio, mas existe um modo mais fácil. Como sabe qual é a área triangular do pedaço de terra, pode usar estas incógnitas para achar a área do trapézio:

Área do trapézio = área do pedaço de terra inteiro − área do triângulo

Para descobrir a área do pedaço de terra inteiro, lembre-se da fórmula para a área de um retângulo. Coloque seu comprimento e sua largura dentro da fórmula:

A = comprimento × largura
A = 350 metros × 250 metros
A = 87.500 metros quadrados

Agora, apenas substitua com os números que você conhece das incógnitas que elaborou:

Área do trapézio = 87.500m² − 25.000m²
= 62.500m²

Portanto, a área de terra do filho mais velho é 62.500m², e a área de terra do filho mais novo é 25.000m².

Eclodindo as habilidades de esboçar

Os problemas de geometria com enunciados podem não fazer muito sentido até você desenhar algumas figuras. Aqui está um exemplo de um problema de geometria sem uma imagem fornecida:

> No Parque Elmwood, o mastro da bandeira fica ao sul do brinquedo de balanço e exatamente 20 metros a oeste da casa da árvore. Se a área do triângulo formada pelo mastro de bandeira, pelo balanço e pela casa da árvore for de 150 metros quadrados, qual é a distância entre o balanço e a casa da árvore?

Este problema parece confuso até você desenhar uma figura sobre o que está sendo informado. Comece com a primeira frase, retratada na Figura 18-2. Como você pode observar, eu desenhei um triângulo retângulo cujos cantos são o balanço (B), o mastro da bandeira (M) e a casa da árvore (C). Eu também coloquei a legenda da distância entre o mastro da bandeira e a casa da árvore como igual a 20m.

FIGURA 18-2: Um esboço com legendas mostra as informações importantes em um problema de enunciado.

© John Wiley & Sons, Inc.

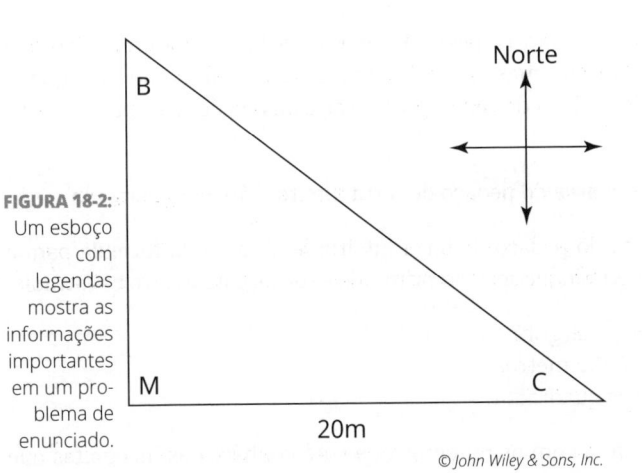

A próxima frase informa a área desse triângulo:

$A = 150m^2$

Agora você não tem mais informações, portanto, precisa se lembrar de qualquer coisa que puder da geometria. Como sabe a área do triângulo, pode achar útil a fórmula para a área de um triângulo:

$$A = \frac{1}{2}(b \times h)$$

Aqui, *b* é a base e *h* é a altura. Neste caso, você tem um triângulo retângulo, portanto, a base é a distância entre *M* e *C* e a altura é a distância entre *B* e *M*. Portanto, você já sabe a área do triângulo e também já sabe o comprimento da base. Preencha a equação:

$$150 = \frac{1}{2}(20 \times h)$$

Agora você pode resolver esta equação para *h*. Comece simplificando:

$150 = 10 \times h$

$15 = h$

Agora você sabe que a altura do triângulo é 15m, portanto, pode acrescentar essa informação à sua figura (veja a Figura 18-3).

FIGURA 18-3:
Atualize as legendas no seu esboço conforme você trabalha no problema.

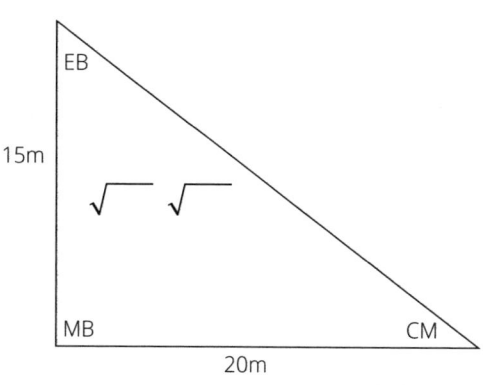

© John Wiley & Sons, Inc.

Entretanto, para resolver o problema, você ainda precisa descobrir a distância entre B e C. Como este é um triângulo retângulo, pode usar o Teorema de Pitágoras para calcular a distância:

$a^2 + b^2 = c^2$

Lembre que a e b são os comprimentos dos lados curtos e c é o comprimento do lado mais longo chamado *hipotenusa* (veja o Capítulo 16 para mais detalhes sobre o Teorema de Pitágoras). Você pode substituir os números dentro desta fórmula, como segue:

$$15^2 + 20^2 = c^2$$
$$225 + 400 = c^2$$
$$625 = c^2$$
$$\sqrt{625} = \sqrt{c^2}$$
$$25 = c$$

Portanto, a distância entre o balanço e a casa da árvore é 25 metros.

NESTE CAPÍTULO

» Conhecendo como a estatística funciona com dados quantitativos e qualitativos

» Descobrindo como calcular uma porcentagem e o modo de uma amostragem

» Calculando a média e a mediana

» Descobrindo a probabilidade de um evento

Capítulo **19**

Calculando Suas Chances: Estatística e Probabilidade

A estatística e a probabilidade são duas das mais importantes e amplamente usadas aplicações da matemática. Elas são praticamente aplicáveis a todos os aspectos do mundo real — negócios, biologia, planejamento de uma cidade, política, meteorologia e muitas outras áreas de estudo. Até a física, que um dia foi considerada desprovida de incerteza, agora recorre à probabilidade.

Neste capítulo, proporciono um entendimento básico sobre essas duas ideias matemáticas. Primeiramente, apresento a estatística e a importante distinção entre dados quantitativos e qualitativos. Mostro como trabalhar com os dois tipos de dados para descobrir respostas significativas. Depois, ensino o básico da probabilidade. Mostro a você como a probabilidade de um evento ocorrer é sempre uma fração entre 0 e 1 — isso é, geralmente uma fração, um decimal ou uma porcentagem. Depois disso, demonstro como construir este número ao contar resultados favoráveis e resultados possíveis. Por fim, coloco essas ideias em prática ao lhe mostrar como calcular a probabilidade de arremessar moedas.

Juntando Dados Matematicamente: Estatística Básica

A *estatística* é a ciência de juntar e levantar conclusões a partir de dados, que são informações medidas objetivamente de modo imparcial e reproduzível.

Uma estatística *individual* é uma conclusão levantada a partir desses dados. Aqui estão alguns exemplos:

» Em média, um trabalhador bebe 3,7 xícaras de café todos os dias.
» Apenas 52% dos estudantes que ingressam na faculdade de Direito se formam de fato.
» O gato é o animal de estimação mais popular dos Estados Unidos.
» No ano passado, o preço de uma TV de alta definição caiu em média $575.

Os estatísticos fazem o seu trabalho ao identificar uma população que eles gostariam de estudar: trabalhadores, estudantes de Direito, donos de animais de estimação, compradores de equipamentos eletrônicos, quem quer que seja. Como a maioria das populações é muito grande para se trabalhar, um estatístico coleta dados a partir de uma amostragem menor, e selecionada casualmente, dessa população. A maior preocupação da estatística é juntar dados confiáveis e precisos. Você pode ler tudo sobre esse tema no livro *Estatística Para Leigos*, da Alta Books.

Nesta seção, apresento uma introdução rápida sobre os aspectos mais matemáticos da estatística.

Entendendo as diferenças entre dados quantitativos e qualitativos

Os *dados* — as informações usadas em estatística — podem ser qualitativos ou quantitativos. Os *dados qualitativos* dividem um conjunto de dados (o conjunto de dados que você juntou) em pedaços distintos fundamentados em um atributo específico. Por exemplo, em uma turma de estudantes, os dados qualitativos podem incluir:

» O gênero de cada aluno.
» A cor favorita de cada aluno.
» Se ele ou ela tem pelo menos um animal de estimação.
» Como ele ou ela vem para a escola e vai embora da escola.

LEMBRE-SE

Você pode identificar dados qualitativos ao notar que eles associam um atributo — isso é, uma qualidade — a cada membro do conjunto de dados. Por exemplo, os quatros atributos de Emma são que ela é do sexo feminino, sua cor favorita é verde, ela tem um cachorro e vai para escola a pé.

Por outro lado, os *dados quantitativos* fornecem informações numéricas — isso é, informações sobre quantidades ou quantias. Por exemplo, os dados quantitativos desta mesma turma de estudantes podem incluir o seguinte:

- A altura de cada aluno.
- O peso de cada aluno.
- O número de irmãos que ele ou ela tem.
- O número de palavras que ele ou ela escreveu corretamente no teste de ortografia mais recente.

LEMBRE-SE

Você pode identificar os dados quantitativos ao notar que eles associam um número a cada membro do conjunto de dados. Por exemplo, Carlos mede 1,30m, pesa 30,8kg, tem três irmãos e escreveu 18 palavras corretamente.

Trabalhando com dados qualitativos

Os dados qualitativos normalmente dividem uma amostragem em pedaços distintos. Como minha amostragem — que é puramente fictícia —, uso 25 alunos da turma de quinta série do colégio Sister Elena. Por exemplo, imagine que todas as 25 crianças da turma de quinta série do colégio Sister Elena respondam às três perguntas de sim ou não da Tabela 19-1.

TABELA 19-1   Pesquisa da Quinta Série do Sister Elena

Perguntas	Sim	Não
Você é filho único?	5	20
Você tem animais de estimação?	14	11
Você pega o ônibus para ir à escola?	16	9

Os alunos respondem também à pergunta "Qual é sua cor favorita?" com os resultados mostrados na Tabela 19-2.

TABELA 19-2   Cores Favoritas da Turma do Sister Elena

Cor	Número de alunos	Cor	Número de alunos
Azul	8	Laranja	1
Vermelho	6	Amarelo	1
Verde	5	Dourado	1
Roxo	3		

Mesmo que as informações fornecidas por cada aluno não sejam numéricas, você pode lidar com elas de forma numérica ao contar o número de alunos que responderam a cada pergunta e trabalhar com estes números.

Com essas informações, agora é possível formular afirmações concretas sobre os alunos dessa turma apenas lendo as tabelas. Por exemplo:

» Exatamente 20 crianças têm, pelo menos, um irmão ou uma irmã.

» Nove crianças não pegam o ônibus para ir à escola.

» Apenas uma criança tem o amarelo como cor favorita.

Entrando com as porcentagens

Você pode fazer afirmações estatísticas mais sofisticadas sobre os dados qualitativos ao descobrir a porcentagem da amostra que tem um atributo específico. Aqui está como você faz isso:

1. Escreva uma afirmação que inclua o número de membros que compartilham o atributo e o número total na amostragem.

Imagine que você queira saber a porcentagem de alunos da turma do Sister Elena que sejam filhos únicos. A tabela lhe diz que cinco alunos não têm irmãos e você sabe que há 25 crianças na turma. Portanto, pode começar a responder a esta pergunta como a seguir:

Cinco, das 25 crianças, são filhos únicos.

2. Reescreva essa afirmação transformando os números em uma fração:

$$\frac{\text{Quantidade que o atributo possui}}{\text{Total na amostra}} = 5/25$$

No exemplo, 5/25 das crianças são filhos únicos.

3. **Converta a fração em uma porcentagem, usando o método que mostro no Capítulo 12.**

   Você descobre que 5/25 = 1/5 = 0,2, portanto, 20% das crianças são filhos únicos.

Do mesmo modo, imagine que você queira descobrir a porcentagem de crianças que pegam o ônibus para ir à escola. Dessa vez, a tabela diz que 16 crianças pegam o ônibus, portanto, você pode escrever esta afirmação:

Dezesseis das 25 crianças pegam o ônibus para ir à escola.

Agora, reescreva a afirmação como a seguir:

$\frac{16}{25}$ das crianças pegam o ônibus para ir à escola.

Por fim, converta esta fração em uma porcentagem: 16 ÷ 25 = 0,64, ou 64%, portanto:

64% das crianças pegam o ônibus para ir à escola.

Entrando na moda

A *moda* lhe diz a resposta mais popular para uma pergunta sobre estatística. Por exemplo, na pesquisa da turma do Sister Elena (veja as Tabelas 19-1 e 19-2), a moda são crianças que:

» Têm pelo menos um irmão ou uma irmã (20 alunos).

» Têm pelo menos um animal de estimação (14 alunos).

» Pegam o ônibus para ir à escola (16 alunos).

» Escolheram azul como sua cor favorita (8 alunos).

LEMBRE-SE Quando uma pergunta divide um conjunto de dados em duas partes (como as perguntas de sim ou não), a moda representa mais da metade do conjunto de dados. Mas quando uma pergunta divide um conjunto de dados em mais de duas partes, a moda não representa necessariamente mais da metade do conjunto de dados.

Por exemplo, 14 crianças têm, pelo menos, um animal de estimação, e as outras 11 crianças não têm nenhum. Portanto, a moda — as crianças que têm um animal de estimação — é mais da metade da turma. Mas 8 das 25 crianças escolheram o azul como a cor favorita delas. Portanto, embora esse seja a moda, menos da metade da turma escolheu essa cor.

PAPO DE ESPECIALISTA

Com uma pequena amostragem, você pode ter mais de uma moda — por exemplo, talvez o número de alunos que gosta do vermelho seja igual ao número de alunos que gosta do azul. Entretanto, obter modas múltiplas não é, normalmente, um problema em uma amostragem maior, pois é menos provável que um mesmo número exato de pessoas tenha a mesma preferência.

Trabalhando com dados quantitativos

Os *dados quantitativos* atribuem um valor numérico a cada membro da amostragem. Como minha amostragem — de novo fictícia —, uso cinco integrantes do time de basquete do colégio Sister Elena. Imagine que a informação coletada na Tabela 19-3 seja referente à altura e ao teste de ortografia mais recente de cada integrante do time.

TABELA 19-3   Altura e Resultados do Teste de Ortografia

Alunos	Altura em Polegadas	Número de Palavras Formadas Corretamente
Carlos	55	18
Dwight	60	20
Patrick	59	14
Tyler	58	17
William	63	18

Nesta seção, mostro como usar essas informações para achar a média e a mediana dos dois conjuntos de dados. Os dois termos referem-se a formas de calcular o valor médio em um conjunto de dados quantitativos. Uma *média* lhe dá uma ideia geral sobre onde a maioria das pessoas em um conjunto de dados se encaixa, portanto, você sabe quais tipos de resultados são padrões. Por exemplo, a média de altura da turma da quinta série do colégio Sister Elena é provavelmente inferior à média de altura do time de basquete do Los Angeles Lakers. Como apresento nas seções a seguir, uma média pode ser enganosa em alguns casos, portanto, saber quando usar a média versus a mediana é importante.

Achando a média

LEMBRE-SE

Aqui está como achar a média de um conjunto de dados:

1. **Some todos os números do conjunto.**

    Por exemplo, para descobrir a altura média dos cinco membros do time, primeiro some todas as alturas:

    55 + 60 + 59 + 58 + 63 = 295 polegadas

2. Divida este resultado pelo número total de membros do conjunto.

Divida 295 por 5 (isso é, pelo número total de garotos do time):

295 ÷ 5 = 59 polegadas

Portanto, a média de altura dos garotos do time do Sister Elena é 59 polegadas.

Este procedimento fica resumido (por assim dizer) em uma fórmula simples:

$$\text{média} = \frac{\text{soma de valores}}{\text{número de valores}}$$

Você pode usar essa fórmula para encontrar a média de palavras que os garotos escreveram corretamente. Para fazer isso, coloque o número de palavras que cada garoto escreveu corretamente na parte de cima da fórmula e, depois, coloque o número de garotos no grupo na parte de baixo:

$$\text{média} = \frac{18 + 20 + 14 + 17 + 18}{5}$$

Agora, simplifique o resultado:

$$= \frac{87}{5} = 17.4$$

Como pode ver, ao dividir você termina com um decimal na sua resposta. Se arredondar para o número inteiro mais próximo, a média do número de palavras que os cinco garotos escreveram corretamente será de aproximadamente 17 palavras. (Para mais informações sobre como arredondar, veja o Capítulo 2.)

CUIDADO

A média pode ser enganosa quando você tem grandes distorções nos dados — isso é, quando os dados têm muitos valores baixos e poucos valores altos ou vice-versa.

Por exemplo, imagine que o presidente de uma empresa lhe diga: "O salário médio da minha empresa é de $200.000 ao ano!". Mas, no seu primeiro dia de trabalho, você descobre que o salário do presidente é de $19.010.000 e que cada um dos seus 99 empregados ganha $10.000. Para descobrir a média, some todos os salários:

$$\text{média} = \frac{\$19{,}010{,}000 + (\$10{,}000 \times 99)}{100}$$

Agora, calcule:

$$= \frac{\$19.010.000 + \$990.000}{100} = \frac{\$20.000.000}{100} = \$200.000$$

Portanto, o presidente não mentiu. Entretanto, a distorção nos salários resultou em uma média enganosa.

Descobrindo a mediana

Quando os valores dos dados são distorcidos (quando poucos números grandes ou poucos números pequenos diferem de maneira significativa do restante dos dados), a mediana pode lhe dar uma ideia mais precisa do padrão. Aqui está como descobrir a mediana de um conjunto de dados:

1. Organize o conjunto do menor para o maior.

Para descobrir a altura mediana dos garotos na Tabela 19-3, organize as alturas dos cinco na ordem do menor para o maior.

       55   58   <u>59</u>   60   63

2. Escolha o número do meio.

O valor do meio, 59 polegadas, é a altura mediana.

Para descobrir o número mediano de palavras que os garotos escreveram corretamente (veja a Tabela 19-3), organize seus resultados na ordem do menor para o maior:

       14   17   <u>18</u>   18   20

Dessa vez, o valor do meio é 18, portanto, 18 é o valor da mediana.

LEMBRE-SE Se você tiver um número par de valores no conjunto de dados, coloque os números na ordem e descubra a média dos *dois números do meio* na lista (veja a seção anterior para mais detalhes sobre a média). Por exemplo, considere o seguinte:

       2   3   <u>5   7</u>   9   11

Os dois números centrais são 5 e 7. Some-os para obter 12 e, depois, divida por 2 para obter a média deles. A mediana nessa lista é 6.

Agora lembre-se do presidente da empresa que ganha $19.010.000 por ano e de seus empregados que ganham, cada um, $10.000. Aqui está como ficam estes dados:

      10.000   10.000   10.000   ...   10.000   19.010.000

Como pode observar, se você fosse escrever todos os 100 salários, os dois números no centro seriam, obviamente, 10.000. O salário mediano é $10.000, e esse resultado reflete muito melhor o que você provavelmente ganharia se trabalhasse nessa empresa.

Dando uma Olhada nas Probabilidades: Probabilidade Básica

A *probabilidade* é a matemática de decidir sobre a possibilidade de um evento ocorrer. Por exemplo:

- » Qual é a probabilidade de eu ganhar na loteria?
- » Qual é a probabilidade de meu carro precisar de reparos antes do fim da garantia?
- » Qual é a probabilidade de nevar mais de 2,50 metros em Manchester, New Hampshire, este inverno?

A probabilidade tem uma ampla variedade de aplicações em seguros, previsão do tempo, ciências biológicas e até em física.

PAPO DE ESPECIALISTA

O estudo da probabilidade começou centenas de anos atrás, quando um grupo de nobres franceses começou a suspeitar que a matemática poderia ajudá-los a lucrar ou, pelo menos, a não perder tanto nas salas de jogo que eles frequentavam.

Você pode ler tudo sobre probabilidade no livro *Probability For Dummies*, de Deborah J. Rumsey. Nesta seção, lhe dou uma pequena amostra desse assunto fascinante.

Calculando a probabilidade

A *probabilidade* de um evento ocorrer é uma fração em que numerador (o número na parte superior) e denominador (o número na parte inferior) são como a seguir. (Para mais detalhes sobre frações, vá ao Capítulo 9):

$$\text{Probabilidade} = \frac{\text{número de resultados favoráveis}}{\text{número total de resultados possíveis}}$$

Neste caso, um *resultado favorável* (ou, *sucesso*) é, simplesmente, um número de resultados no qual o evento que você está examinando acontece. Em contraste, um número de *resultado possível* (ou *espaço de amostra*) é o número de resultados que *podem* acontecer.

O PADRÃO SILVER

A probabilidade pode ser uma ferramenta poderosa para prever padrões climáticos, eventos esportivos e resultados das eleições. Em seu best-seller *O Sinal e o Ruído*, Nate Silver discute sobre como os modelos estatísticos, quando feitos corretamente, podem permitir que os matemáticos deem uma espiada no futuro com uma precisão assustadora. Ele também debate sobre por que várias previsões aparentemente científicas dão errado. O trabalho de Silver é de vanguarda e ele faz um ótimo serviço ao explicar o que os estatísticos fazem, mas sem usar muitos jargões técnicos ou equações complicadas. Dê uma olhada!

Por exemplo, imagine que você queira saber a probabilidade de uma moeda arremessada parar em cara. Note que há dois resultados possíveis (cara ou coroa), mas apenas um deles é favorável — o resultado no qual a cara aparece. Para descobrir a probabilidade deste evento, crie uma fração como a seguinte:

$$\frac{\text{número de resultados favoráveis}}{\text{número total de resultados possíveis}} = \frac{1}{2}$$

Portanto, a probabilidade de a moeda parar em cara é de ½.

Dessa forma, qual é a probabilidade de, quando você jogar um dado, o número três aparecer para cima. Para calcular essa probabilidade, note que há *seis* resultados possíveis (1, 2, 3, 4, 5 e 6), mas apenas *um* deles faz o número três aparecer para cima. Para descobrir a probabilidade desse resultado, crie uma fração como a seguinte:

$$\frac{\text{número de resultados favoráveis}}{\text{número total de resultados possíveis}} = \frac{1}{6}$$

Portanto, a probabilidade de o número 3 aparecer para cima é de 1/6.

E qual é a probabilidade de você, casualmente, pegar uma carta do baralho que seja um ás? Para calcular essa probabilidade, note que existem 52 resultados possíveis (um para cada carta do baralho), mas em apenas quatro deles você pega um ás. Portanto:

$$\frac{\text{número de resultados favoráveis}}{\text{número total de resultados possíveis}} = \frac{4}{52}$$

Portanto, a probabilidade de você pegar um ás é de 4/52, o que pode ser reduzido para 1/13. (Veja o Capítulo 9 para mais detalhes sobre redução de frações.)

LEMBRE-SE A probabilidade é sempre um número de 0 a 1. Quando a probabilidade de um resultado for 0, o resultado é *impossível*. Quando a probabilidade de um resultado for 1, o resultado é *certo*.

Ah, as possibilidades! Contando resultados com várias moedas

Embora a fórmula básica de probabilidade não seja difícil, às vezes descobrir os números a serem colocados nela pode ser complicado. Uma fonte de confusão é ao contar o número de resultados, tanto os favoráveis quanto os possíveis. Nesta seção, concentro-me em arremessar moedas.

Quando você arremessa uma moeda, geralmente pode ter dois resultados possíveis: cara ou coroa. Quando arremessa duas moedas ao mesmo tempo — digamos, uma de 1 centavo e outra de 5 centavos — pode ter quatro resultados possíveis:

Resultado	1 centavo	5 centavos
1	Cara	Cara
2	Cara	Coroa
3	Coroa	Cara
4	Coroa	Coroa

Quando você arremessa três moedas ao mesmo tempo — digamos, uma de 1 centavo, outra de 5 e outra de 10 — há oito resultados possíveis:

Resultado	1 centavo	5 centavos	10 centavos
1	Cara	Cara	Cara
2	Cara	Cara	Coroa
3	Cara	Coroa	Cara
4	Cara	Coroa	Coroa
5	Coroa	Cara	Cara
6	Coroa	Cara	Coroa
7	Coroa	Coroa	Cara
8	Coroa	Coroa	Coroa

Note o padrão: toda vez que você acrescenta uma moeda adicional, o número de resultados possíveis dobra. Portanto, se arremessar seis moedas, aqui está o número de resultados possíveis que você tem:

$2 \times 2 \times 2 \times 2 \times 2 \times 2 = 64$

O número de resultados possíveis é igual ao número de resultados por moeda (2) elevado ao número de moedas (6): matematicamente, você tem $2^6 = 64$.

DICA Aqui está uma fórmula útil para calcular o número de resultados quando você está arremessando, sacudindo ou rolando várias moedas, dados ou outros objetos ao mesmo tempo:

resultados possíveis = número de resultados por objeto$^{\text{número de objetos}}$

Imagine que você queira descobrir a probabilidade de seis moedas arremessadas pararem em cara. Para fazer isso, precisa criar uma fração e você já sabe que o denominador — o número de resultados possíveis — é 64. Apenas um resultado é favorável, portanto, o numerador é 1:

$$\frac{\text{número de resultados favoráveis}}{\text{número total de resultados possíveis}} = \frac{1}{64}$$

Portanto, a probabilidade de seis moedas arremessadas pararem em cara é 1/64.

Aqui está uma pergunta mais sutil: qual é a probabilidade de exatamente cinco das seis moedas arremessadas pararem em cara? De novo, você precisa criar uma fração e já sabe que o denominador é 64. Para descobrir o numerador (os resultados favoráveis), pense sobre ele desta forma: se a primeira moeda parar em coroa, então todas as outras devem parar em cara. Se a segunda moeda parar em coroa, então, de novo, todas as outras devem parar em cara. Isso é verdadeiro para todas as seis moedas, portanto, você tem seis resultados favoráveis:

$$\frac{\text{número de resultados favoráveis}}{\text{número total de resultados possíveis}} = \frac{6}{64}$$

Portanto, a probabilidade de exatamente cinco das seis moedas pararem em cara é 6/64, o que pode ser reduzido a 3/32. (Veja o Capítulo 9 para mais detalhes sobre redução de frações.)

> **NESTE CAPÍTULO**
> » **Definindo um conjunto e seus elementos**
> » **Entendendo os subconjuntos e o conjunto vazio**
> » **Conhecendo as operações básicas nos conjuntos, incluindo a união e a interseção**

Capítulo 20
Estabelecendo Coisas com a Teoria Básica de Conjunto

Um *conjunto* é apenas uma coleção de coisas. Mas, na simplicidade deles, os conjuntos são fundamentais. No nível mais profundo, a teoria de conjunto é o fundamento para tudo na matemática.

A teoria de conjunto fornece uma forma de falar sobre coleções de números, tais como números pares, números primos ou números contáveis, com facilidade e clareza. Ela também lhe dá regras para realizar cálculos em conjuntos que se tornam úteis na matemática avançada. Por essas razões, a teoria de conjunto torna-se mais importante à medida que você avança na cadeia alimentar da matemática — especialmente quando começa a escrever evidências matemáticas. Estudar conjuntos também pode significar uma boa pausa do material da matemática comum com o qual você trabalha.

Neste capítulo, mostro o básico da teoria de conjunto. Primeiro, apresento como definir conjuntos e seus elementos e como você pode dizer quando dois conjuntos são iguais. Mostro também a ideia simples da cardinalidade de um conjunto.

Depois, discuto os subconjuntos e o importante conjunto vazio (Ø). Depois disso, discuto as quatro operações nos conjuntos: união, interseção, complemento relativo e complemento.

Entendendo Conjuntos

Um *conjunto* é uma coleção de coisas, em qualquer ordem. Estas coisas podem ser prédios, vaga-lumes, números, qualidades de figuras históricas, nomes pelos quais você chama seu irmão mais novo, qualquer coisa.

Você pode definir um conjunto em algumas formas principais:

» **Colocar uma lista dos elementos do conjunto entre chaves { }:** Você pode simplesmente listar tudo que pertence ao conjunto. Quando o conjunto é muito grande, use reticências (...) para indicar os elementos não mencionados do conjunto. Por exemplo, para listar o conjunto dos números de 1 a 100, você pode escrever {1, 2, 3,..., 100}. Para listar o conjunto de todos os números contáveis, você pode escrever {1, 2, 3,...}.

» **Usar uma descrição verbal:** Se você usar uma descrição verbal sobre o que o conjunto inclui, tenha certeza de que a descrição é clara e explícita para que você saiba exatamente o que está no conjunto e o que não está nele. Por exemplo, o conjunto das quatro estações é muito claro, mas você pode entrar em um debate sobre o conjunto de palavras que descreve minhas habilidades culinárias, já que muitas pessoas têm opiniões diferentes.

» **Escrever uma regra matemática (notação de construção de conjuntos):** Na álgebra mais avançada, você pode escrever uma equação que diz às pessoas como calcular os números que fazem parte de um conjunto. Verifique no livro *Álgebra II Para Leigos* de Mary Jane Sterling (Alta Books), para mais detalhes.

Em geral, os conjuntos são identificados com letras maiúsculas para mantê-los distintos das variáveis em álgebra, que em geral são letras minúsculas (o Capítulo 21 fala sobre o uso de variáveis).

A melhor forma de entender conjuntos é começar a trabalhar com eles. Por exemplo, aqui eu defino três conjuntos:

A = {Edifício Empire State, Torre Eiffel, Coliseu de Roma}

B = {inteligência de Albert Einstein, talento de Marilyn Monroe, habilidade atlética de Joe DiMaggio, crueldade do senador Joseph McCarthy}

C = as quatro estações do ano

O conjunto A contém três objetos tangíveis: trabalhos famosos de arquitetura. O conjunto B contém quatro objetos intangíveis: atributos de pessoas famosas. E o conjunto C contém também objetos intangíveis: as quatro estações. A teoria de conjunto permite que você trabalhe com objetos tangíveis ou intangíveis, desde que defina seu conjunto corretamente. Nas seções seguintes, apresento o básico da teoria de conjunto.

Elementar, meu caro: Considerando o que está dentro de conjuntos

As coisas contidas em um conjunto são chamadas de *elementos* (conhecidos também como *membros*). Considere os primeiros dois conjuntos que defino na seção de apresentação:

A = {Edifício Empire State, Torre Eiffel, Coliseu de Roma}

B = {Inteligência de Albert Einstein, talento de Marilyn Monroe, habilidade atlética de Joe DiMaggio, crueldade do senador Joseph McCarthy}

A Torre Eiffel é um elemento de A e o talento da Marilyn Monroe é um elemento de B. Você pode escrever estas expressões usando o símbolo ∈, que significa "pertence a":

Torre Eiffel ∈ A

Talento da Marilyn Monroe ∈ B

Entretanto, a Torre Eiffel não é um elemento de B. Você pode escrever esta expressão usando o símbolo ∉, que significa "não pertence a":

Torre Eiffel ∉ B

Esses dois símbolos ficam mais comuns conforme você avança nos estudos de matemática. As seções seguintes discutem o que está dentro dessas chaves e como alguns conjuntos se relacionam.

Cardinalidade de conjuntos

A *cardinalidade* de um conjunto é apenas uma palavra enfeitada para o número de elementos do conjunto.

Quando A é {Edifício Empire State, Torre Eiffel, Coliseu de Roma}, ele tem três elementos, portanto, a cardinalidade de A é três. O conjunto B que é {inteligência de Albert Einstein, talento de Marilyn Monroe, habilidade atlética de Joe DiMaggio, crueldade do senador Joseph McCarthy}, tem quatro elementos, portanto, a cardinalidade de B é quatro.

Conjuntos iguais

LEMBRE-SE

Se dois conjuntos listarem ou descreverem os mesmos elementos, os conjuntos são iguais (você pode dizer também que eles são *idênticos* ou *equivalentes*). A ordem dos elementos nos conjuntos não importa. Do mesmo modo, um elemento pode aparecer duas vezes em um conjunto, mas apenas os elementos distintos precisam corresponder.

Imagine que eu defina alguns conjuntos, como os seguintes:

C = as quatro estações do ano

D = {primavera, verão, outono, inverno}

E = {outono, primavera, verão, inverno}

F = {verão, verão, verão, primavera, outono, inverno, inverno, verão}

O conjunto C dá uma regra clara descrevendo um conjunto. O conjunto D lista explicitamente os quatro elementos em C. O conjunto E lista as quatro estações em uma ordem diferente. E o conjunto F lista as quatro estações com algumas repetições. Portanto, os quatro conjuntos são iguais. Assim como nos números, você pode usar o sinal de igualdade para mostrar que os conjuntos são iguais:

C = D = E = F

Subconjuntos

Quando todos os elementos de um conjunto estão completamente contidos em um segundo conjunto, o primeiro é um subconjunto do segundo. Por exemplo, considere estes conjuntos:

C = {primavera, verão, outono, inverno}

G = {primavera, verão, outono}

Como pode observar, todo elemento de G é, também, um elemento de C, portanto, G é um subconjunto de C. O símbolo para subconjunto é $\subset$ (que significa está contido), portanto, você pode escrever o seguinte:

$G \subset C$

PAPO DE ESPECIALISTA

Todo conjunto é um subconjunto dele mesmo. Essa ideia pode parecer estranha até que você constate que todos os elementos de qualquer conjunto estão, obviamente, contidos no conjunto.

Conjuntos vazios

O *conjunto vazio* — chamado também de conjunto *nulo* — é um conjunto que não tem elementos:

H = { }

Como pode ver, defino H listando seus elementos, mas não listei nada, portanto, H está vazio. O símbolo ∅ é usado para representar o conjunto vazio. Portanto, H = ∅

Você também pode definir um conjunto vazio usando uma regra. Por exemplo:

I = tipos de galos que botam ovos

Evidentemente, os galos são machos e, portanto, eles não botam ovos, então esse conjunto é vazio.

DICA Você pode pensar sobre o ∅ como nada. E como nada é sempre nada, existe apenas um conjunto vazio. Todos os conjuntos vazios são iguais, portanto, neste caso, H = I.

Além disso, o ∅ é um subconjunto de todos os conjuntos (a seção anterior discute sobre os subconjuntos), portanto, as seguintes expressões são verdadeiras:

∅ ⊂ A

∅ ⊂ B

∅ ⊂ C

Esse conceito faz sentido quando você pensa sobre ele. Lembre-se de que ∅ não tem elementos, portanto, tecnicamente falando, todo elemento em ∅ está em todos os outros conjuntos.

Conjuntos de números

Um importante uso de conjuntos é definir conjuntos de números. Assim como em todos os outros conjuntos, você pode listar os elementos ou descrever verbalmente uma regra que lhe diz claramente o que está incluído no conjunto e o que não está. Por exemplo, considere os seguintes conjuntos:

J = {1, 2, 3, 4, 5}

K = {2, 4, 6, 8, 10, ...}

L = o conjunto de números contáveis

Minhas definições de J e K listam seus elementos explicitamente. Como K é infinitamente grande, preciso usar reticências (...) para mostrar que esse conjunto continua infinitamente. A definição de L é uma descrição do conjunto em palavras.

Discuto alguns conjuntos de números especialmente significantes no Capítulo 25.

Realizando Operações nos Conjuntos

Em aritmética, as quatro operações fundamentais (adição, subtração, multiplicação e divisão) permitem que você combine números de várias formas (veja os Capítulos 3 e 4 para mais informações). A teoria de conjunto também tem quatro operações importantes: união, interseção, complemento relativo e complemento. Você verá mais sobre essas operações conforme avançar nos estudos de matemática.

Aqui estão as definições para três conjuntos de números:

P = {1, 7}

Q = {4, 5, 6}

R = {2, 4, 6, 8, 10}

Nesta seção, uso esses três conjuntos e alguns outros para discutir as quatro operações de conjunto e lhe mostrar como elas funcionam. (**Nota:** Nas equações, listo os elementos novamente, substituindo os nomes dos conjuntos pelos seus equivalentes nas chaves. Portanto, você não precisa ficar indo e voltando para checar o que cada conjunto contém.)

União: Elementos combinados

A união de dois conjuntos é o conjunto de seus elementos *combinados*. Por exemplo, a união de {1, 2} e {3, 4} é {1, 2, 3, 4}. O símbolo para esta operação é ∪, portanto:

{1, 2} ∪ {3, 4} = {1, 2, 3, 4}

Do mesmo modo, aqui está como achar a união de P e Q:

P ∪ Q = {1, 7} ∪ {4, 5, 6} = {1, 4, 5, 6, 7}

Quando dois conjuntos têm um ou mais elementos em comum, esses elementos aparecem apenas uma vez na união do conjunto deles. Por exemplo, considere a união de Q e R. Neste caso, os elementos 4 e 6 estão nos dois conjuntos, mas cada um destes números aparece uma vez na união deles:

Q ∪ R = {4, 5, 6} ∪ {2, 4, 6, 8, 10} = {2, 4, 5, 6, 8, 10}

A união de qualquer conjunto com ele próprio é ele mesmo:

P ∪ P = P

Do mesmo modo, a união de qualquer conjunto com ∅ (veja a seção anterior "Conjuntos vazios") é ele mesmo:

P ∪ ∅ = P

Interseção: Elementos em comum

A interseção de dois conjuntos é o conjunto de seus elementos comuns (os elementos que aparecem nos dois conjuntos). Por exemplo, a interseção de {1, 2, 3} e {2, 3, 4} é {2, 3}. O símbolo para esta operação é ∩. Você pode escrever o seguinte:

{1, 2, 3} ∩ {2, 3, 4} = {2, 3}

Do mesmo modo, aqui está como escrever a interseção de Q e R:

Q ∩ R = {4, 5, 6} ∩ {2, 4, 6, 8, 10} = {4, 6}

Quando dois conjuntos não têm elementos em comum, a interseção deles é o conjunto vazio (∅):

P ∩ Q = {1, 7} ∩ {4, 5, 6} = ∅

A interseção de qualquer conjunto com ele próprio é ele mesmo:

P ∩ P = P

Mas a interseção de qualquer conjunto com ∅ é ∅:

P ∩ ∅ = ∅

Complemento relativo: Subtração (mais ou menos)

O complemento relativo de dois conjuntos é uma operação parecida com a subtração. O símbolo para esta operação é o sinal de menos (-). Começando com o primeiro conjunto, você remove todos os elementos que aparecem no segundo conjunto para chegar ao complemento relativo deles. Por exemplo:

{1, 2, 3, 4, 5} - {1, 2, 5} = {3, 4}

Do mesmo modo, aqui está como descobrir o complemento relativo de R e Q. Os dois conjuntos compartilham um 4 e um 6, portanto, você tem que remover estes elementos de R:

R - Q = {2, 4, 6, 8, 10} - {4, 5, 6} = {2, 8, 10}

Note que a inversão desta operação lhe dá um resultado diferente. Dessa vez, você remove os números 4 e 6 compartilhados de Q:

Q - R = {4, 5, 6} - {2, 4, 6, 8, 10} = {5}

LEMBRE-SE

Assim como a subtração na aritmética, o complemento relativo não é uma operação comutativa. Em outras palavras, a ordem é importante (veja o Capítulo 4 para mais detalhes sobre as operações comutativa e não comutativa).

Complemento: Sentindo-se excluído

O *complemento* de um conjunto é tudo que não está no conjunto. Uma vez que "tudo" é um conceito difícil para se trabalhar, primeiro você deve definir o que quer dizer com "tudo" como o conjunto universo (U). Por exemplo, imagine que você defina o conjunto universo como este:

U = {0, 1, 2, 3, 4, 5, 6, 7, 8, 9}

Agora, aqui estão alguns conjuntos com os quais trabalhar:

M = {1, 3, 5, 7, 9}

N = {6}

O complemento de cada conjunto é o conjunto de todo elemento em U que não está no conjunto original:

U - M = {0, 1, 2, 3, 4, 5, 6, 7, 8, 9} - {1, 3, 5, 7, 9} = {0, 2, 4, 6, 8}

U - N = {0, 1, 2, 3, 4, 5, 6, 7, 8, 9} - {6} = {0, 1, 2, 3, 4, 5, 7, 8, 9}

O complemento é intimamente relacionado ao complemento relativo (veja a seção anterior). As duas operações são parecidas com a subtração. A principal diferença é que o complemento é *sempre* a subtração de um conjunto de U, mas o complemento relativo é a subtração de um conjunto de qualquer outro conjunto.

O símbolo para o complemento é ', portanto, você pode escrever o seguinte:

M' = {0, 2, 4, 6, 8}

N' = {0, 1, 2, 3, 4, 5, 7, 8, 9}

5 Os Arquivos X: Introdução à Álgebra

NESTA PARTE...

Avalie, simplifique e fatore expressões algébricas.

Deixe as equações algébricas equilibradas e as resolva ao isolar a variável.

Use a álgebra para resolver problemas com enunciado que são difíceis demais para serem resolvidos apenas com a aritmética.

> **NESTE CAPÍTULO**
>
> » Encontrando o Sr. X de frente
>
> » Entendendo como uma variável, tal como x, representa um número
>
> » Usando a substituição para avaliar uma expressão algébrica
>
> » Identificando e reorganizando os termos em qualquer expressão algébrica
>
> » Simplificando expressões algébricas

Capítulo **21**

Entre, Sr. X: Álgebra e Expressões Algébricas

Você nunca esquece do seu primeiro amor, do seu primeiro carro ou do seu primeiro x. Infelizmente, para algumas pessoas, lembrar-se do seu primeiro x em álgebra é como se lembrar do seu primeiro amor que o abandonou no meio do baile de estudantes ou do seu primeiro carro que quebrou em algum lugar do México.

O fato mais conhecido sobre a álgebra é que ela usa letras — como x — para representar números. Portanto, se você tiver uma história traumática com o x, tudo o que eu posso lhe dizer é que o futuro será melhor do que o passado.

Para que serve a álgebra? Essa é uma pergunta comum e merece uma resposta decente. A álgebra é usada para resolver problemas que são simplesmente muito difíceis para a aritmética ordinária. E como o processamento numérico está presente em grande parte do mundo moderno, a álgebra está em todos os lugares (mesmo que você não a veja): na arquitetura, na engenharia, na medicina, na estatística, na computação, nos negócios, na química, na física, na biologia e, evidentemente, na matemática avançada. Em qualquer lugar que os números sejam úteis, a álgebra está lá. Por isso, praticamente todas as faculdades e universidades insistem para que você saia (ou entre) com pelo menos uma familiaridade passageira com a álgebra.

Neste capítulo, apresento (ou reapresento) aquele pequeno colega indefinido, o Sr. X, de uma forma que fará com que ele pareça mais amigável. Depois mostro como as expressões algébricas são similares e diferentes das expressões aritméticas com as quais você está acostumado a trabalhar. (Para refrescar sua memória sobre expressões aritméticas, veja o Capítulo 5.)

Vendo Como o *X* Marca o Local

Em matemática, o x representa um número — qualquer número. Qualquer letra que você use para representar um número é uma *variável*, o que significa que seu valor pode *variar* — isso é, seu valor é incerto. Em contraste, um número em álgebra é frequentemente chamado de uma *constante*, porque seu valor é *fixo*.

Às vezes, você tem informações suficientes para descobrir a identidade de x. Por exemplo, considere o seguinte:

$2 + 2 = x$

Obviamente, nessa equação, x representa o número 4. Mas, outras vezes, o número que x representa fica envolto de mistério. Por exemplo:

$x > 5$

Nessa desigualdade, x representa algum número maior que 5 — talvez seja 6, ou 7 ½, ou 542,002.

Expressando-se com Expressões Algébricas

No Capítulo 5, apresento a você as expressões aritméticas: séries de números e operadores que podem ser avaliados ou colocados em um lado de uma equação. Por exemplo:

$2 + 3$
$7 \cdot 1,5 - 2$
$2^4 - |-4| - \sqrt{400}$

Neste capítulo, apresento um outro tipo de expressão matemática: a expressão algébrica. Uma *expressão algébrica* é qualquer série de símbolos matemáticos que pode ser colocada em um lado de uma equação e que inclui pelo menos uma variável.

Aqui estão alguns exemplos de expressões algébricas:

$5x$

$-5x + 2$

$x^2y - y^2x + \dfrac{z}{3} - xyz + 1$

LEMBRE-SE Como pode ver, a diferença entre expressões aritméticas e algébricas é simplesmente o fato de que uma expressão algébrica inclui pelo menos uma variável.

Nesta seção, mostro como trabalhar com expressões algébricas. Primeiro, demonstro como avaliar uma expressão algébrica substituindo os valores de suas variáveis. Depois mostro como separar uma expressão algébrica em um ou mais termos e como identificar o coeficiente e a parte variável de cada termo.

Avaliando expressões algébricas

LEMBRE-SE Para avaliar uma expressão algébrica, você precisa conhecer o valor numérico de todas as variáveis. Para cada variável na expressão, substitua pelo número que ela representa e depois avalie a expressão.

No Capítulo 5, mostro como avaliar uma expressão aritmética. De forma breve, isso significa achar o valor dessa expressão como um número único (vá ao Capítulo 5 para mais detalhes sobre avaliação).

Saber como avaliar expressões aritméticas é útil para avaliar expressões algébricas. Por exemplo, imagine que você queira avaliar a seguinte expressão:

$4x - 7$

Note que essa expressão contém a variável x, que é desconhecida, portanto, o valor da expressão toda também é desconhecido.

Uma expressão algébrica pode ter qualquer número de variáveis, mas, em geral, você não trabalha com expressões que tenham mais do que duas, ou talvez três, no máximo. Você pode usar qualquer letra como uma variável, mas x, y e z tendem a ser as mais utilizadas.

Imagine, no caso anterior, que $x = 2$. Para avaliar a expressão, substitua x por 2 em todos os lugares que ele aparece na expressão:

$4(2) - 7$

Depois de fazer a substituição, sobra uma expressão aritmética, portanto, você pode terminar seus cálculos para avaliar a expressão:

$= 8 - 7 = 1$

Portanto, com $x = 2$, a expressão algébrica $4x - 7 = 1$

Agora imagine que você queira avaliar a seguinte expressão, na qual $x = 4$:

$2x^2 - 5x - 15$

Dessa vez, o primeiro passo é substituir x por 4 em todos os lugares que essa variável aparecer na expressão:

$2(4^2) - 5(4) - 15$

Agora avalie de acordo com a ordem das operações, explicada no Capítulo 5. Você faz as potências primeiro, portanto, comece avaliando o expoente 4^2, que é igual a $4 \cdot 4$:

$= 2(16) - 5(4) - 15$

Agora, proceda com a multiplicação, movendo da esquerda para a direita:

$= 32 - 5(4) - 15$
$= 32 - 20 - 15$

Depois avalie a subtração, novamente da esquerda para a direita:

$= 12 - 15$
$= -3$

Portanto, com $x = 4$, a expressão algébrica $2x^2 - 5x - 15 = -3$.

Você não está limitado às expressões de apenas uma variável ao usar a substituição. Contanto que conheça o valor de todas as variáveis na expressão, pode avaliar expressões algébricas com qualquer número de variáveis. Por exemplo, imagine que você queira avaliar esta expressão:

$3x^2 + 2xy - xyz$

Para avaliá-la, você precisa dos valores de todas as variáveis:

$x = 3$
$y = -2$
$z = 5$

O primeiro passo é substituir o valor equivalente para cada uma das três variáveis onde você as encontrar:

$3(3^2) + 2(3)(-2) - (3)(-2)(5)$

Agora use as regras para a ordem das operações do Capítulo 5. Comece a avaliar o expoente 3^2:

$= 3(9) + 2(3)(-2) - (3)(-2)(5)$

Depois, avalie a multiplicação da esquerda para a direita (se você precisar saber mais sobre as regras para a multiplicação dos números negativos, verifique o Capítulo 4):

$= 27 + (-12) - (-30)$

Agora tudo que sobra é adição e subtração. Avalie da esquerda para a direita, lembrando-se das regras para a adição e a subtração dos números negativos no Capítulo 4:

$= 15 - (-30) = 15 + 30 = 45$

Portanto, com os três valores para x, y e z, a expressão algébrica $3x^2 + 2xy - xyz = 45$.

DICA

Como prática, copie a expressão e os três valores em um papel à parte, feche o livro e veja se você pode substituir e avaliar por conta própria para chegar ao mesmo resultado.

Chegando a termos algébricos

LEMBRE-SE

Um *termo* em uma expressão algébrica é qualquer pedaço de símbolos realçado do restante da expressão por uma adição ou uma subtração. Conforme as expressões algébricas ficam mais complexas, elas começam a se estender em mais e mais termos. Aqui estão alguns exemplos:

Expressões	Número de termos	Termos
$5x$	Um	$5x$
$-5x + 2$	Dois	$-5x$ e 2
$x^2y + \dfrac{z}{3} - xyz + 8$	Quatro	x^2y, $\dfrac{z}{3}$, $-xyz$, e 8

Não importa o quão complicada fique uma expressão algébrica, você sempre pode separá-la em um ou mais termos.

LEMBRE-SE

Ao separar uma expressão algébrica em termos, junte o sinal de mais ou menos com o termo que ele precede imediatamente.

Quando um termo tem uma variável, ele é chamado de *termo algébrico*. Quando não tem uma variável, ele é chamado de *constante*. Por exemplo, observe a seguinte expressão:

$$x^2y + \frac{z}{3} - xyz + 8$$

Os três primeiros termos são algébricos e o último termo é uma constante. Como você pode observar, em álgebra, *constante* é apenas uma palavra chique para *número*.

Os termos são realmente importantes, porque você pode seguir regras para movê-los, combiná-los e realizar as quatro operações fundamentais com eles. Todas essas habilidades são importantes para resolver equações, o que explico no próximo capítulo. Mas, por ora, esta seção explica um pouco sobre os termos e algumas de suas características.

Fazendo a permuta: Reorganizando seus termos

Depois de entender como separar uma expressão algébrica em termos, você pode ir um passo adiante e arrumar os termos em qualquer ordem que queira. Cada termo se move como uma unidade, assim como um grupo de pessoas que divide um carro para ir ao trabalho — todo mundo dentro do carro fica junto durante toda a viagem.

Por exemplo, imagine que você comece com a expressão $-5x + 2$. Você pode reorganizar os dois termos da expressão sem mudar seu valor. Note que o sinal de cada termo fica com o termo, entretanto, é comum omitir o sinal de mais no início de uma expressão:

$$5 = 2 - 5x$$

Reorganizar os termos dessa forma não afeta o valor da expressão, porque a adição é *comutativa* — isso é, você pode reorganizar o que estiver somando sem mudar a resposta. (Veja o Capítulo 4 para mais detalhes sobre a propriedade comutativa da adição.)

Por exemplo, suponha que $x = 3$. Depois, a expressão original e sua reorganização são avaliadas como a seguir (usando as regras que traço antes em "Avaliando expressões algébricas"):

$$-5x + 2 \qquad 2 - 5x$$
$$= -5(3) + 2 \qquad = 2 - 5(3)$$
$$= -15 + 2 \qquad = 2 - 15$$
$$= -13 \qquad = -13$$

Reorganizar expressões dessa forma será útil mais adiante neste capítulo, quando você simplificar expressões algébricas. Como outro exemplo, imagine que você tenha esta expressão:

$4x - y + 6$

Você pode reorganizá-la em uma variedade de formas:

$= 6 + 4x - y$
$= -y + 4x + 6$

Como o termo $4x$ não tem um sinal, ele é positivo, portanto, você pode escrever um sinal de mais conforme necessário ao reorganizar os termos.

LEMBRE-SE

Contanto que o sinal de cada termo fique com o termo respectivo, reorganizar os termos em uma expressão não tem efeito no seu valor.

Por exemplo, imagine que $x = 2$ e $y = 3$. Aqui está como avaliar a expressão original e os dois rearranjos:

$4x - y + 6$	$6 + 4x - y$	$-y + 4x + 6$
$= 4(2) - 3 + 6$	$= 6 + 4(2) - 3$	$= -3 + 4(2) + 6$
$= 8 - 3 + 6$	$= 6 + 8 - 3$	$= -3 + 8 + 6$
$= 5 + 6$	$= 14 - 3$	$= 5 + 6$
$= 11$	$= 11$	$= 11$

Identificando o coeficiente e a variável

Todo termo em uma expressão algébrica tem um coeficiente. O *coeficiente* é a parte numérica sinalizada de um termo em uma expressão algébrica — isso é, o número e o sinal (+ ou -) que vai com o termo. Por exemplo, imagine que você esteja trabalhando com a seguinte expressão algébrica:

$-4x^3 + x^2 - x - 7$

A tabela abaixo mostra os quatro termos dessa expressão, com o coeficiente de cada termo:

Termo	Coeficiente	Variável
$-4x^3$	-4	x^3
x^2	1	x^2
$-x$	-1	x
-7	-7	nenhuma

Note que o sinal associado ao termo é parte do coeficiente. Portanto, o coeficiente de $-4x^3$ é -4.

LEMBRE-SE

Quando um termo parece não ter um coeficiente, o coeficiente é 1. Portanto, o coeficiente de x^2 é 1 e o coeficiente de $-x$ é -1. E quando um termo é uma constante (apenas um número), o número com seu sinal associado é o coeficiente. Portanto, o coeficiente do termo -7 é simplesmente -7.

A propósito, quando o coeficiente de qualquer termo algébrico é zero, a expressão é igual a zero independente de como se pareça a parte variável:

$$0x = 0 \qquad 0xyz = 0 \qquad 0x^3y^4z^{10} = 0$$

Em contraste, a *parte variável* de uma expressão é tudo, exceto o coeficiente. A tabela acima mostra os quatro termos da mesma expressão, com a parte variável de cada termo.

Identificando termos similares

Os *termos similares* são quaisquer dois termos algébricos que tenham a mesma parte variável — isso é, as duas letras e seus expoentes devem corresponder de forma exata. Aqui estão alguns exemplos:

Parte Variável	Exemplos de Termos Similares		
x	$4x$	$12x$	$99,9x$
x^2	$6x^2$	$-20x^2$	$\frac{8}{3}x^2$
y	y	$1.000y$	πy
xy	$-7xy$	$800xy$	$\frac{22}{7}xy$
x^3y^3	$3x^3y^3$	$-111x^3y^3$	$3,14x^3y^3$

Como você pode observar, em cada exemplo, a parte variável em todos os três termos similares é a mesma. Apenas o coeficiente muda e ele pode ser qualquer número real: positivo ou negativo, número inteiro, fração, decimal — ou até um número irracional, como π. (Para mais detalhes sobre números reais, veja o Capítulo 25.)

Considerando os termos algébricos e as quatro operações fundamentais

Nesta seção, acelero o seu desenvolvimento sobre como aplicar as quatro operações fundamentais às expressões algébricas. Por ora, apenas pense em trabalhar com expressões algébricas como um conjunto de ferramentas que está juntando para usar quando começar o trabalho. Você vai descobrir como essas ferramentas são úteis no Capítulo 22, quando começar a resolver equações algébricas.

Adicionando termos

LEMBRE-SE

Adicione termos similares ao somar seus coeficientes e manter a mesma parte variável.

Por exemplo, imagine que você tenha a expressão $2x + 3x$. Lembre-se de que $2x$ é apenas uma taquigrafia para $x + x$, e que $3x$ significa, simplesmente, $x + x + x$. Portanto, quando você os soma, obtém o seguinte:

$$= x + x + x + x + x = 5x$$

Como pode observar, quando as partes variáveis de dois termos são iguais, você adiciona esses termos ao somar seus coeficientes: $2x + 3x = (2 + 3)x$. A ideia aqui é praticamente similar à ideia de que 2 maçãs + 3 maçãs = 5 maçãs.

CUIDADO

Você *não pode* adicionar termos não similares. Aqui estão alguns casos em que as variáveis ou seus expoentes são diferentes:

$2x + 3y$
$2yz + 3y$
$2x^2 + 3x$

Nesses casos, não é possível simplificar a expressão. Você está frente a uma situação que é similar a 2 maçãs + 3 laranjas. Como as unidades (maçãs e laranjas) são diferentes, você não pode combinar os termos. (Veja o Capítulo 4 para mais detalhes sobre como trabalhar com unidades.)

Subtraindo termos

LEMBRE-SE

A subtração funciona como a adição. Subtraia termos similares ao achar a diferença entre seus coeficientes e manter a mesma parte variável.

Por exemplo, imagine que você tenha $3x - x$. Lembre-se de que $3x$ é, simplesmente, uma taquigrafia para $x + x + x$. Portanto, fazer essa subtração lhe dá o seguinte:

$$x + x + x - x = 2x$$

Nenhuma grande surpresa aqui. Você simplesmente descobre $(3 - 1)x$. Dessa vez, a ideia é aproximadamente paralela à ideia de que \$3 - \$1 = \$2.

Aqui está um outro exemplo:

$2x - 5x$

De novo, sem problemas, contanto que você saiba como trabalhar com números negativos (veja o Capítulo 4 se precisar de detalhes).

Apenas ache a diferença entre os coeficientes:

= (2 − 5)x = −3x

Nesse caso, lembre-se de que $2 − $5 = −$3 (isso é, um débito de $3).

CUIDADO

Você *não pode* subtrair termos não similares. Por exemplo, não pode subtrair nenhum dos dois seguintes:

7x − 4y
$7x^2y - 4xy^2$

Assim como na adição, você não pode fazer a subtração com variáveis diferentes. Pense nisso como se estivesse tentando calcular 7 dólares − 4 pesos. Como as unidades neste caso (dólares versus pesos) são diferentes, você está empacado. (Veja o Capítulo 4 para mais detalhes sobre como trabalhar com unidades.)

Multiplicando termos

LEMBRE-SE

Diferentemente da adição e da subtração, você pode multiplicar termos não similares. Multiplique *quaisquer* dois termos multiplicando seus coeficientes e combinando — isso é, reunindo ou juntando — todas as variáveis em cada termo em um único termo, conforme lhe mostro abaixo.

Por exemplo, imagine que você queira multiplicar 5x(3y). Para obter o coeficiente, multiplique 5 . 3. Para obter a parte algébrica, combine as variáveis x e y:

= 5(3)xy = 15xy

Agora, imagine que você queira multiplicar 2x(7x). Novamente, multiplique os coeficientes e junte as variáveis em um único termo:

= 7(2)xx = 14xx

Lembre-se de que x^2 é igual a xx, então você pode escrever a resposta de uma maneira mais eficiente:

= $14x^2$

Aqui está um outro exemplo. Multiplique todos os três coeficientes e junte as variáveis:

$2x^2$ (3y) (4xy)
= 2(3) (4) x^2xyy
= $24x^3y^2$

Como pode observar, o expoente 3 que está associado a x é apenas a conta de quantos x aparecem no problema. A mesma coisa acontece com o expoente 2 associado a y.

DICA

Uma maneira rápida de multiplicar variáveis com expoentes é somar os expoentes. Por exemplo:

$(x^4 y^3)(x^2 y^5)(x^6 y) = x^{12} y^9$

Nesse exemplo, somei os expoentes dos x ($4 + 2 + 6 = 12$) para obter o expoente de x na solução. Do mesmo modo, somei os expoentes dos y ($3 + 5 + 1 = 9$ — não se esqueça de que $y = y^1$!) para obter o expoente de y na expressão.

Dividindo termos

É comum representar a divisão das expressões algébricas como uma fração em vez de usar o sinal da divisão ($\div$). Portanto, a divisão de termos algébricos parece, de fato, uma redução de fração para termos menores. (Veja o Capítulo 9 para mais detalhes sobre a redução.)

Para dividir um termo algébrico por outro, siga estes passos:

1. **Crie uma fração de dois termos**

    Imagine que você queira dividir $3xy$ por $12x^2$. Comece transformando o problema em uma fração:

    $$\frac{3xy}{12x^2}$$

2. **Cancele os fatores em coeficientes que estejam no numerador e no denominador.**

    Neste caso, você pode cancelar um 3. Note que, quando o coeficiente em xy fica igual a 1, você pode retirá-lo:

    $$= \frac{xy}{4x^2}$$

3. **Cancele qualquer variável que esteja no numerador e no denominador.**

    Você pode quebrar x^2 em xx:

    $$= \frac{xy}{4xx}$$

    Agora você pode claramente cancelar um x no numerador e no denominador:

    $$= \frac{y}{4x}$$

    Como você pode observar, a fração resultante é, de fato, uma forma reduzida da original.

Como outro exemplo, imagine que você queira dividir $-6x^2yz^3$ por $-8x^2y^2z$. Comece escrevendo a divisão como uma fração:

$$=\frac{-6x^2yz^3}{-8x^2y^2z}$$

Primeiramente, reduza os coeficientes. Note que, como os dois coeficientes eram originalmente negativos, você pode cancelar os dois sinais de menos também:

$$=\frac{3x^2yz^3}{4x^2y^2z}$$

Agora você pode começar a cancelar as variáveis. Faço isso em dois passos, como antes:

$$=\frac{3xxyzzz}{4xxyyz}$$

Neste ponto, apenas cancele qualquer ocorrência de uma variável que apareça no numerador e no denominador:

$$=\frac{3zz}{4y}$$

$$=\frac{3z^2}{4y}$$

CUIDADO: Você não pode cancelar variáveis e expoentes se o numerador ou o denominador tiver mais de um termo nele. Esse é um erro muito comum em álgebra, então não deixe isso acontecer com você!

Simplificando as Expressões Algébricas

Conforme as expressões algébricas ficam mais complexas, simplificá-las pode torná-las mais fáceis para se trabalhar. Simplificar uma expressão significa (simplesmente!) torná-la menor e mais fácil para se lidar. Você vê o quão importante é simplificar expressões quando começa a resolver equações algébricas.

Por ora, pense nesta seção como um tipo de caixa de ferramenta para a álgebra. Aqui, mostro a você *como* usar essas ferramentas. No Capítulo 22, mostro *quando* usá-las.

Combinando termos similares

Quando dois termos algébricos contêm termos similares (quando suas variáveis são iguais), você pode somá-los ou subtraí-los (veja a seção "Considerando os termos algébricos e as quatro operações fundamentais"). Essa característica torna-se útil quando você está tentando simplificar uma expressão. Por exemplo, imagine que esteja trabalhando com a seguinte expressão:

$$4x - 3y + 2x + y - x + 2y$$

Como podemos ver, essa expressão tem seis termos. Mas três termos têm a variável x e os outros três a variável y. Comece reorganizando a expressão para que todos os termos similares fiquem agrupados:

$$= 4x + 2x - x - 3y + y + 2y$$

Agora você pode somar e subtrair os termos similares. Faço isso em dois passos, primeiro para os termos x e, depois, para os termos y:

$$= 5x - 3y + y + 2y$$
$$= 5x + 0y$$
$$= 5x$$

Note que os termos x se simplificam para $5x$ e os termos y para $0y$, o que é 0, portanto, os termos y são eliminados da expressão.

Aqui está um exemplo um pouco mais complicado que tem variáveis com expoentes:

$$12x - xy - 3x^2 + 8y + 10xy + 3x^2 - 7x$$

Dessa vez, você tem quatro diferentes tipos de termos. Como primeiro passo, pode reordenar esses termos para que os grupos de termos similares fiquem juntos (sublinho estes quatro grupos para que você possa vê-los claramente):

$$= \underline{12x - 7x} - \underline{xy + 10xy} - \underline{3x^2 + 3x^2} + \underline{8y}$$

Agora, combine cada conjunto de termos similares:

$$= 5x + 9xy + 0x^2 + 8y$$

Dessa vez, os termos x^2 somam 0, portanto, eles saem da expressão:

$$= 5x + 9xy + 8y$$

Removendo parênteses de uma expressão algébrica

Os parênteses mantêm partes de uma expressão como uma única unidade. No Capítulo 5, mostro como lidar com os parênteses em uma expressão aritmética. Essa habilidade também é útil com expressões algébricas. Conforme você vai descobrir quando começar a resolver equações algébricas no Capítulo 22, eliminar o parênteses é, muitas vezes, o primeiro passo para resolver um problema. Nesta seção, mostro como lidar com as quatro operações fundamentais sem fazer esforço.

Tire tudo: Parênteses com um sinal de mais

Quando uma expressão contém parênteses que vêm depois do sinal de mais (+), você pode simplesmente remover os parênteses. Aqui está um exemplo:

$$2x + (3x - y) + 5y$$
$$= 2x + 3x - y + 5y$$

Agora você pode simplificar a expressão combinando os termos similares:

$$= 5x + 4y$$

Quando o primeiro termo dentro dos parênteses é negativo, ao tirar os parênteses, o sinal de menos substitui o sinal de mais. Por exemplo:

$$6x + (-2x + y) - 4y$$
$$= 6x - 2x + y - 4y$$
$$= 4x - 3x$$

Reviravolta de sinal: Parênteses com um sinal de menos

LEMBRE-SE Às vezes, uma expressão contém parênteses que vêm logo depois de um sinal de menos (-). Nesse caso, mude o sinal de todos os termos dentro dos parênteses para o sinal oposto; depois remova os parênteses.

Considere este exemplo:

$$6x - (2xy - 3y) + 5xy$$

Um sinal de menos está na frente dos parênteses, portanto, você precisa mudar os sinais dos dois termos nos parênteses e remover os parênteses. Note que o termo 2xy parece não ter sinal, porque ele é o primeiro termo dentro dos parênteses. Esta expressão significa, de fato, o seguinte:

$$= 6x - (+2xy - 3y) + 5xy$$

Você pode observar como mudar os sinais:

= 6x − 2xy + 3y + 5xy

Neste ponto, pode combinar os dois termos similares xy:

= 6x + 3xy + 3y

Distribuindo: Parênteses sem sinal

Quando não houver nada entre um número e um conjunto de parênteses, isso significa multiplicação. Por exemplo:

$2(3) = 6$ $\qquad$ $4(4) = 16$ $\qquad$ $10(15) = 150$

Esta notação fica muito mais comum com expressões algébricas, substituindo o sinal da multiplicação (×) para evitar confusão com a variável x:

$3(4x) = 12x$ $\qquad$ $4x(2x) = 8x^2$ $\qquad$ $3x(7y) = 21xy$

LEMBRE-SE Para remover os parênteses sem um sinal, multiplique o termo de fora dos parênteses por todos os termos de dentro; depois remova os parênteses. Quando você segue esses passos, está usando a *propriedade distributiva*.

Aqui está um exemplo:

2(3x − 5y + 4)

Neste caso, multiplique 2 por cada um dos três termos dentro dos parênteses:

= 2(3x) + 2(−5y) + 2(4)

Por ora, esta expressão parece ser mais complexa do que a original, mas agora você pode eliminar todos os três conjuntos de parênteses ao fazer a multiplicação:

= 6x − 10y + 8

Multiplicar por todos os termos dentro dos parênteses é, simplesmente, distribuição da multiplicação sobre a adição — também chamada de *propriedade distributiva* —, a qual discuto no Capítulo 4.

Como um outro exemplo, imagine que você tenha a seguinte expressão:

$-2x(-3x + y + 6) + 2xy - 5x^2$

Comece multiplicando -2x pelos três termos dentro dos parênteses:

$= -2x(-3x) - 2x(y) - 2x(6) + 2xy - 5x^2$

A expressão parece pior do que quando começou, mas você pode eliminar os parênteses fazendo a multiplicação:

$$= 6x^2 - 2xy - 12x + 2xy - 5x^2$$

Agora você pode combinar os termos similares:

$$= x^2 - 12x$$

Parênteses: usando a sigla PFDU

Às vezes, as expressões têm dois conjuntos de parênteses próximos uns dos outros sem um sinal entre eles. Nesse caso, você precisa multiplicar *todos os termos* dentro do primeiro conjunto por *todos os termos* dentro do segundo conjunto.

DICA

Quando você tem dois termos dentro de cada conjunto de parênteses, pode usar um procedimento chamado PFDU. Ele é realmente apenas a propriedade distributiva, como mostro abaixo. PFDU é um acrônimo que vai ajudá-lo a memorizar a ordem correta, a seguir, para multiplicar os termos. Representa: *P*rimeiro, *F*ora, *D*entro e *Ú*ltimo.

Aqui está como funciona o procedimento. Neste exemplo, você vai simplificar a expressão $(2x - 2)(3x - 6)$:

1. **Comece multiplicando os dois *Primeiros* termos nos parênteses.**

O primeiro termo no primeiro conjunto de parênteses é $2x$, e $3x$ é o primeiro termo no segundo conjunto de parênteses: (<u>2x</u> – 2)(<u>3x</u> – 6)

P: multiplique os primeiros termos: $2x(3x) = 6x^2$

2. **Multiplique os dois termos de *Fora*.**

Os dois termos de fora, $2x$ e -6, estão nas extremidades: (<u>2x</u> – 2)(3x <u>– 6</u>)

F: multiplique os termos de fora: $2x(-6) = -12x$

3. **Multiplique os dois termos de *Dentro*.**

Os dois termos no meio são -2 e $3x$: (2x <u>– 2</u>)(<u>3x</u> – 6)

D: multiplique os termos do meio: $-2(3x) = -6x$

4. **Multiplique os dois *Últimos* termos.**

O último termo no primeiro conjunto de parênteses é -2, e -6 é o último termo no segundo conjunto: (2x <u>– 2</u>)(3x <u>– 6</u>)

U: multiplique os últimos termos: $-2(-6) = 12$

Some estes quatro resultados para obter a expressão simplificada:

$(2x - 2)(3x - 6) = 6x^2 - 6x - 12x + 12$

Nesse caso, você pode simplificar esta expressão ainda mais combinando os termos similares $-12x$ e $-6x$:

$= 6x^2 - 18x + 12$

Note que, durante esse procedimento, você multiplica todos os termos dentro de um conjunto de parênteses por todos os termos dentro do outro conjunto. O acrônimo PFDU o ajuda a manter a ordem e ter certeza de que você multiplicou tudo.

PAPO DE ESPECIALISTA

PFDU é apenas uma aplicação da propriedade distributiva, a qual discuto na seção antes desta. Em outras palavras, $(2x - 2)(3x - 6)$ é, de fato, a mesma coisa que $2x(3x - 6) + -2(3x - 6)$ quando distribuída. Então, distribuir de novo esta expressão lhe dá $6x^2 - 6x - 12x + 12$.

NESTE CAPÍTULO

» Usando variáveis (como *x*) nas equações

» Conhecendo caminhos rápidos para resolver *x* nas equações simples

» Entendendo o *método da balança de equilíbrio* para resolver equações

» Reorganizando os termos em uma equação algébrica

» Isolando termos algébricos em um lado da equação

» Removendo parênteses da equação

» Fazendo multiplicação cruzada para remover frações

Capítulo **22**

Desmascarando o Sr. X: Equações Algébricas

Quando o assunto é álgebra, resolver as equações é o principal evento. Resolver uma equação algébrica significa descobrir o número que a variável (normalmente *x*) representa. Nada surpreendentemente, esse procedimento é chamado de *encontrar x* e, quando você sabe como fazer isso, a sua confiança — sem mencionar as suas notas na aula de álgebra — vai ultrapassar o teto.

E este capítulo é exatamente sobre isso. Primeiro, mostro a você alguns métodos informais para encontrar o *x* quando uma equação não for muito difícil. Depois, mostro como resolver equações mais difíceis pensando nelas como uma balança.

O método da balança é, de fato, o coração da álgebra (sim, a álgebra tem um coração, apesar de tudo!). Depois de entender esta ideia simples, você estará pronto para resolver equações mais complicadas usando todas as ferramentas que lhe apresento no Capítulo 21, tais como simplificar expressões e remover parênteses. Você descobre como estender essas habilidades para as equações algébricas. Finalmente, mostro como a multiplicação cruzada (veja o Capítulo 9) pode fazer com que a resolução de equações algébricas com frações seja muito fácil.

Ao final deste capítulo, você deverá ter uma compreensão sólida sobre um punhado de caminhos para resolver equações e encontrar o indefinido e misterioso x.

Entendendo as Equações Algébricas

Uma equação algébrica é uma equação que inclui, pelo menos, uma variável — isso é, uma letra (tal como x) que representa um número. *Resolver* uma equação algébrica significa descobrir o número que x representa.

Nesta seção, em primeiro lugar, mostro o básico de como uma variável como x funciona dentro de uma equação. Depois, mostro alguns caminhos rápidos para *encontrar x* quando uma equação não for muito difícil.

Usando x nas equações

Como você vê no Capítulo 5, uma *equação* é a expressão matemática que contém um sinal de igualdade. Por exemplo, aqui está uma equação perfeitamente boa:

$7 \cdot 9 = 63$

No fundo, uma variável (tal como x) nada mais é do que um marcador de posição para um número. Você provavelmente está acostumado a equações que usam outros marcadores de posição: um número é propositalmente deixado em branco ou substituído por um traço ou um ponto de interrogação e você deve preenchê-lo. Normalmente, esse número vem depois do sinal de igualdade. Por exemplo:

$8 + 2 =$
$12 - 3 =$ ___
$14 \div 7 = ?$

Assim que estiver confortável com a adição, com a subtração ou com qualquer coisa que seja, você pode trocar um pouco a equação:

$9 +$ ___ $= 14$
$? \cdot 6 = 18$

Quando você para de usar traços e pontos de interrogação e começa a usar variáveis, tais como x, para representar a parte da equação que quer resolver, bingo! Você tem um problema de álgebra:

$4 + 1 = x$
$12 \div x = 3$
$x - 13 = 30$

Quatros modos para resolver as equações algébricas

Você não precisa chamar um exterminador apenas para matar um inseto. Do mesmo modo, a álgebra é um material potente e você não precisa dela sempre para resolver uma equação algébrica.

Falando de modo geral, você tem quatro formas de resolver equações algébricas, tais como as que apresentei antes neste capítulo. Nesta seção, eu as apresento em ordem de dificuldade.

Examinando as equações fáceis

Você pode resolver problemas fáceis apenas examinando-os. Por exemplo:

$5 + x = 6$

Quando você olha para esse problema, pode ver que $x = 1$. Quando um problema é fácil assim e é possível ver a resposta, não precisa fazer nenhum esforço para resolvê-lo.

Reorganizando equações um pouco mais difíceis

Quando você não pode ver uma resposta apenas examinando um problema, às vezes reorganizar o problema possibilita resolvê-lo usando as quatro operações fundamentais. Por exemplo:

$6x = 96$

Você pode reordenar este problema usando as operações inversas, como mostro no Capítulo 4, mudando de multiplicação para divisão:

$x = 96/6$

Agora, resolva o problema pela divisão (longa ou do outro modo) para descobrir que $x = 16$.

Adivinhando e verificando as equações

Você pode resolver algumas equações adivinhando uma resposta e, depois, verificando se está certo. Por exemplo, imagine que queira resolver a seguinte equação:

$3x + 7 = 19$

Para descobrir o valor de x, comece adivinhando que x = 2. Agora, verifique se está certo ao substituir x por 2 na equação:

3(2) + 7 = 13 ERRADO! (13 é menos que 19.)

3(5) + 7 = 22 ERRADO! (22 é mais que 19.)

3(4) + 7 = 19 CORRETO!

Com apenas três adivinhações, você descobriu que x = 4.

Aplicando álgebra às equações mais difíceis

Quando uma equação algébrica torna-se bem difícil, você descobre que examinar e reorganizar não é suficiente para resolvê-la. Por exemplo:

$11x - 13 = 9x + 3$

Provavelmente, você não pode dizer o valor de x apenas examinando este problema. Não pode resolvê-lo também ao reorganizá-lo usando uma operação inversa. E adivinhar e verificar seria tedioso. É aí que a álgebra entra em jogo.

A álgebra é especialmente útil, porque você pode seguir regras matemáticas para achar a sua resposta. Ao longo do restante deste capítulo, mostro como usar as regras da álgebra para tornar os problemas difíceis como esse em problemas que você pode resolver.

A Lei do Equilíbrio: Achando *X*

Como apresentado na seção anterior, alguns problemas são muito complicados para se descobrir o valor da variável (normalmente x) apenas observando-os ou reorganizando-os. Para esses problemas, você precisa de um método confiável para obter a resposta correta. Chamo este método de *método da balança de equilíbrio*.

A balança de equilíbrio permite que você *ache x* — isso é, descubra o número que x representa — em um procedimento de passo a passo que sempre funciona. Nesta seção, mostro como usar o método da balança de equilíbrio para resolver equações algébricas.

Alcançando um equilíbrio

LEMBRE-SE

O sinal de igualdade em qualquer equação significa que os dois lados estão equilibrados. Para manter esse sinal de igualdade, tem que manter o equilíbrio. Em outras palavras, o que você faz em um lado de uma equação tem que fazer do outro lado.

Por exemplo, aqui está uma equação equilibrada:

$$\frac{1+2=3}{\Delta}$$

Se você adicionasse 1 a um lado da equação, a balança perderia o equilíbrio:

$$\frac{1+2+1 \neq 3}{\Delta}$$

Mas, se adicionar 1 aos *dois* lados da equação, a balança fica equilibrada:

$$\frac{1+2+1 = 3+1}{\Delta}$$

Você pode adicionar qualquer número à equação contanto que faça isso nos dois lados. E, em matemática, *qualquer número* significa x:

$1 + 2 + x = 3 + x$

Lembre-se de que x é o mesmo em qualquer posição que ele apareça em uma única equação ou problema.

Essa ideia de mudar os dois lados de uma equação de modo igual não é limitada à adição. Você pode facilmente subtrair um x ou até multiplicar ou dividir por x, contanto que faça a mesma coisa nos dois lados da equação:

Subtrair: $1 + 2 - x = 3 - x$

Multiplicar: $(1 + 2)x = 3x$

Dividir: $\dfrac{1+2}{x} = \dfrac{3}{x}$

Usando a balança para isolar *x*

A simples ideia de equilíbrio é o coração da álgebra, e isso permite que você descubra o valor de x em várias equações. Quando você resolve uma equação algébrica, o objetivo é *isolar x* — isso é, ter x sozinho em um lado da equação e algum número do outro lado. Nas equações algébricas de dificuldade mediana, esse é um procedimento de três passos:

1. Ter todas as constantes (termos diferentes de *x*) em um lado da equação.

2. Ter todos os termos *x* no outro lado da equação.

3. Dividir para isolar *x*.

Por exemplo, dê uma olhada no seguinte problema:

$11x - 13 = 9x + 3$

Conforme você segue os passos, note como mantenho a equação equilibrada a cada passo:

1. **Obtenha todas as constantes em um lado da equação ao adicionar 13 aos dois lados da equação:**

    $$\begin{array}{rl} 11x \quad -13 & = 9x \quad +3 \\ +13 & \quad\quad\; +13 \\ \hline 11x & = 9x \quad +16 \end{array}$$

    Como você obedeceu as regras da balança de equilíbrio, sabe que essa nova equação está correta também. E agora, o único termo diferente de x (16) está no lado direito da equação.

2. **Obtenha todos os termos x no outro lado subtraindo $9x$ dos dois lados da equação:**

    $$\begin{array}{rl} 11x = & 9x \quad +16 \\ -9x & -9x \\ \hline 2x = & \quad\quad\; 16 \end{array}$$

    De novo, o equilíbrio é preservado, portanto, a nova equação está correta.

3. **Divida por 2 para isolar x:**

    $$\frac{2x}{2} = \frac{16}{2}$$
    $$x = 8$$

    Para verificar esta resposta, você pode simplesmente substituir x por 8 na equação original:

    $$11(8) - 13 = 9(8) + 3$$
    $$88 - 13 = 72 + 3$$
    $$75 = 75 \;\checkmark$$

    Isso mostra-se correto, portanto, 8 é o valor correto de x.

Rearranjando Equações e Isolando X

Quando você entende como a álgebra funciona como uma balança de equilíbrio, da forma que lhe mostro na seção anterior, pode começar a resolver equações algébricas mais difíceis. A tática básica é sempre a mesma: ao mudar os dois lados da equação igualmente em todos os passos, tente isolar x em um lado da equação.

Nesta seção, mostro como colocar suas habilidades do Capítulo 21 em prática para resolver equações. Primeiramente, ensino como a reorganização dos termos em uma expressão é similar à reorganização deles em uma equação algébrica. Depois, mostro como remover os parênteses de uma equação pode o ajudar a resolvê-la. Por fim, você descobre como a multiplicação cruzada é importante para resolver equações algébricas com frações.

Reorganizando os termos em um lado de uma equação

Reorganizar os termos torna-se muito importante quando se trabalha com equações. Por exemplo, imagine que você esteja trabalhando com esta equação:

$5x - 4 = 2x + 2$

Quando pensa sobre isso, essa equação é, de fato, duas expressões conectadas por um sinal de igualdade. E, evidentemente, isso é verdade para *todas* as equações. Por esse motivo, tudo que você descobre sobre expressões no Capítulo 21 é útil para resolver equações. Por exemplo, você pode rearranjar os termos em um lado de uma equação. Portanto, aqui está outra maneira de escrever a mesma equação:

$-4 + 5x = 2x + 2$

E aqui está uma terceira forma:

$-4 + 5x = 2 + 2x$

Esta flexibilidade para rearranjar os termos torna-se útil quando você está resolvendo equações.

Movendo termos para o outro lado do sinal de igualdade

Antes, neste capítulo, mostrei como uma equação é similar a uma balança de equilíbrio. Por exemplo, dê uma olhada na Figura 22-1.

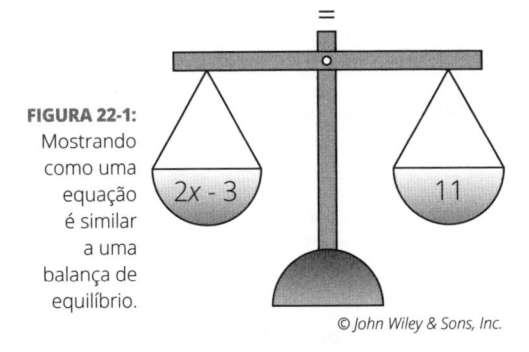

FIGURA 22-1: Mostrando como uma equação é similar a uma balança de equilíbrio.

Para manter o equilíbrio da balança, se você adicionar ou remover qualquer coisa em um lado, deve fazer a mesma coisa no outro lado. Por exemplo:

$$2x - 3 = 11$$
$$\underline{-2x \qquad\qquad -2x}$$
$$-3 = 11 - 2x$$

Agora dê uma olhada nestas duas versões desta equação lado a lado:

$$2x - 3 = 11 \qquad -3 = 11 - 2x$$

Na primeira versão, o termo $2x$ está do lado esquerdo do sinal de igualdade. Na segunda versão, o termo $-2x$ está do lado direito. Esse exemplo ilustra uma regra importante.

LEMBRE-SE

Quando você mover qualquer termo em uma expressão para o outro lado do sinal de igualdade, mude seu sinal (de mais para menos ou de menos para mais).

Como um outro exemplo, imagine que você esteja trabalhando com esta equação:

$$4x - 2 = 3x + 1$$

Você tem x nos dois lados da equação, portanto, digamos que queira mover o $3x$. Quando move o termo $3x$ do lado direito para o lado esquerdo, você tem que mudar seu sinal de mais para menos (tecnicamente, está subtraindo $3x$ dos dois lados da equação):

$$4x - 2 - 3x = 1$$

Depois disso, é possível simplificar a expressão no lado esquerdo da equação, combinando os termos similares:

$$x - 2 = 1$$

Neste ponto, provavelmente você pode observar que $x = 3$, porque $3 - 2 = 1$. Mas, apenas para ter certeza, mova o termo -2 para o lado direito e mude seu sinal:

$$x = 1 + 2$$
$$x = 3$$

Para verificar esse resultado, substitua por 3 onde x aparece na equação original:

$$4x - 2 = 3x + 1$$
$$4(3) - 2 = 3(3) + 1$$
$$12 - 2 = 9 + 1$$
$$10 = 10 \checkmark$$

Como pode observar, mover termos de um lado de uma equação para o outro pode ser uma grande ajuda quando você está resolvendo equações.

Removendo os parênteses das equações

O Capítulo 21 oferece um tesouro de truques para simplificar expressões, e eles tornam-se muito úteis quando você está resolvendo equações. Uma habilidade-chave desse capítulo é remover os parênteses de expressões. Isso também é indispensável quando está resolvendo equações.

Por exemplo, imagine que tenha a seguinte equação:

$5x + (6x - 15) = 30 - (x - 7) + 8$

Sua missão é ter todos os termos x em um lado da equação e todas as constantes no outro. Como está a equação, entretanto, os termos x e as constantes estão "trancados juntos" dentro dos parênteses. Isso é, você não pode isolar os termos x das constantes. Portanto, antes de poder isolar os termos, você precisa remover os parênteses da equação.

Lembre-se de que uma equação é, de fato, apenas duas expressões conectadas por um sinal de igualdade. Portanto, você pode começar a trabalhar com a expressão no lado esquerdo. Nesta expressão, os parênteses começam com um sinal de mais (+), portanto, pode simplesmente removê-los:

$5x + \underline{6x - 15} = 30 - (x - 7) + 8$

Agora vá para a expressão no lado direito. Dessa vez, os parênteses vêm logo depois de um sinal de menos (-). Para removê-los, mude o sinal dos dois termos de dentro dos parênteses: x vira $-x$ e -7 vira 7:

$5x + 6x - 15 = 30 \underline{- x + 7} + 8$

Bravo! Agora, para sua alegria, você pode isolar os termos x. Mova o $-x$ do lado direito para o esquerdo, mudando-o para x:

$5x + 6x - 15 \underline{+ \mathbf{x}} = 30 + 7 + 8$

Depois, mova -15 do lado esquerdo para o direito, mudando-o para 15:

$5x + 6x + x = 30 + 7 + 8 \underline{+ 15}$

Agora, combine os termos similares nos dois lados da equação:

$12x = 30 + 7 + 8 + 15$

$12x = 60$

Por fim, elimine o coeficiente 12 ao dividir:

$\frac{12x}{12} = \frac{60}{12}$

$x = 5$

Como de costume, você pode verificar sua resposta ao substituir 5 na equação original em que x aparece:

$$5x + (6x - 15) = 30 - (x - 7) + 8$$
$$5(5) + [6(5) - 15] = 30 - (5 - 7) + 8$$
$$25 + (30 - 15) = 30 - (-2) + 8$$
$$25 + 15 = 30 + 2 + 8$$
$$40 = 40 \checkmark$$

Aqui está mais um exemplo:

$$11 + 3(-3x + 1) = 25 - (7x - 3) - 12$$

Como no exemplo anterior, comece removendo os dois conjuntos de parênteses. Dessa vez, entretanto, no lado esquerdo da equação, não há sinal algum entre 3 e $(-3x + 1)$. Mas, novamente, você pode colocar em prática suas habilidades do Capítulo 21. Para remover os parênteses, multiplique 3 pelos dois termos de dentro dos parênteses:

$$11 - 9x + 3 = 25 - (7x - 3) - 12$$

No lado direito, os parênteses começam com um sinal de menos, portanto, remova os parênteses mudando todos os sinais dentro dos parênteses:

$$11 - 9x + 3 = 25 - 7x + 3 - 12$$

Agora, você está pronto para isolar os termos x. Eu faço isso em um passo, mas faça em quantos achar melhor:

$$-9x + 7x = 25 + 3 - 12 - 11 - 3$$

Neste ponto, você pode combinar os termos similares:

$$-2x = 2$$

Para terminar, divida os dois lados por -2:

$$x = -1$$

Copie esse exemplo e trabalhe com ele algumas vezes com o livro fechado.

Multiplicação cruzada

Em álgebra, a multiplicação cruzada ajuda a simplificar as equações ao remover frações não desejadas (e, honestamente, quando é que as frações são desejadas?). Conforme discuto no Capítulo 9, você pode usar a multiplicação cruzada para descobrir se duas frações são iguais. Pode usar esta mesma ideia para resolver equações algébricas com frações, como esta:

$$\frac{x}{2x-2} = \frac{2x+3}{4x}$$

Essa equação parece complicada. Você não pode fazer a divisão ou cancelar qualquer coisa, porque a fração no lado esquerdo tem dois termos no denominador e a fração no lado direito tem dois termos no numerador. (Veja o Capítulo 21 para mais informações sobre a divisão dos termos algébricos.) Entretanto, uma informação importante que tem é que a fração $\frac{x}{2x-2}$ é igual à fração $\frac{2x+3}{4x}$. Portanto, se você fizer a multiplicação cruzada dessas duas frações, terá dois resultados que também são iguais:

$$x(4x) = (2x+3)(2x-2)$$

Neste ponto, você tem alguma coisa com a qual sabe como trabalhar. O lado esquerdo é fácil:

$$4x^2 = (2x+3)(2x-2)$$

O lado direito exige um pouco do PFDU (Primeiro, Fora, Dentro e Último) — vá ao Capítulo 21 para mais detalhes:

$$4x^2 = 4x^2 - 4x + 6x - 6$$

Agora, todos os parênteses sumiram, portanto, você pode isolar os termos x. Como a maioria desses termos já está no lado direito da equação, isole-os desse lado:

$$6 = 4x^2 - 4x + 6x - 4x^2$$

Combinar os termos iguais lhe dá uma surpresa agradável:

$$6 = 2x$$

Os dois termos x^2 se cancelam. Você talvez possa enxergar a resposta correta, mas aqui está como terminar:

$$\frac{6}{2} = \frac{2x}{2}$$
$$x = 3$$

Para verificar a sua resposta, substitua por 3 na equação original:

$$\frac{x}{2x-2} = \frac{2x+3}{4x}$$

$$\frac{3}{2(3)-2} = \frac{2(3)+3}{4(3)}$$

$$\frac{3}{6-2} = \frac{6+3}{12}$$

$$\frac{3}{4} = \frac{9}{12}$$

$$\frac{3}{4} = \frac{3}{4}$$

Isso se mostra correto, portanto, a resposta $x = 3$ está correta.

> **NESTE CAPÍTULO**
> » **Resolvendo, em passos simples, problemas algébricos com enunciados**
> » **Escolhendo variáveis**
> » **Usando tabelas**

Capítulo **23**

Colocando o Sr. X para Trabalhar: Problemas Algébricos com Enunciados

Os problemas com enunciados que exigem álgebra estão entre os problemas mais difíceis que os estudantes enfrentam — e os mais comuns. Os professores simplesmente adoram problemas algébricos com enunciados, porque eles incluem muita coisa do que você sabe, como resolver equações algébricas (Capítulos 21 e 22) e transformar incógnitas com palavras em números (veja os Capítulos 6, 13 e 18). E os testes padronizados quase sempre incluem esses tipos de problemas.

Neste capítulo, apresento um método de cinco passos para usar a álgebra na solução problemas com enunciados. Depois, lhe dou um punhado de exemplos que o levam a todos os cinco passos.

Ao longo do caminho, dou algumas dicas que podem fazer com que você resolva facilmente problemas com enunciados. Primeiramente, mostro como escolher uma variável que torne sua equação o mais simples possível. Depois, ofereço um pouco de prática para organizar as informações do problema dentro de uma tabela. Ao final deste capítulo, você terá um entendimento sólido de como resolver uma ampla variedade de problemas algébricos com enunciados.

Resolvendo Problemas Algébricos com Enunciado em Cinco Passos

Tudo dos Capítulos 21 e 22 entra em jogo quando a álgebra é utilizada para resolver problemas com enunciado, portanto, se você se sentir um pouco inseguro em relação à resolução de equações algébricas, volte a esses capítulos para uma revisão.

Ao longo desta seção, uso o seguinte enunciado como exemplo:

> Em três dias, Alexandra vendeu um total de 31 ingressos para a peça de teatro da escola dela. Na terça-feira, vendeu duas vezes mais ingressos do que na quarta-feira. E na quinta-feira, vendeu exatamente 7 ingressos. Quantos ingressos Alexandra vendeu em cada dia, de terça a quinta?

Organizar as informações em um problema algébrico com enunciado usando uma tabela ou uma figura é normalmente útil. Aqui está o que eu fiz:

Terça-feira:	duas vezes mais que na quarta-feira
Quarta-feira:	?
Quinta-feira:	7
Total:	31

Neste ponto, todas as informações estão na tabela, mas a resposta talvez ainda não esteja pulando à sua frente. Nesta seção, resumo um método passo a passo que lhe permite resolver esse problema — e alguns mais difíceis também.

Aqui estão os cinco passos para resolver a maioria dos problemas algébricos com enunciado:

1. **Declare uma variável.**
2. **Estabeleça a equação.**
3. **Resolva a equação.**
4. **Responda à pergunta do problema.**
5. **Verifique sua resposta.**

Declarando uma variável

Como já sabe — do Capítulo 21 —, uma variável é uma letra que representa um número. Na maioria das vezes, você não acha a variável *x* (ou qualquer outra variável, para este caso) em um problema com enunciado. Isso não significa que não precisa da álgebra para resolver o problema. Significa apenas que terá de colocar um *x* no seu próprio problema e decidir o que ele representa.

LEMBRE-SE Quando *declara uma variável*, você diz o que ela significa no problema que está resolvendo.

Aqui estão alguns exemplos de declarações de variáveis:

Letra *m* = o número de ratos mortos que o gato arrastou para dentro da casa.

Letra *p* = o número de vezes que o marido da Marianne prometeu tirar o lixo.

Letra *q* = o número de queixas que Arnold recebeu depois de pintar a porta da garagem dele de roxo.

Em cada caso, você pega uma variável (*m*, *p* ou *q*) e dá a ela um sentido ao vinculá-la a um número.

Note que a tabela anterior, para o problema do exemplo, tem um grande ponto de interrogação ao lado de *quarta-feira*. Esse ponto de interrogação representa *um número*, portanto, você terá que considerar uma variável que represente esse número. Aqui está como faz isso:

Letra *q* = o número de ingressos que Alexandra vendeu na quarta-feira.

DICA Sempre que possível, escolha uma variável com a mesma inicial do que ela representa. Essa prática faz com que você se lembre mais facilmente do que a variável significa, o que o ajudará mais adiante no problema.

Para o restante do problema, sempre que você vir a variável *q*, tenha em mente que ela representa o número de ingressos que Alexandra vendeu na quarta-feira.

Estabelecendo a equação

Depois de ter uma variável com a qual trabalhar, você pode ler o problema de novo e descobrir outras formas de usar esta variável. Por exemplo, Alexandra vendeu duas vezes mais ingressos na terça-feira do que na quarta-feira, portanto, ela vendeu $2q$ ingressos na terça-feira. Agora você tem muito mais informações para preencher a tabela:

Terça-feira: duas vezes mais que na quarta-feira $2q$

Quarta-feira:	?	q
Quinta-feira:	7	7
Total:	31	31

Você sabe que o número total de ingressos, ou a soma dos ingressos que ela vendeu na terça-feira, quarta-feira e quinta-feira é 31. Com a tabela preenchida dessa maneira, você está pronto para estabelecer uma equação para resolver o problema:

$$2q + q + 7 = 31$$

Resolvendo a equação

Depois de estabelecer uma equação, você pode usar os truques do Capítulo 22 para achar q na equação. Aqui está a equação mais uma vez:

$$2q + q + 7 = 31$$

Para os iniciantes, lembrem-se de que $2q$ significa, de fato, $q + q$. Portanto, à esquerda, você sabe que tem $q + q + q$, ou $3q$; é possível simplificar a equação um pouco como a seguir:

$$3q + 7 = 31$$

O objetivo neste ponto é tentar obter todos os termos com q em um lado da equação e todos os termos sem q no outro lado. Portanto, no lado esquerdo da equação, você quer eliminar o 7. O inverso da adição é a subtração, portanto, subtraia 7 dos dois lados:

$$\begin{array}{rrr} 3q & +7 & = 31 \\ & -7 & -7 \\ \hline 3q & & = 24 \end{array}$$

Agora você quer isolar q no lado esquerdo da equação. Para fazer isso, deve desfazer a multiplicação por 3, portanto, divida os dois lados por 3:

$$\frac{3q}{3} = \frac{24}{3}$$
$$q = 8$$

Respondendo à pergunta

Você pode ficar tentado a pensar que, depois de ter resolvido a equação, terminou. Mas ainda é necessário realizar um pouco mais de trabalho. Volte ao problema e observe que ele lhe faz esta pergunta:

Quantos ingressos Alexandra vendeu em cada dia, de terça-feira a quinta-feira?

Neste ponto, você tem algumas informações que podem ajudá-lo a resolver o problema. A questão lhe diz que Alexandra vendeu 7 ingressos na quinta-feira. E, como $q = 8$, agora você sabe que ela vendeu 8 ingressos na quarta-feira. E na terça-feira ela vendeu duas vezes mais do que na quarta-feira, portanto, vendeu 16. Dessa forma, Alexandra vendeu 16 ingressos na terça-feira, 8 na quarta-feira e 7 na quinta-feira.

Verificando seu trabalho

Para verificar seu trabalho, compare sua resposta com o problema, linha por linha, para ter certeza de que toda afirmação no problema é verdadeira:

> Em três dias, Alexandra vendeu um total de 31 ingressos para a peça de teatro da escola dela.

Está correto, porque $16 + 8 + 7 = 31$.

> Na terça-feira, ela vendeu duas vezes mais ingressos do que na quarta-feira.

Correto, porque ela vendeu 16 ingressos na terça-feira e 8 na quarta-feira.

> E, na quinta-feira, ela vendeu exatamente 7 ingressos.

Sim, está correto também, portanto, pode continuar.

Escolhendo Sua Variável Sabiamente

LEMBRE-SE

Declarar uma variável é simples, como mostro antes neste capítulo, mas você pode tornar o restante de seu trabalho muito mais fácil quando sabe como escolher sua variável de maneira sábia. Sempre que possível, escolha uma variável de modo que a equação que precisa resolver não tenha frações, que são muito mais difíceis de se trabalhar do que os números inteiros.

Por exemplo, imagine que esteja tentando resolver este problema:

> Irina tem três vezes mais clientes do que Toby. Se eles têm 52 clientes juntos, quantos clientes cada um tem?

A frase-chave do problema é "Irina tem *três vezes mais* clientes do que Toby". Ela é significante, porque indica uma relação entre Irina e Toby que é baseada na *multiplicação* ou na *divisão*. E, para evitar frações, você tem que evitar a divisão sempre que possível.

DICA

Sempre que você vir uma frase que indique que deva usar a multiplicação ou a divisão, escolha a sua variável para representar o número *menor*. Nesse caso, Toby tem menos clientes que Irina, portanto, escolher t como sua variável é a decisão inteligente.

Imagine que você comece declarando sua variável como a seguir:

Letra *t* = o número de clientes que Toby tem.

Portanto, usando essa variável, você pode fazer essa tabela:

Irina	3t
Toby	t

Sem fração! Agora, para resolver esse problema, estabeleça esta equação:

Irina + Toby = 52

Coloque os valores da tabela:

$3t + t = 52$

Agora você pode resolver o problema facilmente usando o que mostro no Capítulo 22:

$4t = 52$
$t = 13$

Toby tem 13 clientes, portanto, Irina tem 39. Para verificar esse resultado — o que recomendo muito antes neste capítulo! — note que 13 + 39 = 52.

Agora imagine que, em vez disso, você pegue o caminho oposto e decida declarar uma variável como a seguir:

Letra *i* = o número de clientes que Irina tem.

Com essa variável, você teria que representar os clientes de Toby usando a fração $i/3$, que leva à mesma resposta, mas com muito mais trabalho.

Resolvendo Problemas Algébricos Mais Complexos

Os problemas algébricos com enunciados ficam mais complexos quando o número de pessoas ou coisas que você precisa descobrir aumenta. Nesta seção, a complexidade aumenta de duas ou três pessoas para quatro e depois cinco. Ao terminar, você deverá estar se sentindo confortável para resolver problemas algébricos de dificuldade significativa.

Fazendo uma tabela para quatro pessoas

Como na seção anterior, uma tabela pode ajudá-lo a organizar as informações para que você não fique confuso. Aqui está um problema que envolve quatro pessoas:

> Alison, Jeremy, Liz e Raymond participaram de uma campanha de produtos enlatados no trabalho. Liz doou três vezes mais latas que Jeremy, Alison doou duas vezes mais que Jeremy e Raymond doou 7 vezes mais que Liz. Juntas, as duas mulheres doaram duas vezes mais latas que os dois homens. Quantas latas as quatro pessoas doaram ao todo?

O primeiro passo, como sempre, é declarar uma variável. Lembre-se de que, para evitar frações, você deve declarar uma variável baseada na pessoa que doou o menor número de latas. Liz doou mais latas que Jeremy, assim como Alison. Além disso, Raymond doou mais latas que Liz. Portanto, como Jeremy doou o menor número de latas, declare sua variável como a seguir:

Letra j = o número de latas que Jeremy doou.

Agora você pode estabelecer sua tabela como a seguir:

Jeremy	j
Liz	$3j$
Alison	$2j$
Raymond	Liz + 7 = $3j + 7$

Essa organização parece boa porque, como esperado, não existem quantias fracionais na tabela. A próxima frase lhe diz que as mulheres doaram duas vezes mais latas que os homens, portanto, crie um problema como mostro no Capítulo 6:

Liz + Alison = Jeremy + Raymond + 2

Agora você pode fazer substituições nesta equação, como a seguir:

$3j + 2j = j + 3j + 7 + 2$

Com a sua equação estabelecida, você está pronto para resolver. Primeiro, isole os termos algébricos:

$3j + 2j - j - 3j = 7 + 2$

Combine os termos similares:

$j = 9$

Quase sem esforço algum, você resolveu a equação, portanto, sabe que Jeremy doou 9 latas. Com essa informação, você pode voltar para a tabela, colocar 9 no lugar de *j* e descobrir quantas latas as outras pessoas doaram: Liz doou 27, Alison 18 e Raymond 34. Por fim, você pode somar esses números para concluir que as quatro pessoas doaram 88 latas ao todo.

Para verificar os números, leia o problema todo novamente e certifique-se de que eles funcionam em todos os pontos da história. Por exemplo, juntas Liz e Alison doaram 45 latas e Jeremy e Raymond doaram 43, portanto, as mulheres doaram, de fato, 2 latas a mais que os homens.

Cruzando a linha de chegada com cinco pessoas

Aqui está um exemplo final, o mais difícil deste capítulo, no qual você tem cinco pessoas com as quais trabalhar.

> Cinco amigos estão controlando o número de quilômetros que eles correm. Por enquanto, neste mês, Mina correu 12km, Suzanne correu 3km a mais que Jake e Kyle correu duas vezes mais que Victor. Mas amanhã, depois de eles completarem uma corrida de 5km, Jack terá corrido tanto quanto Mina e Victor juntos e todo o grupo terá corrido 174km. Quanto cada pessoa correu até agora?

A coisa mais importante a se notar neste problema é que existem dois conjuntos de números: os quilômetros que todas as cinco pessoas correram até *hoje* e sua quilometragem incluindo *amanhã*. E a quilometragem de amanhã de cada pessoa será cinco vezes maior do que a de hoje dele ou dela. Aqui está como estabelecer uma tabela:

	Hoje	Amanhã (Hoje + 5)
Jake		
Kyle		
Mina		
Suzanne		
Victor		

Com essa tabela, você tem um bom início para começar a resolver este problema. Depois, procure pela frase do problema que conecta duas pessoas pela multiplicação ou pela divisão. Aqui está ela:

> Kyle correu *duas vezes mais* que Victor.

Como Victor correu menos quilômetros que Kyle, declare sua variável como a seguir:

> Letra *v* = o número de quilômetros que Victor correu até *hoje*.

Note que acrescentei a palavra *hoje* para que a declaração fique clara de que estou falando dos quilômetros de Victor *antes* dos 5km de amanhã.

Neste ponto, você pode começar a preencher a tabela:

	Hoje	Amanhã (Hoje + 5)
Jake		
Kyle	2v	2v + 5
Mina	12	17
Suzanne		
Victor	v	v + 5

Como pode ver, não coloquei as informações sobre Jake e Suzanne, porque não posso representá-las usando a variável *v*. Também comecei a preencher a coluna *Amanhã* ao somar 5 aos meus números na coluna *Hoje*.

Agora posso ir para a próxima frase do problema:

Mas amanhã...Jake terá corrido tanto quanto Mina e Victor juntos....

Posso usar isso para preencher a informação sobre Jake:

	Hoje	Amanhã (Hoje + 5)
Jake	17 + v	17 + v + 5
Kyle	2v	2v + 5
Mina	12	17
Suzanne		
Victor	v	v + 5

Nesse caso, primeiro preenchi a distância de *amanhã* do Jake (17 + v + 5) e, depois, subtraí 5 para descobrir sua distância de *hoje*. Agora posso usar a informação de que hoje Suzanne correu 3km a mais que Jake:

	Hoje	Amanhã (Hoje + 5)
Jake	17 + v	17 + v + 5
Kyle	2v	2v + 5
Mina	12	17
Suzanne	17 + v + 3	17 + v + 8
Victor	v	v + 5

Com a tabela preenchida dessa forma, você pode começar a estabelecer a equação. Primeiramente, estabeleça uma equação de incógnitas verbais, como a seguir:

Jake amanhã + Kyle amanhã + Mina amanhã + Suzanne amanhã + Victor amanhã = 174

Agora, apenas coloque as informações da tabela dentro da equação verbal para estabelecer sua equação:

$17 + v + 5 + 2v + 5 + 17 + 17 + v + 8 + v + 5 = 174$

Como sempre, comece resolvendo a equação ao isolar os termos algébricos:

$v + 2v + v + v = 174 - 17 - 5 - 5 - 17 - 17 - 8 - 5$

Depois, combine os termos similares:

$5v = 100$

Por fim, para eliminar o coeficiente do termo $5v$, divida os dois lados por 5:

$$\frac{5v}{5} = \frac{100}{5}$$
$$v = 20$$

Agora você sabe que o total da distância de Victor até *hoje* é de 20km. Com essa informação, você substitui v por 20 e preenche a tabela como a seguir:

	Hoje	Amanhã (Hoje + 5)
Jake	37	42
Kyle	40	45
Mina	12	17
Suzanne	40	45
Victor	20	25

A coluna *Hoje* contém as respostas para a pergunta do problema. Para verificar essa solução, certifique-se de que todas as frases no problema são verdadeiras. Por exemplo, amanhã as cinco pessoas terão corrido um total de 174 quilômetros, porque:

$42 + 45 + 17 + 45 + 25 = 174$

Copie esse problema, feche o livro e pratique.

6
A Parte dos Dez

NESTA PARTE . . .

Descubra alguns truques que vão ajudá-lo a evitar que cometa alguns erros matemáticos.

Expanda sua compreensão de matemática ao aprender como diferenciar tipos diferentes de números: naturais, inteiros, racionais (e irracionais), números algébricos e mais.

> **NESTE CAPÍTULO**
>
> » Sabendo a tabuada de uma vez por todas
>
> » Entendendo os números negativos
>
> » Diferenciando fatores e múltiplos
>
> » Trabalhando de modo confiante com frações
>
> » Vendo qual é a essência da álgebra

Capítulo 24
Dez Pequenos Demônios da Matemática que Enganam as Pessoas

Os dez pequenos demônios da matemática sobre os quais falo neste capítulo atormentam todos os tipos de pessoas inteligentes e capazes, como você. A boa notícia é que eles não são tão grandes e assustadores quanto possa imaginar, e podem ser expulsos de uma forma mais fácil do que talvez tenha ousado acreditar. Aqui, apresento os dez demônios comuns da matemática com uma breve explicação, de modo que os coloque em um caminho que vá para longe de você.

Conhecendo a Tabuada

Um conhecimento vago sobre a tabuada pode restringir até um bom aluno. Aqui está um teste rápido: os dez problemas mais difíceis da tabuada.

8 × 7 = _____   9 × 9 = _____

7 × 9 = _____   6 × 8 = _____

6 × 6 = _____   8 × 9 = _____

7 × 7 = _____   9 × 6 = _____

8 × 8 = _____   7 × 6 = _____

Você consegue fazer essas dez contas em 20 segundos? Se sim, você é um gênio da tabuada. Se não, consulte o Capítulo 3 e use meu programa simples, curto e amigável para dominar a tabuada de uma vez por todas!

Adicionando e Subtraindo Números Negativos

É fácil se confundir ao adicionar e subtrair números negativos. Para começar, pense em adicionar um número como *subir* e em subtrair um número como *descer*. Por exemplo:

2 + 1 - 6   significa   suba 2, suba 1, desça 6

Então, se você *subir* dois degraus, depois *subir* mais um degrau e, então, *descer* seis degraus, terá *descido* um total de três degraus; portanto, 2 + 1 - 6 = -3.

Aqui está um outro exemplo:

-3 + 8 - 1   significa   desça 3, suba 8, desça 1

Desta vez, *desça* três degraus, depois *suba* oito degraus e, então, *desça* um degrau, e terá *subido* um total de quatro degraus; portanto, -3 + 8 - 1 = 4.

DICA

Você pode transformar qualquer problema que envolva números negativos em um exemplo de subir e descer. O caminho para fazer isso é combinar os sinais adjacentes:

» Combine um sinal de mais e um sinal de menos como um sinal de *menos*.

» Combine dois sinais de menos como um sinal de *mais*.

Por exemplo:

-5 + (-3) - (-9)

Nesse exemplo, você pode observar um sinal de mais e um sinal de menos juntos (entre o 5 e o 3), os quais você pode combinar como um sinal de menos. Você também observa dois sinais de menos (entre o 3 e o 9), os quais podem ser combinados como um sinal de mais:

-5 - 3 + 9   significa   *desça* 5, *desça* 3, *suba* 9

Essa técnica permite que você use suas habilidades de subir e descer para resolver o problema: *desça* cinco degraus, depois *desça* três degraus e *suba* nove degraus, o que faz com que você *suba* um degrau; portanto, -5 + (-3) - (-9) = 1.

Multiplicando e Dividindo Números Negativos

Quando você multiplica ou divide um número positivo por um número negativo (ou vice-versa), a resposta será sempre negativa. Por exemplo:

2 × (-4) = -8   14 ÷ (-7) = -2

-3 × 5 = -15   -20 ÷ 4 = -5

Ao multiplicar dois números negativos, lembre-se desta regra simples: dois negativos sempre se cancelam e resultam em um número positivo.

-8 × (-3) = 24   -30 ÷ (-5) = 6

Para mais detalhes sobre multiplicar e dividir números negativos, veja o Capítulo 4.

Sabendo a Diferença entre Fatores e Múltiplos

Muitos alunos se confundem ao identificar fatores e múltiplos, porque eles são muito similares. Os dois estão relacionados com o conceito de divisibilidade. Quando você divide um número por outro e a resposta não tem resto, o primeiro número é *divisível* pelo segundo. Por exemplo:

12 ÷ 3 = 4 ⟶   12 *é divisível* por 3

Ao saber que 12 é divisível por 3, você fica sabendo de outras coisas também:

3 é um *fator* de 12   e   12 é um *múltiplo* de 3

Com os números positivos, o fator sempre é o *menor* dos dois números e o múltiplo sempre é o *maior*.

Para saber mais sobre fatores e múltiplos, veja o Capítulo 8.

Reduzindo as Frações para os Menores Termos

Os professores de matemática geralmente pedem (ou forçam!) que seus alunos usem a menor versão possível de uma fração — isso é, reduzam as frações para os menores termos.

Para reduzir uma fração, divida o *numerador* (número na parte superior) e o *denominador* (número na parte inferior) por um *fator comum*, um número pelo qual os dois sejam divisíveis. Por exemplo, 50 e 100 são divisíveis por 10, então:

$$\frac{50}{100} = \frac{50 \div 10}{100 \div 10} = \frac{5}{10}$$

A fração resultante, 5/10, ainda pode ser reduzida, porque tanto 5 como 10 são divisíveis por 5:

$$\frac{5}{10} = \frac{5 \div 5}{10 \div 5} = \frac{1}{2}$$

Quando não puder deixar o numerador e o denominador menores pela divisão por um fator comum, o resultado é uma fração que está reduzida para os menores termos.

Veja o Capítulo 9 para mais detalhes sobre como reduzir frações.

Adicionando e Subtraindo Frações

Adicionar e subtrair frações que têm o mesmo denominador é bem simples: faça a operação (adicionar ou subtrair) nos dois numeradores e deixe os denominadores iguais.

$$\frac{2}{7} + \frac{3}{7} = \frac{5}{7} \qquad \frac{8}{9} - \frac{7}{9} = \frac{1}{9}$$

Quando duas frações têm denominadores diferentes, você pode adicioná-las ou subtraí-las sem ter que achar um denominador comum ao usar a multiplicação cruzada, como demonstro a seguir:

Para adicionar: $\dfrac{3}{5}+\dfrac{1}{4}=\dfrac{(3\times4)+(5\times1)}{5\times4}=\dfrac{17}{20}$

Para subtrair: $\dfrac{2}{3}-\dfrac{1}{5}=\dfrac{(2\times5)-(3\times1)}{3\times5}=\dfrac{7}{15}$

Para mais detalhes sobre como adicionar e subtrair frações, veja o Capítulo 10.

Multiplicando e Dividindo Frações

Para multiplicar frações, multiplique seus dois numeradores para conseguir o numerador da resposta e multiplique seus dois denominadores para conseguir o denominador. Por exemplo:

$$\dfrac{3}{10}\times\dfrac{7}{8}=\dfrac{21}{80}$$

Para dividir duas frações, transforme o problema em multiplicação ao pegar a *recíproca* da segunda fração — isso é, ao invertê-la de cima para baixo. Por exemplo:

$$\dfrac{2}{7}\div\dfrac{5}{6}=\dfrac{2}{7}\times\dfrac{6}{5}$$

Agora multiplique as duas frações resultantes:

$$\dfrac{2}{7}\times\dfrac{6}{5}=\dfrac{12}{35}$$

Para mais detalhes sobre multiplicação e divisão de frações, veja o Capítulo 10.

Identificando o Principal Objetivo da Álgebra: Encontrar X

Tudo na álgebra tem, essencialmente, um único propósito: encontrar x (ou qualquer outra variável). A álgebra é realmente apenas um punhado de ferramentas que o ajudam a fazer isso. No Capítulo 21, ofereço essas ferramentas. O Capítulo 22 se concentra no objetivo de encontrar x. E no Capítulo 23 você usa a álgebra para resolver problemas que seriam muito mais difíceis sem ela para ajudar.

Sabendo a Regra Principal da Álgebra: Manter a Equação em Equilíbrio

A ideia principal da álgebra é simplesmente que uma equação seja como uma balança de equilíbrio: desde que você faça a mesma coisa nos dois lados, a equação ficará equilibrada. Por exemplo, considere a seguinte equação:

$8x - 12 = 5x + 9$

Para encontrar x, você pode fazer qualquer coisa com essa equação, desde que o faça igualmente nos dois lados. Por exemplo:

Adicione 2: $8x - 12 = 5x + 9$ torna-se $8x - 10 = 5x + 11$

Subtraia $5x$: $8x - 12 = 5x + 9$ torna-se $3x - 12 = 9$

Multiplique por 10: $8x - 12 = 5x + 9$ torna-se $80x - 120 = 50x + 90$

Todos esses passos são válidos. Um, no entanto, é mais útil do que os outros, como poderá ver na próxima seção.

Para mais detalhes sobre álgebra, veja os Capítulos 21 a 23.

Observando a Estratégia Principal da Álgebra: Isolar *X*

A melhor forma de encontrar x é isolá-lo — isso é, levar o x para um lado da equação e um número para o outro lado. Fazer isso enquanto mantém a equação equilibrada exige uma boa dose de destreza e sutileza. Aqui está um exemplo usando a equação da seção anterior:

Problema original: $8x - 12 = 5x + 9$

Subtraia $5x$ $3x - 12 = 9$

Adicione 12 $3x = 21$

Divida por 3 $x = 7$

Como pode observar, o passo final isola x, oferecendo a solução: $x = 7$.

Para mais detalhes sobre álgebra, veja os Capítulos 21 a 23.

> **NESTE CAPÍTULO**
>
> » Identificando números contáveis, números inteiros relativos, números racionais e números reais
>
> » Descobrindo números complexos e imaginários
>
> » Dando uma olhada em como os números transfinitos representam os níveis mais altos do infinito

Capítulo **25**
Dez Conjuntos Importantes de Números que Você Deve Conhecer

Quanto mais você descobre sobre os números, mais estranhos eles ficam. Quando estiver trabalhando apenas com números contáveis e com algumas operações simples, os números parecerão criar uma paisagem sozinhos. O terreno dessa paisagem começa corriqueiro, mas, conforme você introduz outros conjuntos, ele logo se torna surpreendente, chocante e até alucinante. Neste capítulo, levo você a uma viagem de expansão da consciência através de dez conjuntos de números.

Começo com os números contáveis, que são comuns e reconfortantes. Continuo com os números inteiros relativos (os números contáveis negativos e positivos e zero), os números racionais (os números inteiros relativos e as frações) e os números reais (todos os números da reta numérica). Também o levo a algumas rotas secundárias ao longo do caminho. A viagem termina com os bizarros e quase inacreditáveis números transfinitos. E, de certa forma, os números transfinitos trazem você de volta para onde começou: os números contáveis.

Cada um destes conjuntos de números serve a um propósito diferente, alguns comuns (tais como a contabilidade ou a marcenaria), alguns científicos (tais como a eletrônica e a física) e alguns puramente matemáticos. Aproveite a viagem!

Contando Números Contáveis (ou Naturais)

Os *números contáveis* — também chamados de *números naturais* — são provavelmente os primeiros números que você viu. Eles começam com 1 e sobem a partir daí:

{1, 2, 3, 4, 5, 6, 7, 8, 9, 10, 11, 12, ...}

Os três pontos (ou reticências) no final informam que a sequência de números continua infinitamente — em outras palavras, é infinita.

Os números contáveis são úteis para controlar objetos tangíveis: pedras, galinhas, carros, telefones celulares — qualquer coisa que você possa tocar e que não planeja cortar em pedaços.

O conjunto de números contáveis é *fechado* debaixo da adição e da multiplicação. Isso é, se você somar ou multiplicar quaisquer dois números contáveis, o resultado será também um número contável. Mas o conjunto não é fechado debaixo da subtração ou da divisão. Por exemplo, se você subtrair 2 - 3, obtém -1, que é um número negativo em vez de um número contável. E se dividir 2 ÷ 3, você obtém 2/3, que é uma fração.

Se colocar o zero no conjunto de números contáveis, você tem o conjunto de *números inteiros*.

Identificando Números Inteiros Relativos

O conjunto de *números inteiros relativos* inclui os números contáveis (veja a seção anterior), os números contáveis negativos e o zero:

{..., -6, -5, -4, -3, -2, -1, 0, 1, 2, 3, 4, 5, 6, ...}

Os pontos, ou reticências, no início e no final do conjunto lhe dizem que os números inteiros relativos são infinitos nas direções negativa e positiva.

Como os números inteiros relativos incluem os números negativos, você pode usá-los para controlar qualquer coisa que possa potencialmente envolver dívida. Na cultura de hoje, isso normalmente é dinheiro. Por exemplo, se você tiver $100 na sua conta corrente e passar um cheque de $120, verá que seu novo saldo baixará para -$20 (sem somar qualquer taxa que o banco cobra!).

O conjunto de números inteiros relativos é *fechado* quando efetuadas adição, subtração e multiplicação. Em outras palavras, se você somar, subtrair ou multiplicar quaisquer dois números inteiros relativos, o resultado também é um número inteiro relativo. Mas o conjunto não é fechado quando efetuada divisão. Por exemplo, se você dividir o número inteiro relativo 2 pelo número inteiro relativo 5, você obtém a fração 2/5, que não é um número inteiro relativo.

Conhecendo a Lógica por trás dos Números Racionais

Os números racionais incluem os números inteiros relativos (veja a seção anterior) e todas as frações entre os números inteiros relativos. Aqui, eu listo apenas os números racionais de -1 a 1 cujos denominadores (os números na parte inferior) são números positivos inferiores a 5:

$$\{..,-1,...,-\tfrac{3}{4},...,-\tfrac{2}{3},...,-\tfrac{1}{2},...,-\tfrac{1}{3},...,-\tfrac{1}{4},...,0,...,\tfrac{1}{4},...,\tfrac{1}{3},...,\tfrac{1}{2},...,\tfrac{2}{3},...,\tfrac{3}{4},...,1,...\}$$

As reticências informam que, entre qualquer par de números racionais relativos, existe um número infinito de outros números racionais — uma qualidade chamada de *densidade infinita* dos números racionais.

Os números racionais são comumente usados para medidas em que a precisão é importante. Por exemplo, uma régua não seria muito boa se ela medisse comprimentos arredondados. A maioria das réguas mede o comprimento em frações de 1/10 de um centímetro (1 milímetro), o que é suficiente para a maioria dos propósitos. Do mesmo modo, copos de medição, balanças, relógios de precisão e termômetros que permitem que você faça medidas para uma fração de uma unidade também usam números racionais. (Veja o Capítulo 15 para mais detalhes sobre unidades de medida.)

O conjunto de números racionais é fechado sob as quatro operações fundamentais. Isso é, se você pegar quaisquer dois números racionais e somá-los, subtraí-los, multiplicá-los ou dividi-los, o resultado é sempre um outro número racional.

Dando Sentido aos Números Irracionais

De certa maneira, os números irracionais são um tipo de pega tudo; todo número na reta numérica que não é racional, é irracional.

Por definição, nenhum *número irracional* pode ser representado como uma fração, como um decimal finito ou uma dízima periódica (veja o Capítulo 11 para mais detalhes sobre esses tipos de decimais). Em vez disso, um número irracional pode ser aproximado apenas como um *decimal infinito* e *finito*: a série de números depois da vírgula decimal continua infinitamente sem criar um padrão.

O exemplo mais famoso de um número irracional é o π, que representa a circunferência de um círculo com um diâmetro de 1 unidade. Um outro número irracional é $\sqrt{2}$, que representa a distância diagonal através de um quadrado com um lado de 1 unidade. Na realidade, todas as raízes quadradas de números não quadrados (tais como $\sqrt{3}$, $\sqrt{5}$, e assim por diante) são números irracionais.

Os números irracionais preenchem os espaços na reta numérica real. (A *reta numérica real* é apenas a reta numérica com a qual você se acostumou, mas é contínua; ela não tem intervalos para que todo ponto faça par com um número.) Esses números são usados em muitos casos em que você não precisa de apenas um alto nível de precisão, como nos números racionais, mas do valor *exato* de um número que não pode ser representado como uma fração.

Os números irracionais se apresentam em duas variedades: *números algébricos* e *números transcendentais*. Discuto esses dois tipos de números nas seções a seguir.

Absorvendo Números Algébricos

Para entender os *números algébricos*, você precisa de um pouco de informação sobre as equações polinomiais. Uma *equação polinomial* é uma equação algébrica que se encontra dentro das seguintes condições:

» Suas operações são limitadas à adição, subtração e multiplicação. Em outras palavras, você não tem que dividir por uma variável.

» Suas variáveis são elevadas apenas a expoentes positivos e números inteiros.

Você pode encontrar mais detalhes sobre equações polinomiais no livro *Álgebra Para Leigos* de Mary Jane Sterling (Alta Books). Aqui estão algumas equações polinomiais:

$2x + 14 = (x + 3)^2$

$2x^2 - 9x - 5 = 0$

Todo número algébrico aparece como a solução de pelo menos uma equação polinomial. Por exemplo, imagine que você tenha a seguinte equação:

$x^2 = 2$

Você pode resolver essa equação como $x = \sqrt{2}$. Portanto $\sqrt{2}$ é um número algébrico cujo valor aproximado é 1,4142135623... (veja o Capítulo 4 para mais informações sobre raízes quadradas).

Passando pelos Números Transcendentais

Um *número transcendental*, ao contrário de um número algébrico (veja a seção anterior), *nunca* é a solução de uma equação polinomial. Como os números irracionais, os números transcendentais são, também, um tipo de pega tudo: todo número na reta numérica que não seja algébrico é transcendental.

O número transcendental mais conhecido é o π, cujo valor aproximado é 3,1415926535... Seu uso começa na geometria, mas se estende para praticamente todas as áreas da matemática (veja o Capítulo 16 para mais detalhes sobre o π).

Os outros números transcendentais importantes aparecem quando você estuda *trigonometria*, a matemática dos triângulos retângulos. Os valores das funções trigonométricas — tais como senos, cossenos e tangentes — são, muitas vezes, números transcendentais.

Um outro número transcendental importante é o *e*, cujo valor aproximado é 2,718281828459... O número *e* é a base do logaritmo natural, que você provavelmente não usará até estudar pré-cálculo ou cálculo. As pessoas usam *e* para resolver problemas sobre juros compostos, crescimento da população, desintegração radioativa e similares.

Fundamentando-se nos Números Reais

O conjunto de *números reais* é o conjunto de todos os números racionais e irracionais (veja as seções anteriores). Os números reais compreendem todos os pontos na reta numérica.

Assim como os números racionais (veja a seção "Conhecendo a Lógica por trás dos Números Racionais", antes neste capítulo), o conjunto de números reais é fechado sob as quatro operações fundamentais. Isso é, se você pegar quaisquer dois números reais e somá-los, subtraí-los, multiplicá-los ou dividi-los, o resultado será sempre um outro número real.

Tentando Imaginar Números Imaginários

Um *número imaginário* é qualquer número real multiplicado por $\sqrt{-1}$.

Para entender o que é tão estranho sobre os números imaginários, ajuda se você conhecer um pouco sobre raízes quadradas. A *raiz quadrada* de qualquer número é qualquer valor que, quando multiplicado por ele mesmo, dá a você o primeiro número. Por exemplo, a raiz quadrada de 9 é 3, porque $3 \times 3 = 9$. E a raiz quadrada de 9 é também -3, porque $-3 \times -3 = 9$. (Veja o Capítulo 4 para mais detalhes sobre raízes quadradas e multiplicação de números negativos.)

O problema para achar $\sqrt{-1}$ é que ela não está na reta numérica dos números reais (porque $\sqrt{-1}$ não está no conjunto dos números reais). Se ela estivesse na reta numérica real, seria um número positivo, um número negativo ou o zero. Mas quando você multiplica qualquer número positivo por ele mesmo, obtém um número positivo. E quando multiplica qualquer número negativo por ele mesmo, também obtém um número positivo. Por fim, quando multiplica zero por ele mesmo, você obtém zero.

PAPO DE ESPECIALISTA

Se $\sqrt{-1}$ não está na reta numérica real, onde ela está? Essa é uma boa pergunta. Durante milhares de anos, os matemáticos acreditaram que a raiz quadrada de um número negativo era simplesmente sem sentido. Eles a expulsaram para um lugar na matemática chamado *indefinido*, que é o mesmo lugar em que eles mantiveram as frações com um denominador de zero. No século XIX, entretanto, os matemáticos começaram a achar esses números úteis e descobriram uma forma de incorporá-los ao restante da matemática.

Os matemáticos designaram $\sqrt{-1}$ com o símbolo *i*. Como ele não se encaixou na reta numérica real, o *i* obteve sua própria reta numérica, a qual se parece muito com a reta numérica real. A Figura 25-1 mostra alguns números que formam a reta numérica imaginária.

FIGURA 25-1:
Números na reta numérica imaginária.

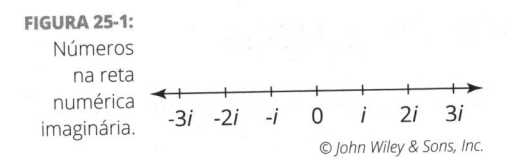

-3i -2i -i 0 i 2i 3i

© John Wiley & Sons, Inc.

Embora esses números sejam chamados de *imaginários*, hoje os matemáticos os consideram não menos reais que os números reais. E a aplicação científica dos números imaginários na eletrônica e na física mostrou que esses números são muito mais do que apenas produtos da imaginação de alguma pessoa.

Compreendendo a Complexidade dos Números Complexos

Um *número complexo* é qualquer número real (veja a seção "Fundamentando-se nos Números Reais", antes neste capítulo) mais ou menos um número imaginário (veja a seção anterior). Aqui estão alguns exemplos:

1 + i 5 − 2i −100 + 10i

Você pode transformar qualquer número real em um número complexo apenas somando 0i (que é igual a 0):

3 = 3 + 0i −12 = −12 + 0i 3,14 = 3,14 + 0i

Esses exemplos mostram que os números reais são apenas parte do maior conjunto de números complexos.

Assim como os números racionais e os números reais (verifique as seções anteriores neste capítulo), o conjunto de números complexos é fechado sob as quatro operações fundamentais. Isso é, se você pegar quaisquer dois números complexos e somá-los, subtraí-los, multiplicá-los ou dividi-los, o resultado será sempre um outro número complexo.

Indo Além do Infinito com Números Transfinitos

Os *números transfinitos* são um conjunto de números representando diferentes níveis de infinito. Considere isso por um momento: os números contáveis (1, 2, 3, ...) continuam infinitamente, portanto, eles são infinitos. Mas existem *mais* números reais do que números contáveis.

ENTRANDO NOS SUBCONJUNTOS

Muitos conjuntos de números, de fato, se encaixam dentro de outros conjuntos. Os matemáticos chamam estes conjuntos aninhados de *subconjuntos*. Por exemplo, o conjunto de números inteiros relativos é chamado de Z. Como o conjunto de números naturais ou contáveis (representados por N) está completamente contido dentro do conjunto de números inteiros relativos, N é um subconjunto ou parte de Z.

O conjunto de números racionais é chamado de Q. Como o conjunto de números inteiros relativos está completamente contido dentro do conjunto de números racionais, N e Z são dois subconjuntos de Q.

R representa o conjunto de números reais. Como o conjunto de números racionais está completamente contido dentro do conjunto de números reais, N, Z e Q são todos subconjuntos de R.

O conjunto de números complexos é chamado de C. Como o conjunto de números reais está completamente contido dentro do conjunto de números complexos, N, Z, Q e R são todos subconjuntos de C.

O símbolo ⊂ significa "um subconjunto de" (veja o Capítulo 20 para mais detalhes sobre a notação de conjuntos). Portanto, aqui está como os conjuntos se encaixam um dentro do outro:

$$N \subset Z \subset Q \subset R \subset C$$

Na realidade, os números reais são *infinitamente mais infinitos* do que os números contáveis. O matemático Georg Cantor provou esse fato. Ele provou também que, para cada nível de infinito, você pode descobrir um outro nível que é ainda maior. Ele chamou esses níveis de infinito sempre crescentes de *transfinitos*, porque eles transcendem ou vão além do que você pensa como infinito.

O menor número transfinito é $\aleph_0$ (aleph 0) que é igual ao número de elementos no conjunto de números contáveis ({1, 2, 3, 4, 5, ...}). Como os números contáveis são infinitos, o símbolo comum para infinito (∞) e o $\aleph_0$ significam a mesma coisa.

O próximo número transfinito é $\aleph_1$ (aleph um), que é igual ao número de elementos no conjunto de números reais. Essa é uma ordem de infinito maior do que ∞.

Os conjuntos de números inteiros relativos, racionais e algébricos têm $\aleph_0$ elementos. E os conjuntos de números complexos, imaginários, transcendentais e irracionais têm elementos $\aleph_1$.

Há também níveis maiores de infinito. Aqui está o conjunto de números transfinitos:

$\{\aleph_0, \aleph_1, \aleph_2, \aleph_3, ...\}$

As reticências lhe dizem que a sequência de números transfinitos continua infinitamente — em outras palavras, é infinita. Como pode observar, na superfície, os números transfinitos parecem similares aos números contáveis (na primeira seção deste capítulo). Isso é, o conjunto de números transfinitos tem $\aleph_0$ elementos.

Índice

SÍMBOLOS
%, 174–182
    porcentagem, 174–182
<, 58–62
    menor que, 58–62
≠, 58–62
    diferente de, 58
>, 58–62
    maior que, 58–62
≅, 58–62
    aproximadamente igual a, 58–62

A
adendos, 30–46
adição, 6–22
adição de coluna, 30
adição de número misto, 145–148
altura, 232–240
    h, 232–240
análise real, 20
ângulo, 222–240
ângulo reto, 222–240
ângulos agudos, 222–240
ângulos obtusos, 223–240
anos, 209–218
área, 223
área da base, 238–240
arredondar, 156–170, 256–262
arredondar números, 23–28
árvore de fatoração, 100–108
avaliação, 63, 66

B
bases, 233–240
    b, 233–240

C
C, 236–240
cadeia de conversão, 251–262
capacidade, 209

casas decimais, 22
catetos, 235–240
    a e b, 235–240
centenas, 31–46
centésimos, 149–170
Centi, 211–218
centímetros, 211–218
    cm, 211–218
centímetros quadrados, 231–240
centro, 236–240
cilindro, 229–240
círculos, 220–240
circunferência, 236–240
coeficiente, 291–302, 311
coleções de números, 275–282
comprimento, 208–218, 232–240
    c, 232–240
comutativa, 38–46
cone, 229–240
conjunto, 275
    cardinalidade, 277
    elementos, 277
        membros, 277–282
    subconjunto, 278
conjunto de números, 20–22
conjunto universo, 282
    U, 282
conjunto vazio, 15–22, 275–282
    conjunto nulo, 279–282
    Ø, 276–282
constante, 286–302
contáveis, 6–22
conversão, 173–182, 213
coordenadas, 246–250
cubo, 228–240

D
dados, 264–274
Deca, 211–218
Deci, 211–218

decimal, 149
decimal finito, 167–170
decimal repetitivo, 167–170
décimos, 149–170
decompor, 100–108
demônios da matemática, 327
denominador, 112–124
densidade, 20–22
densidade infinita, 335–342
desigualdades, 48–62
desigualdades exclusivas, 59–62
desigualdades inclusivas, 59–62
dezenas, 30–46
diâmetro, 227, 236
    d, 236–240
dias, 209–218
diferença, 32
dígito, 23–28
distribuição, 49–62
dividendo, 43
dividido, 96–108
dividir decimais, 161–170
dividir frações, 126–148
divisão, 18–22, 29–46
divisão longa, 43–46
divisível, 87–94, 96–108
divisor, 96–108
dízima não periódica, 22
dízima periódica, 168

E
eixo horizontal, 246–250
    eixo das abcissas, 246–250
    eixo x, 246–250
eixo vertical, 246–250
    eixo das ordenadas, 246–250
    eixo y, 246–250
elevar, 134–148
encontrar x, 303–314

equação, 63
equação polinomial, 336, 337
equações algébricas, 64-74
equações aritméticas, 64-74
equivalência, 64-74
esfera, 229-240
espaço, 227-240
    três dimensões, 227-240
espaço reservado, 25-28
estatística, 264
    dados qualitativos, 264
    dados quantitativos, 265
    média, 268
    mediana, 270
estatística individual, 264-274
estimar valores, 23-28
estimativas, 213
expoentes, 63-74
expressão, 63, 65
expressão algébrica, 286
expressões algébricas, 298
expressões aritméticas, 65
expressões de operador misto, 69-74

F
Fahrenheit, 210-218
    °F, 210-218
fator, 96-108
fator comum, 330
fatores de conversão, 216-218, 252-262
fatores primos, 95-108
figura unidimensional, 221-240
forma, 223
frações, 87-94
frações básicas, 110-124
frações impróprias, 110-124
frações próprias, 115-124
funções trigonométricas, 337
    cossenos, 337-342
    senos, 337-342
    tangentes, 337-342

G
galões, 209-218
    gal., 209-218
geometria, 10-22, 219-240
geometria plana, 219-240

    ângulos, 219-240
    formas, 219-240
    pontos, 219-240
    retas, 219-240
geometria sólida, 227-240
Georg Cantor, 340-342
Giga, 211-218
googol, 199-206
gráfico cartesiano, 246-250
gráficos
    gráfico de barras, 241-250
    gráfico de linhas, 241-250
    gráfico pizza, 241-250
    gráfico XY, 241
grama, 212-218
    g, 212-218
Graus Celsius, 210-218
    °C, 210-218
    grau Centígrado, 212-218

H
Hecta, 211-218
hexágonos, 226-240
hipotenusa, 235-240, 261-262
    c, 235-240
horas, 209-218

I
identidade multiplicativa, 38-46
ímpares, 9-22
indefinido, 88
infinito, 17-22, 339
    ∞, 340
inteiros, 6-22

J
jardas, 208-218
    yd., 208-218
juros, 193-194

K
Kelvin, 210-218
    K, 212-218

L
lados, 233-240
    L, 233-240

largura, 232-240
    L, 232-240
libras, 209-218
    lb, 209-218
litro, 211-218
    L, 211-218
logaritmo natural, 337-342
losango, 225-240

M
maior ou igual a, 58-62
marcador de espaço, 41-46
massa, 211
matemática, 7-22
MDC, 48-62
    máximo divisor comum, 48-62
medidas, 184-194
Mega, 211-218
menor ou igual a, 58-62
método da balança de equilíbrio, 303-314
metro, 211-218
    m, 211-218
metros por segundo, 212-218
    m/s, 212-218
metros quadrados, 231-240
Micro, 211-218
Mil, 211-218
milésimos, 149-170
milhares, 34-46
milhas, 208-218
    mi., 208-218
milhas por hora, 209-218
    mph, 209-218
mililitro, 211-218
    mL, 211-218
milímetros, 211-218
    mm, 211-218
minuendo, 32
minutos, 209-218
MMC, 48-62
    mínimo múltiplo comum, 48-62
moda, 267
multiplicação, 11-22, 29-46
    fatores, 92
    produto, 92
multiplicação cruzada, 122-124

multiplicador, 36–46
multiplicar decimais, 160–170
multiplicar frações, 126–148, 127–148
múltiplo, 96–108

N
Nano, 211–218
não pertence a, 277–282
∉, 277–282
notação científica, 196–206
numerador, 112–124
número complexo, 339–342
número da base, 60–62
número exponencial, 198–206
número imaginário, 338
número primo, 92–94
número quadrado, 11–22
números, 8–22
números algébricos, 336–342
números compostos, 11–22
números contáveis, 14–22, 333–342
   negativos, 333–342
   positivos, 333–342
   zero, 333–342
números decimais, 8–22
números indo-arábicos, 8–22
números inteiros relativos, 17–22, 333–342
números irracionais, 8–22, 336–342
números mistos, 110–124
números naturais, 14–22, 340
números negativos, 17–22
números positivos, 17–22
números racionais, 20–22, 333–342
números reais, 20–22, 333–342
números redondos, 26–28
números superiores, 11–22
números transcendentais, 336–342
números transfinitos, 339

O
octógonos, 226–240
onças, 209–218
   oz., 209–218

onças líquidas, 209–218
   fl. oz, 209–218
operações associativas, 49–62
operações comutativas, 49–62
operações fundamentais, 29–46
operações inversas, 42–46, 49–62
operações não comutativas, 51–62
operador misto, 68–74
ordem das operações, 64–74
   ordem de precedência, 64–74
ordem de magnitude, 197–206
origem, 246–250

P
paralelogramo, 225–240
par de fatores, 98–108
parênteses, 36–46
parênteses encaixados, 73–74
pares, 9–22
pegar emprestado, 33–46
pentágonos, 226–240
perímetro, 223–240
pertence a, 277–282
   ∈, 277–282
pés, 208–218
   ft., 208–218
pés cúbicos, 209–218
peso, 211–218
PFDU, 300–302
   Primeiro, Fora, Dentro e Último, 300–302
pipa, 225–240
polegadas, 208–218
   in., 208–218
polegadas cúbicas, 209–218
poliedro, 227
polígono regular, 226–240
polígonos, 220–240
polígonos irregulares, 227–240
porcentagem, 172
porcento, 171
potência de dez, 198–206
potências, 50–62
prefixos, 210–218
probabilidade, 271

problemas com enunciado, 75–86
   problemas matemáticos, 75–86
produto, 36–46
proporção, 124
propriedade associativa, 52–62
propriedade comutativa, 51–62
propriedade da multiplicação com zero, 38–46
propriedade distributiva, 53–62, 299–302
propriedades, 50–62
propriedades de igualdade, 64–74

Q
quadrados, 220–240
quadrilátero, 225–240
quartilhos, 209–218
   pt., 209–218
quartos, 209–218
   qt., 209–218
quatro operações fundamentais, 49–62
quatro operações nos conjuntos, 276–282
   complemento, 276–282
      ', 282
   complemento relativo, 276–282
      -, 281–282
   interseção, 276–282
      ∩, 281–282
   união, 276–282
      ∪, 280–282
quilograma, 210–218
   kg, 212–218
quilômetros, 211–218
   km, 211–218
quilômetros por hora, 212–218
   km/h, 212–218
quilômetros quadrados, 231–240
quociente, 43, 122–124

R
racionais, 6–22
radicais, 50–62

Índice 345

raio, 227, 236
   r, 236-240
raiz digital, 89-94
raiz quadrada, 61-62
reais, 6-22
recíproca, 331-332
reduzir, 126-148
reflexividade, 64-74
regra de altos e baixos, 55-62
resto, 45-46, 87-94
resultado favorável, 271-274
   sucesso, 271-274
resultado possível, 271
   espaço de amostra, 271
retângulo, 223-240
reta numérica, 8-22
retas, 220-240

S

segmento de reta, 221-240
segundos, 209-218
   s, 212-218
semanas, 209-218
semirreta, 221-240
sequência de números, 9
símbolo numérico, 23-28
simetria, 64-74
sinal de vezes (x) e (.), 36
sistema de coordenadas cartesianas, 245
Sistema de Unidades Internacionais, 210-218
   SI, 210-218
sistema inglês, 207-218
sistema métrico, 196-206
sociedades de caça e de coleta, 8-22
soma, 30-46

somar decimais, 157-170
somar frações, 131-148
subconjunto, 278-282
   ⊂, 278-282
   está contido, 278-282
subtração, 6-22
subtração de número misto, 146-148
subtração de números maiores, 33
subtraendo, 32
Subtrair decimais, 159-170
subtrair frações, 136-148
superfície bidimensional, 220-240
   plano, 220-240

T

tabela, 316-324
tabuada, 10-22, 37-46
Teorema de Pitágoras, 235-240
Teorema Fundamental da Aritmética, 102
teoria de conjunto, 277-282
termo algébrico, 290
termos similares, 292-302
toneladas, 209-218
transitividade, 64-74
trapézio, 225-240
três palavras da matemática, 63-74
triângulo equilátero, 224-240
triângulo isósceles, 224-240
triângulo retângulo, 224-240
triângulos, 220-240
triângulos escalenos, 224-240
trigonometria, 337
trocar e negativar, 32-46

U

unidade, 56-62
unidade básica, 210-218
unidade de medida, 58-62
Unidade de temperatura, 210-218
Unidade de velocidade, 209-218
unidades ao quadrado, 57-62
unidades cúbicas de distância, 209-218
unidades de comprimento, 57-62
Unidades de distância, 208-218
Unidades de peso, 209-218
Unidades de tempo, 209-218
Unidades de volume líquido, 209-218

V

valor, 63-74
valor absoluto, 48-62
valor posicional, 23-28
variável, 286-302
vértices, 228-240
vírgula decimal, 152-170
volume, 237
   V, 237-240

X

x, 285-302
xícaras, 209-218
   c., 209-218

Z

zero absoluto, 212-218
zero à direita, 154-170
zeros à esquerda, 153-170